"十三五"普通高等教育规划教材

计算机网络技术与应用

主 编　蒋　丽
副主编　贺娜娜

中国铁道出版社有限公司
CHINA RAILWAY PUBLISHING HOUSE CO., LTD.

内 容 简 介

本书本着"理论够用,实践为重,紧跟时代,融入生活"的原则,根据读者的反馈和建议,在前两版内容的基础上进行了调整和更新:理论部分对 IPV6 技术及无线网络技术进行了补充和完善;部分章节进行了重新调整和梳理,使得章节的安排与网络的体系结构具有一致性,更易于读者对知识的理解和知识体系的梳理;第 9 章的各实训均增加了情景导入模块,使学生更易于理解各实训的应用场景,实训部分也更新了实训环境,把思科模拟器(Cisco Packet Tracer)引入实训环境中,使实训更易于开展,也便于学生课后学习;第 9 章增加了一个综合实训,该实训实现三个局域网的互连互通及各种服务器的配置,通过该实训不仅可以把本书所涉及的核心内容进行有机整合,还可以加深学生对相关理论知识的理解与融会贯通。本书依然以网络知识、网络设计、网络组建和网络应用为主线,通过 9 个章节,对计算机网络基础、物理层、数据链路层、网络层、传输层、应用层及网络管理与网络安全等方面的内容进行了较深入和全面地阐述。本书内容安排深入浅出,语言文字通俗易懂。

本书适合作为高等院校计算机类专业及电子商务类专业学生的教材,也可作为广大网络爱好者的自学用书。

图书在版编目(CIP)数据

计算机网络技术与应用/蒋丽主编. —3 版 . —北京:
中国铁道出版社有限公司,2020. 8(2024.6重印)
"十三五"普通高等教育规划教材
ISBN 978-7-113-25294-6

Ⅰ. ①计… Ⅱ. ①蒋… Ⅲ. ①计算机网络-高等
学校-教材 Ⅳ. ①TP393

中国版本图书馆 CIP 数据核字(2020)第 117964 号

书　　名:计算机网络技术与应用
作　　者:蒋　丽

策　　划:王春霞　　　　　　　　编辑部电话:(010)63551006
责任编辑:王春霞　李学敏
封面设计:刘　颖
责任校对:张玉华
责任印制:樊启鹏

出版发行:中国铁道出版社有限公司(100054,北京市西城区右安门西街 8 号)
网　　址:https://www.tdpress.com/51eds/
印　　刷:河北京平诚乾印刷有限公司
版　　次:2008 年 10 月第 1 版　2020 年 8 月第 3 版　2024 年 6 月第 2 次印刷
开　　本:787 mm×1 092 mm 1/16　印张:19.5　字数:416 千
书　　号:ISBN 978-7-113-25294-6
定　　价:59.00 元

前　言

随着计算机技术与通信技术的快速发展,计算机网络的应用已经渗透到国民经济与人们生活的各个角落,日益改变人类的工作方式和生活方式。在网络信息时代,知网、懂网、管网、用网是对当代大学生的必然要求,尤其是计算机类相关专业的学生。

本书是编者在总结多年教学经验和科研实践的基础上,结合当前计算机网络技术的新成果,对计算机网络的基本原理和应用技术作了系统介绍。以设计网、组建网和应用网为主线,本着理论够用、实践为重的编写原则,充分体现当前高等教育的改革精神,书中的实验内容具有很强的可操作性。本书突显网络技术动手能力培养的重要性,共安排了 11 个实训,建议理论学时部分和实训学时部分各占 32 学时,共 64 学时。因此本书在内容选取上既注重先进性、科学性和系统性,又注重实用性、可操作性、简明性和技术性;在文字叙述上力求做到深入浅出、通俗易懂,尽量写出完整的分析过程和操作流程,以便学生自学和复习,并通过实训和习题达到举一反三的作用。

全书共分 9 章。第 1 章计算机网络基础,主要介绍网络的定义与组成,网络的发展与分类,网络的体系结构及数据的封装与解封装;第 2 章物理层,主要介绍了物理层的功能及实现机制,数据通信基础,网络传输介质及网络接入技术;第 3 章数据链路层,主要介绍了局域网的组成及体系结构,以太网的介质访问控制方法,交换机的功能及工作原理,虚拟局域网的组建及无线局域网技术;第 4 章网络层,主要介绍了 IP 地址及其分类,子网划分的原因及划分方法,IPv4 地址资源紧缺的解决办法,ARP 协议及 ICMP 协议的使用场合及工作机制,路由器的功能及实现机制,常用路由协议;第 5 章传输层,主要介绍了传输层的功能及实现机制,重点介绍了 TCP 协议的特点,TCP 的连接管理、流量控制及拥塞控制的机制;第 6 章应用层,主要介绍了 HTTP 协议及 Web 服务器的配置与管理,FTP 协议及 FTP 服务器的配置与管理,DNS 服务及 DNS 服务器的配置与管理,DHCP 协议及 DHCP 服务器的配置与管理;第 7 章网络管理与网络安全,主要介绍了网络管理的内容,常见网络故障排除方法,网络安全及实现方法等;第 8 章网络规划与组建案例,重点介绍了网络技术实验室的规划与组建,校园网的设计、组建与综合布线;第 9 章计算机网络技术与应用实训,通过实训培养学生分析和解决网络实际问题的能力,使学生掌握设计、组建与配置简单网络环境的基本技能,具备一定的分析网络故障和排查网络故障的能力。同时,加深对所学网络知识的理解及灵活应用,培养学生综合运用所学网络知识解决实际问题的能力。

本书提供立体化的教学课件、教案、微课视频与习题答案,可在中国铁道出版社有限公司的网站上下载,网址为:http://www.tdpress.com/51eds/。

本书由蒋丽任主编,贺娜娜任副主编,本书在第二版的基础上对前6章进行了梳理、整理与补充。刘佰明、谢菲和夏新初为本书的编写付出了辛勤的劳动,在此表示衷心感谢。

编者在编写本书的过程中,广泛参阅了国内外相关教材、科研论文及网站等资料,并将自身多年的教学心得及科研成果融入其中。

由于计算机网络技术发展迅速,加之编者水平有限、时间仓促,书中难免有疏漏和不妥之处,敬请广大读者批评指正。

编　者
2020 年 2 月

目　录

第7章 网络管理与网络安全 171

第8章 网络规划与组建案例 192

第 1 章

计算机网络基础

本章主要内容

- 计算机网络的定义与组成。
- 计算机网络的发展与分类。
- 计算机网络体系结构的基本概念。
- OSI 开放系统互连参考模型。
- TCP/IP 体系结构。
- 数据的封装与解封装。

本章理论要求

- 了解计算机网络的定义、分类、发展和组成。
- 理解层次化的设计思想及数据封装与解封装的过程。
- 掌握 OSI 参考模型和 TCP/IP 的层次化结构及各层的主要功能和主要特点。

1.1 计算机网络概述

1.1.1 初识计算机网络

1. 最简单的计算机网络

图 1-1 是一个最简单的计算机网络,两台具有网卡的计算机通过一条特殊网线(交叉线)连接起来,再对这两台计算机进行一定的设置,它们之间就可以彼此共享资源(如把一台计算机上的文件传到另一台计算机),安装上具有通信功能的软件后也可以进行一定的通信,具备了网络的特点和功能。

图 1-1   最简单的计算机网络

2. 典型的计算机网络

图 1-2 是一个较典型的计算机网络,一个公司由多个部门组成,各部门内的计算机通过交换机相连,交换机之间再通过交叉线进行级联,然后交换机通过路由器连入因特网。

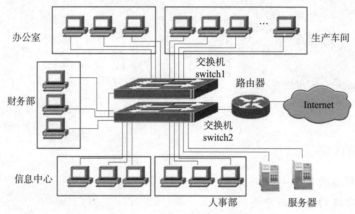

图 1-2   典型的计算机网络

3. 复杂的计算机网络

图 1-3 是一个较复杂的计算机网络,一所学校或一个单位有若干栋大楼,一栋大楼内又有若干台计算机,楼内的计算机通过普通交换机互连,所有楼宇的交换机又汇聚到一台处理能力更强的交换机上,然后通过防火墙,再通过路由器连入因特网。

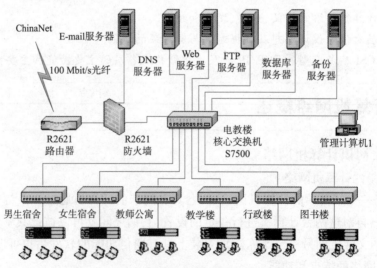

图 1-3   复杂的计算机网络

4. 无线方式组建的计算机网络

图1-4是一个通过无线方式组建的计算机网络,目前一个家庭或一个办公室常采用这种方式来访问因特网。在一个家庭或一个办公室里面,一般都会有若干台台式机、笔记本式计算机或其他内置有无线网卡的电子设备。为了便于访问因特网,可以将一台无线路由器与一台调制解调器 Modem(也简称"猫",有多种类型,目前常用的是"光猫",能够把布线到户的光纤的光信号转化为计算机使用的电信号)连接,家庭或办公室中安装了无线网卡的台式机、笔记本式计算机或其他电子设备通过无线网卡获取无线路由器发射出的无线信号,实现无线连接,最终通过调制解调器连入因特网。

1.1.2　计算机网络的定义

计算机网络通常定义为:将地理位置不同并且具有独立处理功能的多台计算机,通过通信设备和通信线路连接起来,在网络协议和网络应用软件的支持下实现彼此之间数据通信和资源共享的系统。

由定义可知,从逻辑上看,计算机网络由通信子网和资源子网两部分组成,如图1-5所示。

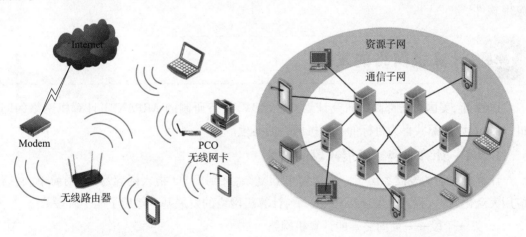

图1-4　无线方式组建的计算机网络　　　　图1-5　计算机网络的逻辑组成

计算机网络是通信技术与计算机技术相结合的产物。通信子网主要完成网络的数据通信,负责计算机之间的通信控制和处理,为资源子网提供信息传输服务。资源子网主要负责网络的信息处理,为网络用户提供资源共享和网络服务。它们的结合主要体现在两个方面:一是通信网络为计算机之间的数据传递和信息交换提供了必要的手段;二是计算机技术的发展渗透到通信技术中,又提高了通信网络的性能。

1.1.3　计算机网络组成的四要素

由计算机网络的定义可知,从物理上看,计算机网络的组成包括四个主要部分,即计算机网络组成的四要素,分别是:计算机系统、数据通信系统、网络协议与网络应用软件。

1. 计算机系统

计算机系统主要完成数据信息的收集、存储、处理和输出任务,并提供各种网络资源。

2. 数据通信系统

数据通信系统主要由通信控制处理机、传输介质和网络连接设备等组成,主要负责网络互连和数据交换。

3. 网络协议

网络协议是实现计算机之间、网络设备之间相互识别并正确进行通信的一组标准和规则,它是计算机网络工作的基础,部分重要协议的功能实现都集成于操作系统中,随着网络版操作系统的安装,一些网络协议对应的软件也随之安装,所以我们平时在使用网络的过程中已经在使用它们,而又几乎感觉不到,它们在默默为我们的网络通信提供服务。

4. 网络应用软件

网络应用软件是基于网络协议开发的一些具有特定功能的软件,以方便实现特定网络服务,比如:网络聊天用的微信、QQ 软件,以及手机淘宝、阿里旺旺等都属于网络应用软件。

1.2 计算机网络的发展

1969 年,美国国防部高级研究计划局(ARPA)主持研制的 ARPANET 计算机网络的问世,标志着以资源共享为目标的计算机网络的诞生。

1.2.1 计算机网络发展阶段的划分

计算机网络的发展经历了一个从简单到复杂,又到简单(指入网容易、使用简单、网络应用大众化)的过程。从发展历程上来看,计算机网络的发展基本经历了四个阶段。

1. 第一阶段——面向终端的计算机网络

面向终端的计算机网络可以追溯到 20 世纪 50 年代,它是由具有通信功能的主机系统和若干不具有处理能力的终端计算机组成,也称为联机系统,是计算机网络发展的第一阶段,也被称为第一代计算机网络。

20 世纪 60 年代初,美国建成了全国性航空飞机订票系统,用一台中央计算机连接 2 000 多个遍布全国各地的终端,用户通过终端进行操作。这些应用系统的建立,构成了计算机网络的雏形。

在第一代计算机网络中,计算机是网络的中心和控制者,终端围绕中心计算机分布在不同的地理位置,而计算机的任务是进行成批处理。

面向终端的计算机网络采用多路复用器(Multiplexer,MUX)、线路集中器、前端控制器等通信控制设备连接多个终端,使昂贵的通信线路为若干个分布在同一远程地点的用户提供分时共享的服务。各终端设备通过低速的网络线路连接到集中器上,集中器汇集终端信息后通过高速线路传输到中心计算机的前端处理机,在此排队等待处理,计算机处理结束,基本按相反的通信过程,把处理后的结果反馈给终端。

2. 第二阶段——以共享资源为目的的计算机网络

以共享资源为目的的计算机网络可以从 20 世纪 60 年代末期谈起,它是将多台计算机通过通信线路连接起来,联网的计算机之间相互共享资源。

第二阶段计算机网络的典型代表是 ARPA 网(ARPANET)。ARPA 网的建成标志着现代计算机网络的诞生,是计算机网络技术发展中的一个里程碑,它的研究成果对促进网络技术的发展起到了重要的作用,并为 Internet 的形成奠定了基础。

3. 第三阶段——标准化的计算机网络

标准化的计算机网络可以从 20 世纪 70 年代中期谈起,20 世纪 70 年代后,局域网得到了迅速发展。美国 XEROX(施乐)、DEC 和 Intel 三公司联合推出了以 CSMA/CD(Carrier Sense Multiple Access with Collision Detection,带冲突监测的载波侦听/多路访问)介质访问技术为基础的以太网(Ethernet)产品。其他大公司也纷纷推出自己的产品,但各家网络产品在技术、结构等方面存在着很大差异,没有统一的标准,因而给用户带来了很大的不便。

1974 年,IBM 公司宣布了按分层方法研制的系统网络体系结构 SNA(Systems Network Architecture)。网络体系结构的出现,使得一个公司所生产的各种网络产品都能够很容易地互连成网,而不同公司生产的产品,由于网络体系结构不同,则很难相互连通。

1984 年,国际标准化组织(ISO)正式颁布了一个使各种计算机互连成网的标准框架——开放系统互连参考模型(Open System Interconnection Reference Model,OSI/RM 或 OSI)。OSI 标准确保了各厂家生产的计算机和网络产品之间的互连,推动了网络技术的应用和发展。对网络理论体系的形成及网络技术的发展起到了重要的作用,但它同时也面临着 TCP/IP 的严峻挑战。

4. 第四阶段——国际化的计算机网络

国际化的计算机网络可以从 20 世纪 90 年代谈起,随着局域网技术发展成熟,出现了光纤及高速网络技术、多媒体网络、智能网络,整个网络就像一个对用户透明的大的计算机系统,进而发展为以 Internet 为代表的互联网。

Internet 最初起源于 ARPANET。由 ARPANET 研究而产生的一项非常重要的成果就是 TCP/IP(Transmission Control Protocol/Internet Protocol,传输控制协议/网际协议),使得连接到网上的所有计算机能够相互交流信息。1986 年,由美国国家科学基金会(National Science Foundation, NFS)建立的美国国家科学基金会网络 NSFNET 是 Internet 发展的又一个里程碑。从 1993 年开始,由美国政府资助的 NSFNET 逐渐被若干个商用的因特网主干网(即因特网服务提供者网络)所替代,用户通过因特网服务提供商来达到上网的目的。

随着时代的发展和人们需求的不断增长,计算机网络技术也在持续发展,出现了方便网民上网的无线接入技术,推动了移动互联网在各行各业中的广泛应用,同时,路由器和交换机等实现网络互连的核心设备的快速发展为人们高速上网提供了保障。

1.2.2　计算机网络在中国的发展

计算机网络在中国的发展以 1987 年通过中国学术网 CANET 向世界发出第一封 E-mail 为标志。经过几十年的发展,形成了四大主流网络体系,分别是中科院的科学技术网 CSTNET、国家教育部的教育和科研网 CERNET、原邮电部的 CHINANET、原电子部的金桥网 CHINAGBNET。

计算机网络在中国的发展历程可以粗略地划分为三个阶段:

1. 第一阶段——研究试验阶段,时间段为 1987 年至 1993 年

在此期间,中国一些科研部门和高等院校开始研究 Internet 技术,并开展了科研课题和科技合作工作。1990 年 4 月,我国启动中关村地区教育与科研示范网(NCFC),1992 年建成该网络,实现了中国科学院与北京大学、清华大学三个单位的互连。但这个阶段的网络应用主要是小范围内的电子邮件服务。

2. 第二阶段——起步阶段,时间段为 1994 年至 1996 年

1994 年 4 月,中关村地区教育与科研示范网络工程(NCFC)通过美国 SPRINT 公司的国际专线以 64 kbit/s 的传输速率接入 Internet,实现了与 Internet 的全功能连接,从此中国被国际上正式承认为有 Internet 的国家。1994 年 10 月,CERNET 网络工程启动,1995 年 12 月完成建设任务。之后,CHINANET、CSTNET、CHINAGBNET 等多个 Internet 网络项目在全国范围内相继启动,Internet 开始进入公众生活,并在中国得到了迅速发展。至 1996 年底,中国 Internet 用户数已达 20 万,利用 Internet 开展的业务与应用逐步增多。

3. 第三阶段——快速发展阶段,时间段为 1997 年至今

这个时期是 Internet 在我国发展最为快速的阶段,国内 Internet 用户数 1997 年以后基本保持每半年翻一番的增长速度。据中国互联网络信息中心(CNNIC)2019 年 8 月 28 日公布的第 44 次《中国互联网络发展状况统计报告》可知,截至 2019 年 6 月,中国网民数量达到 8.54 亿,互联网的普及率为 61.2%。

1.2.3　计算机网络的发展趋势

1. 开放化和标准化

开放化是指计算机网络可以支持不同计算机、不同操作系统、不同数据库、不同网络的互连。在这些异构的平台上,各类应用可以相互移植、相互操作,使它们有机地集成为一个整体。标准化是发展计算机网络开放性的一项基本措施。

2. 一体化和多媒体化

"一体化"的基本含义是,从系统整体出发,对系统进行重新设计、构建,以达到进一步增强系统功能、提高系统性能、降低系统成本和方便系统使用的目的。

科学技术的发展使得人们对计算机网络技术的要求不断提升,计算机网络技术应该要实现集成多媒体应用以及服务的功能,这样才能确保功能和服务的多元化。电信网、电视网和计算机网的"三网合一"也在更高层次上体现了多媒体计算机网络系统的发展趋势。计算机网络必定是融合电信、电视等更广泛功能,渗入到千家万户家庭的多媒体计算

机网络。

3. 高速化和移动化

快节奏的社会发展使得人们对网络传输的速度要求越来越高,无线设备的数量也在与日俱增,因而无线网络的发展更加重要,为实现便捷上网以及突破环境的限制,计算机网络必定朝着高速化和移动化的方向发展。

4. 实现以应用服务为主导的人性化发展

计算机网络技术的应用就是为了满足人们的实际生活和工作需求,所以,未来的计算机网络应该更加人性化,以提高人们的生活和工作质量。

5. 网络管理的高效化和安全化

随着计算机网络的发展,网络中的用户越来越多,且来自社会各个阶层与部门,大量的数据在网络中存储和传输。为了能够有效、可靠、安全、经济地为用户提供网络服务,计算机网络必定朝着高效化和安全化的方向发展。

6. 网络应用的智能化

随着计算机信息技术和网络技术的不断更新和发展,计算机网络技术的用户已经不再满足于单纯的数据运算和简单问题的求解,他们对网络新业务的要求不是从现有科学技术所提供的条件出发,而是从信息社会的发展需求出发。而且,人们对于高移动性、高灵活性、高可靠性和高安全性有着更加强烈的需求,那么将具有自动处理能力的人工智能技术融入计算机网络技术必定成为未来计算机网络的发展趋势,它将使社会信息网络更加有序化,更加智能化。同时,智能化的计算机网络系统能帮助网络管理人员降低运维成本,帮助网络服务提供商提高运营效率、利润和用户的满意度。

未来的计算机网络将是人工智能技术和计算机网络技术更进一步融合的网络系统,它将使社会信息网络更加有序化,更加智能化。

1.3 计算机网络的功能

计算机网络以资源共享和数据通信为主要目标,它的功能主要体现在以下四个方面。

1. 数据通信

数据通信即数据传送,我们常用的微信和 QQ 等都是该功能的具体体现,它是计算机网络的最基本功能。

2. 资源共享

资源共享包括硬件、软件和数据资源的共享,它是计算机网络最有吸引力的功能。它使网络用户能够部分或全部地使用计算机网络资源,使计算机网络中的资源互通有无、分工协作,从而大幅提高各种硬件、软件和数据资源的利用率。

3. 提高计算机系统的可靠性和可用性

计算机系统可靠性的提高主要表现在计算机网络中每台计算机都可以依赖计算机网络相互为后备机,一旦某台计算机出现故障,其他计算机可以马上承担起原先由该故障机所担负的任务,避免了系统的瘫痪,使得计算机系统的可靠性得到了大幅提高。

计算机系统可用性的提高是指当计算机网络中某一台计算机负载过重时,计算机网络能够进行智能判断,并将新的任务转交给计算机网络中较空闲的计算机去完成,这样就能均衡每一台计算机的负载,提高了每一台计算机的可用性。

4. 提高计算机进行分布式处理的能力

在计算机网络中,每个用户可根据情况合理选择计算机网络内的资源,以就近原则进行快速处理。对于较大型的综合问题,通过一定的算法将任务分配给不同的计算机,从而达到均衡网络资源、实现分布处理的目的。此外,利用计算机网络技术,能将多台计算机连成具有高性能的计算机系统,以并行的方式共同来处理一个复杂的问题,这就是协同式计算机的一种网络计算模式。

1.4 计算机网络的分类

计算机网络的分类标准很多,可以依据网络覆盖范围、网络拓扑结构、网络通信方式和工作模式等划分。

1.4.1 根据网络的覆盖范围分类

计算机网络在覆盖范围上千差万别,小的如两台计算机用交叉线直接相连,大的如Internet把全世界范围的难以计数的计算机互连起来。计算机网络按覆盖范围可分为三类:局域网、城域网、广域网。

1. 局域网(Local Area Network,LAN)

局域网也称局部网,是在一个有限的地理范围内将计算机、外围设备和网络互连设备连接在一起的网络系统,常用于一座大楼、一所学校或一个单位内。其主要特点是:覆盖的地理范围较小,一般为 10 m ~ 10 km,通常为一个单位所拥有;具有较高的数据传输速率(常用局域网的速率为 100 Mbit/s);具有较低的传输时延和误码率(误码率一般在 10^{-8} ~ 10^{-11})。

2. 城域网(Metropolitan Area Network,MAN)

城域网有时又称之为城市网、区域网、都市网,是在一个城市或地区范围内连接起来的网络系统,城域网与局域网相比,扩展的距离更长,连接的计算机数量更多,在地理范围上可以说是局域网的延伸,这种网络的连接距离可以在 10 ~ 100 km。由于城域网中引入了光纤连接,所以使城域网中高速的局域网互连成为可能。

3. 广域网(Wide Area Network,WAN)

广域网也称为远程网,所覆盖的范围可以从几百 km 到几千 km,甚至上万 km,可以是一个地区,一个国家,甚至是全世界,最大的广域网是因特网(Internet)。

1.4.2 根据网络的拓扑结构分类

计算机网络的拓扑结构引用拓扑学中研究与大小、形状无关的点和线之间关系的方法,把网络中的计算机和通信设备抽象为一个点,把传输介质抽象为一条线,由点和线组成的几何图形就是计算机网络的拓扑结构。网络的拓扑结构反映网络中各实体的结构关系,是建设计算机网络的第一步,是实现各种网络协议的基础,它对网络的性能、系统的可靠性与通信费用都有较大影响。计算机网络的拓扑结构又分为逻辑拓扑和物理拓扑两大类:网络的物理拓扑主要是表现网络中各结点的连接方式,即体现网络中的各计算机和各网络设备是如何连接的;网络的逻辑拓扑是指信号在网络中的实际传输路径,它所描述的是信号怎样在网络中流动。任何一个网络都既有逻辑拓扑又有物理拓扑,有些网络其物理拓扑和逻辑拓扑一样,有些则不同,例如:以太网,其逻辑拓扑是总线,而物理拓扑是树型(或拓展星状)。没有特殊说明,本教材介绍的拓扑结构就是指计算机网络的逻辑拓扑结构。根据信号在网络中的传递方式,计算机网络的逻辑拓扑分为星状、总线、环状、树状、网状、混合状和蜂窝状等。

1. 星状

星状结构是一种以中央结点为中心,把若干个外围结点连接起来的辐射式互连结构,中央结点对各设备间的通信和信息交换进行集中控制和管理,其模型如图1-6所示。

星状结构的主要特点为:中央结点可以方便地控制和管理网络,并及时发现和处理系统故障;只要中央结点不出现故障,系统的可靠性较高;容易扩充;如果中央结点出现故障,则整个网络瘫痪。

2. 总线

总线拓扑结构是用一根总线连接若干个结点从而构成总线的互连结构,网络中的各结点通过总线进行信息传输,其模型如图1-7所示。

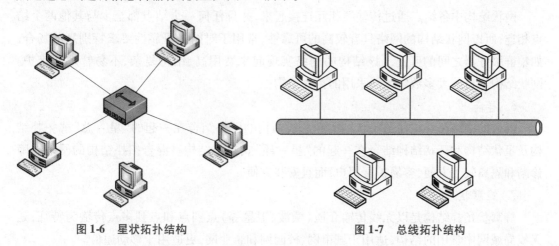

图1-6 星状拓扑结构　　　　图1-7 总线拓扑结构

总线拓扑结构的主要特点为:结构简单、扩充性较好、可靠性较高、响应速度快、共享资源能力强、网络建设的成本低、安装使用方便等。

3. 环状

环状结构中各结点通过一条首尾相连的通信线路连接起来形成一个封闭的环,其模型如图1-8所示。

环状结构的主要特点是网络结构简单、各计算机地位平等、建网容易等,该结构的网络能实现数据传送的实时控制,但网络的可靠性较差,在使用中一般采用双环结构。

4. 树状

树状结构是从星状结构派生出来的,各结点按一定层次连接起来,形状像一棵倒置的树,顶端只有一个结点,其模型如图1-9所示。

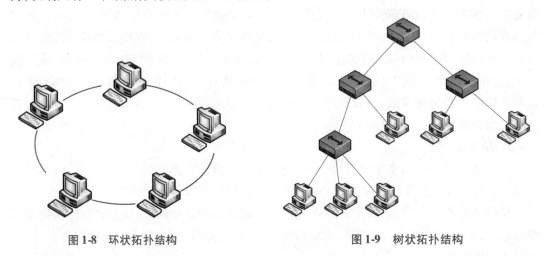

图1-8 环状拓扑结构   图1-9 树状拓扑结构

在树状结构的网络中有多个中心结点,形成一种分级管理的集中式网络。树状结构的优点是连接容易、管理简单、维护方便,缺点是共享能力差、可靠性低。

5. 网状

网状结构中各结点通过传输线相互连接起来,并且任何一个结点都至少与其他两个结点相连,所以网状结构的网络具有较高的可靠性,常用于对网络可靠性要求特别高的场合,如集群服务器之间的互连。该结构的网络实现起来费用高、结构复杂、不易管理和维护。网状结构是目前大多数广域网采用的拓扑结构。

6. 混合

混合的网络拓扑往往是星状结构和总线结构的网络结合在一起的"星–总"式拓扑结构及星状结构和环状结构结合在一起的"星–环"式拓扑结构。混合拓扑结构的网络故障诊断和隔离较为方便,容易扩展用户,而且安装方便。

7. 蜂窝状

蜂窝状拓扑结构是以无线传输介质(微波、卫星等)点到点和点到多点传输为特征,是无线局域网中常用的结构,适用于城市网、校园网和企业网,更适用于移动通信。

1.4.3 根据网络的通信方式分类

网络中信息的传输技术与现实生活中人与人的交流方式比较相似,如在课堂上让"张三"站起来回答问题,可以高声喊"张三",其他的同学也都能听到,不过只有"张三"站起来回答问题;也可以走到"张三"面前悄悄地告诉他站起来回答问题,这时其他同学都听不到。但无论哪种方式都达到了让"张三"站起来回答问题的目的。在通信技术中,通信信道的类型有两类:广播通信信道与点到点通信信道。在广播通信信道中,多个结点共享一个通信信道。而在点到点通信信道中，一条通信线路只能连接两个结点，如果两个结点之间没有直接连接的线路，那么它们只能通过中间结点转接。网络要通过通信信道完成数据传输，因此网络所采用的传输技术也有两类，即广播（Broadcast）方式和点到点（Point to Point）方式。所以计算机网络按信息传输的模式可分为两类：广播式网络和点到点网络。

1. 广播式网络（共享式网络）

在广播式网络（Broadcasting Network）中，所有连网的计算机共享一个通信信道。当一台计算机利用共享通信信道发送报文分组时，网内的其他计算机都会接收到这个分组。由于发送的分组中带有目的地址与源地址，接收到该分组的计算机将检查目的地址是否与本计算机的地址相同。如果该分组的地址与本计算机的地址相同，则接收该分组，否则就丢弃该分组。以太网和令牌环网都属于广播式网络，其传输方式有三种：

①单播（Unicast）：发送的信息中包含明确的目的地址，在广播式网络中，所有结点都能收到该信号，所有结点检查该地址。如果与自己的地址相同，则处理该信息；如果不同，则忽略该信息。

②组播（Multicast）：发送的信息中的目的地址是组播地址，在广播式网络中，所有结点都能收到该信号，所有结点检查该地址，如果是发给自己组的，则处理该信息，如果不是，则忽略该信息。

③广播：发送的信息中的目的地址是广播地址，发给本网的所有计算机，本网中的计算机收到该信息后，都处理该信息。

2. 点到点网络（交换式网络）

在点到点网络（Point to Point Network）中，每条物理线路连接两个网络结点。假如两台计算机之间没有直接相连的线路，那么它们之间的分组传输就要通过中间的结点接收、存储和转发，直至目的计算机。由于连接多台计算机之间的线路结构可能很复杂，因此从源计算机到目的计算机可能存在多条路径，ATM（Asynchronous Transfer Mode，异步传输模式）网和帧中继网都属于点到点网络。

1.4.4　根据网络的工作模式分类

按照计算机网络工作模式的不同，计算机网络可分为三种，分别是对等模式网络（Peer to Peer）、客户机/服务器（Client/Server，C/S）模式网络和浏览器/服务器（Browser/Server，B/S）模式网络。目前常用的 APP 其实就是一种 C/S 模式的网络，该模式的缺点较明显，移动应用走向 B/S 模式也是一种必然趋势。

1. 对等模式网络

在对等模式网络中，所有计算机地位平等，没有从属关系，也没有专用的服务器和客户机。网络中的资源分散在每台计算机上，每台计算机都有可能成为服务器，也有可能成为客户机。网络的安全验证在本地进行，一般对等网络中的用户小于或等于10，如图1-10所示。对等网能够提供灵活的共享模式，组网简单、方便，但难于管理，安全性能较差。它可满足一般数据传输的需要，所以一些小型单位在计算机数量较少时可选用"对等网"结构。

2. 客户机/服务器模式网络

为了使网络通信更方便、更稳定、更安全，引入了基于客户机/服务器的网络，如图1-11

所示。网络中的计算机被分为服务器与客户机两种,服务器负责为全体客户提供有关服务(如 WWW 服务、邮件服务、FTP 服务等),而客户机负责向服务器发送服务请求并处理相关的事务。在 C/S 模式中用户请求的任务由服务器端程序与客户端应用程序共同完成,不同的任务要安装不同的客户端软件。

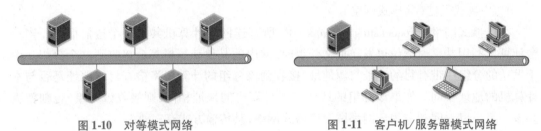

图 1-10　对等模式网络　　　　　　图 1-11　客户机/服务器模式网络

3. 浏览器/服务器模式网络

该类网络其实是客户机/服务器模式网络的特例,在该模式下客户端只需安装浏览器(如 IE 浏览器、360 浏览器和 UC 浏览器),用户通过浏览器向服务器发出请求,然后服务器接收并处理该请求,再将处理后的结果(往往以网页形式)返回给浏览器。因特网上用户通过浏览器访问网站(实际是访问 WWW 服务器)即是一种标准的 B/S 模式。

在 C/S 模式中,用户请求的任务由服务器端程序与客户端应用程序共同完成,不同的任务要安装不同的客户端软件。近些年人们广泛使用的 APP 采用的就是移动互联网下的客户机/服务器模式,如聊天用的微信、导航用的高德地图、打车用的滴滴出行、购物用的多点及手机淘宝等都是该模式下的应用。其缺点是客户端不统一,用户在使用之前需要先下载该 APP 的客户端,然后再安装该 APP 的客户端,这样不仅占用手机的存储空间,还要占用手机界面上的位置空间,这是该模式最大的缺点。为了克服该缺点,就需要有通用的客户端,浏览器就是一种较通用的客户端,所以计算机网络的工作模式发展到了浏览器/服务器模式。其实 B/S 模式是 C/S 模式的特例,用户只需要安装浏览器就可以访问常用服务,大大减少了客户端的下载及安装的工作量,更节省了存储空间和屏幕上的位置空间,方便了用户的使用。

目前 APP 百花齐放,但大部分 APP 最终也会被通用客户端所替代,只有应用频次较高,功能差异较大的 APP 才有开发的价值。事实上,腾讯公司已意识到该问题,并给出了一定的解决办法,微信小程序就是 APP 客户端通用化的产物,未来可能会有更加成熟、更加通用的移动客户端软件。但是通用客户端有其应用的局限性,不可能替代所有的 APP 客户端,APP 客户端是一种定制软件,具有个性化和灵活性的优点。

1.5　计算机网络体系结构

计算机网络体系结构和计算机网络协议是计算机网络中两个最基本的概念,也是初学者较难理解的概念。

1.5.1 计算机网络体系结构的概念

计算机网络体系结构是指整个网络系统的逻辑组成和功能分配,它定义和描述了一组用于计算机及其通信设施之间互相通信的标准和规范。它采用结构化的设计思想和分层化的实现机制。结构化的设计思想将一个复杂的系统设计问题分解成一个个容易处理的子问题,并协调好各个子问题之间的关系,最终完成系统的整体规划和设计,这种结构化的思想最终通过层次化的机制来实现。也就是,把计算机与计算机之间、计算机与网络设备之间的互连和通信的整个系统设计成了层次结构,每层都有一个清晰、明确的任务,实现相对独立的功能,而各层之间相互独立,高层并不需要知道低层是采用何种技术实现的,而只需知道低层通过接口能提供哪些服务。

这样的实现思路和方法具有灵活性好、易于实现和维护,并且也易于促进标准化的特点。灵活性好主要体现在当任何一层发送变化时(如技术的更新),只要层间接口保持不变,则其他各层都不会受到影响。另外,当某层的服务不再被其他层需要时,可以在这层直接取消。

该设计思想类似于各单位的管理体系,比如:学生有事找辅导员,辅导员处理不了该事情时再找系主任;系主任处理不了该事情时,再找分管的院领导;院领导处理不了该事情时再找校长等。而公司的管理机制也是如此:员工到部门经理,部门经理再到总经理等,员工有事越过部门经理直接找总经理是不合适的。

总之,计算机网络体系结构的整体设计思想是将网络互连和通信的整体功能分为几个相对独立的子功能层,各个功能层次间进行有机的连接,下层通过接口为其上一层提供必要的功能服务。

1. 网络协议的概念

计算机网络是由多个互连的计算机或网络设备(计算机或网络设备又称网络结点,简称结点)组成,结点之间需要不断地交换数据和控制信息。要使它们之间能够有条不紊地互相交换数据,每个结点都必须要遵守一些事先约定好的规则,这些规则明确规定了所交换数据的格式和时序。

例如,人们进行思想交流的前提是要有共同的语言,否则很难进行沟通。比如一个不懂法语的英国人和一个不懂英语的法国人是无法进行对话的。同样,在公路上行驶的各种交通工具,需要遵守交通规则,这样才能减少交通阻塞,有效避免交通事故的发生。因此,计算机之间进行通信也必须有它们共同的语言,这种语言也可以理解为网络协议。网络协议(Network Protocol)简称协议,是指为进行网络中的数据交换而建立的规则、标准或约定的集合。

网络协议主要由语法、语义和同步(也称时序)三个要素组成。语法规定了通信双方"如何讲",即确定用户数据与控制信息的结构与格式,也就是解决"怎么说"的问题。语义规定了通信的双方准备"讲什么",即需要发出何种控制信息,完成何种动作以及做出何种应答,也就是解决"说什么"的问题。同步规定了通信双方"何时进行通信",即事件实现顺序的详细说明,也就是解决"何时说"的问题。

2. 网络协议的分层

当我们遇到复杂的问题时,一般会想到采用"大而化小,小而化了"的思想。计算机网络是一个非常复杂的系统,网络通信也比较复杂,不仅涉及网络硬件设备(如计算机、物理线路、网络设备等),还要涉及各种各样的软件,所以计算机网络在设计时也采用层次化的解决办法。其核心思想是将系统模块化,并按层次组织各模块。计算机网络的层次结构可用图 1-12 表示。

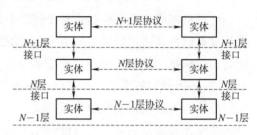

图 1-12　计算机网络的层次化模型

图 1-12 中的实体可以理解为计算机或网络设备,该图所表达的含义主要是要实现网络通信,需要在计算机和网络设备上安装相应协议对应的软件,以实现网络通信的功能。网络通信的实现需要多层相互配合,每层实现其特定的具体功能,下层通过接口函数为其直接上层提供服务。注意:服务和协议是两个完全不同的概念,服务是下层能为上层做什么的思想,但是没有涉及这些操作是如何完成的,即服务只定义了相邻两层之间下层面向上层的接口。协议是定义同层对等实体(对等实体是指不同机器上位于同一层次、完成相同功能的实体)之间交换数据的格式及意义方面的一组规则的集合。也就是说,服务涉及层与层之间的接口,而协议涉及对等实体同层之间发送数据的格式、意义和时间的集合。

1.5.2　OSI 参考模型

在计算机网络产生之初,每个计算机厂商都有一套自己的网络体系结构,它们之间互不相容。为使不同计算机厂家的计算机能够互相通信,以便在更大的范围内建立计算机网络,有必要建立一个国际范围的网络体系结构标准。

国际标准化组织(ISO)在 1979 年成立了一个分委员会,专门研究一种用于开放系统互连的体系结构,并于 1981 年正式推荐了一个网络系统结构——七层参考模型,称为开放系统互连(Open System Interconnection,OSI)参考模型。"开放"指只要遵循 OSI 标准,一个系统就可以和位于世界上任何地方的也遵循同一标准的其他任何系统进行通信,即它能够实现异构网络之间的互连。

1. OSI 参考模型分层的目的

OSI 参考模型分层的目的主要是:

①便于不同厂商生产的设备相互兼容。

②设备可专注于某一层的功能。例如,交换机工作在第二层,路由器工作在第三层。

③方便网络故障排错,因为每一层定义了不同的功能。

④不用过多考虑物理接口等物理层的设置。

2. OSI 参考模型分层的原则

OSI 参考模型对各个层次的划分遵循下列原则:

①网络中各结点都有相同的层次,相同的层次具有相同的功能。

②同一结点内相邻层之间通过接口通信。

③每一层使用下层提供的服务,并向其上层提供服务。

④不同结点的同等层按照协议实现对等层之间的通信。

⑤层次数应该适中,不可太多,否则汇集各层的开销太大;层次数也不可太少,否则不易管理。

3. OSI 参考模型各层之间的关系

OSI 参考模型将整个网络通信的功能划分为七个层次,每层完成一定的功能,如图 1-13 所示。它们由低到高分别是物理层(Physical),主要负责比特流的传输;数据链路层(Data Link),主要负责介质访问及链路的管理;网络层(Network),主要负责寻址及路由选择;传输层(Transport),主要负责端到端的连接;会话层(Session),主要负责建立、维护及管理会话;表示层(Presentation),主要负责数据格式的转换;应用层(Application),主要是提供应用程序间的通信。

图 1-13　OSI 参考模型

参与通信的各台计算机都必须安装一致的协议,如图 1-13 所示,参与通信的主机 A 和主机 B 都安装了该七层协议对应的软件,同等层之间是水平的关系,各自能够相互理解。它们的相互理解类似于两个正在商务谈判的公司,两个公司的总经理彼此对等交流,能够理解对方的意思,两个公司的秘书之间用的语言彼此能够理解,两个公司的具体办事员彼此能够相互理解其所用术语。同一台计算机的上下层之间是服务的关系,即下层通过接口直接为其上层提供服务,也就是第 n 层为第 $n+1$ 层提供服务,就像办事员要给秘书提供服务,秘书要给总经理提供服务一样。

OSI 参考模型试图达到一种理想境界,即全世界的计算机网络都遵循这一标准,所有的计算机都能方便地互连和通信。然而由于 OSI 标准制定周期长、协议实现过分复杂及 OSI 的层次划分不太合理等原因。20 世纪 90 年代初期,虽然整套的 OSI 标准都已制定出来,但当时的 Internet 在全世界的范围已形成规模,因此网络体系结构得到广泛应用的并不是国际标准 OSI,而是应用在 Internet 上的非国际化的标准 TCP/IP 体系结构。

4. OSI 参考模型各层的主要功能

(1)物理层(主要解决"如何利用物理媒体走每一步"的问题)

物理层(Physical Layer)是 OSI 的第一层,其主要任务是确定与传输媒体相关的一些特性。物理层不同于物理介质,物理介质是有形的硬件设备,如网线、网络设备等;物理层是无形的,主要是确定与传输媒体相关的一些特性,是对物理层设备的设计与生产提出要求和提供依据。基于物理层的物理设备主要有:传输介质连接器(如网线上用的水晶头等)、调制解调器(用于家庭用传统电话线上网的设备)、中继器和集线器(基本已淘汰的网络设备)。

(2)数据链路层(主要解决"每步如何走"的问题)

数据链路层(Data Link Layer)位于物理层和网络层之间,主要功能是将物理层传来的0、1 信号按照帧(Frame)的格式组成帧,并能将不可靠的传输媒体变成可靠的传输通路提供给网络层。对于发送数据的一方,该层主要完成对发送数据的最后封装;对于接收数据的一方,该层主要完成对接收数据的首次检查。该层还负责在传送过程中的错误检查和一定的错误恢复。它将纠错码加到即将发送的数据帧中,并对收到的数据帧计算其校验和,不完整或有缺陷的数据帧在该层都将被丢弃。如果能够判断出有缺陷的数据帧来自何处,将给发送数据的源主机返回一个包含有错误原因的数据包。

基于数据链路层协议设计和开发的网络设备主要是网卡和交换机。注意:网卡可以理解为既是物理层的设备也是数据链路层的设备,物理层和数据链接层的功能它都具备。

(3)网络层(主要解决"走哪条路可到达目的地"的问题)

网络层(Network Layer)是 OSI 参考模型的第三层,介于数据链路层和传输层之间,网络层最主要的功能是实现对数据包的路由选择,以便数据包能够从发送方主机经过一条较优的路径传输到目的主机。除了路由选择的功能外,网络层还有拥塞控制和网络互连等功能。网络层能够根据传输层的要求选择服务质量,还能向传输层报告未恢复的差错。

基于网络层协议设计和开发的网络设备主要是路由器和具有路由功能的三层交换机。

(4)传输层(主要解决"对方具体在何处"的问题)

传输层(Transport Layer)位于 OSI 参考模型的第四层,主要功能是提供端到端传输数据的机制,能为端到端连接提供可靠的传输服务,能为端到端连接提供流量控制、差错控制和服务质量(Quality of Service,QoS)等管理服务。网络层能把要传输的数据定位到具体的计算机,而传输层能把数据定位到具体计算机的具体程序。

(5)会话层(主要解决"轮到谁讲话和从何处讲"的问题)

会话层(Session Layer)也称会晤层,主要负责建立、管理和终止两结点应用程序之间的会话。例如,两结点在正式通信前,需要先协商好双方所使用的通信协议、通信方式(全双工或半双工)、如何检错和纠错,以及如何结束通信等内容。大部分下载工具具有断点续传的功能,该功能是会话层实现的功能之一。

(6)表示层(主要解决"对方看起来像什么"的问题)

表示层(Presentation Layer)确保一个系统应用层发送的信息能够被另外一个系统的应用层识别。如果有必要,表示层还可以使用一个通用的数据表示格式在多种数据格式之间进行转换。表示层的主要功能包括:完成应用层所用数据的任何所需的转换,能够将数据转换成计算机或系统程序所能读懂的格式。数据压缩和解压缩以及加密和解密可以在表示层进行,当然,数据加密和压缩也可由运行在 OSI 应用层以上的用户应用程序来实现。

(7)应用层(主要解决"做什么"的问题)

应用层(Application Layer)处于最高层,也是最靠近用户的一层,为用户的应用程序提供网络服务。应用层虽然不为 OSI 模型七层协议中的任何其他层提供服务,但却为 OSI 模型外的应用程序提供服务。如 Web 服务、文件服务、电子邮件服务等。

为了使数据分组从源主机传送到目的主机,源主机 OSI 模型的每一层要与目标主机的每一层进行通信,常用 Peer-to-Peer Communications(对等实体间通信)表示源主机与目的主机对等层间的通信。

1.5.3 TCP/IP 体系结构

TCP/IP(Transmission Control Protocol/Internet Protocol,传输控制协议/网际协议)是一个协议系列,包含 100 多个协议。TCP 和 IP 是其中两个最基本和最重要的协议,因此用这两个协议来代表整个协议系列,基本上是 Internet 协议的代名词,也可看作 Internet 上的"世界语",它是 Internet 上的计算机在通信时所要遵守规范的描述。它可以在各种硬件和操作系统上实现,并且 TCP/IP 已成为建立局域网和广域网的首选协议,并将随着网络技术的进步和信息高速公路的发展而不断完善。

TCP/IP 的开发工作始于 20 世纪 70 年代,早于 OSI 参考模型,故不完全符合 OSI 参考模型的标准。大致来说,TCP 对应于 OSI 参考模型的传输层,IP 对应于 OSI 参考模型的网络层。虽然 OSI 参考模型是计算机网络协议的标准,但由于它实现难度大、运行起来开销大等原因,因此现实中并没有真正符合该标准的协议。TCP/IP 则不然,由于它简洁、实用,得到了广泛应用,可以说,TCP/IP 已成为事实上的工业标准和国际标准。

1. TCP/IP 体系结构及各层的主要功能

为化难为易,TCP/IP 也采用分层的体系结构,有些书上介绍它是四层模型,从上到下分别是应用层、传输层、网络层和网络接口层,但是事实上它只定义了上三层的具体功能,网络接口层的具体内容并没有定义。这里的网络接口层对应于 OSI 参考模型的数据链路层和物理层,不同的局域网这两层的实现不同。也就是说,TCP/IP 强调的是高层的互连,把底层的具体实现留给了各个局域网。无论使用何种计算机,无论该计算机通过何种方式连网,只要计算机上安装了 TCP/IP 就能上网,它是事实上的工业标准。它的上下层之间也是一种服务的关系,因此其顺序不能改变。TCP/IP 的体系结构及各层的主要协议如图 1-14 所示。TCP/IP 体系结构与 OSI 参考模型相比,简化了会话层和表示层的功能,将其融合到了应用层,使得通信的层次减少,提高了通信效率。

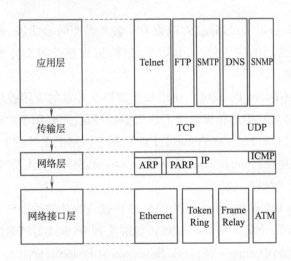

图 1-14 TCP/IP 体系结构及各层的主要协议

TCP/IP 各层的主要功能简述如下：

（1）网络接口层

网络接口层是 TCP/IP 的最低层，也称网络访问层。该层对应着 OSI 参考模型的物理层和数据链路层，其功能是接收和发送 IP 数据包，并负责与网络中的传输介质打交道。它包括多种逻辑链路控制和媒体访问协议，如以太网的介质访问控制协议 CSMA/CD 等。对于发送数据的源主机，网络接口层的功能是接收 IP 数据包并通过特定的网络进行传输；对于接收数据的目的主机来说，网络接口层的功能是从网络上接收数据流，抽取出 IP 数据包并转交给网络层。

（2）网络层

网络层是整个体系结构的关键部分，它的主要功能是把 IP 数据包发送到它应该去的地方。分组路由和避免拥塞是网络层需要解决的问题。该层包括以下几个主要协议：IP（Internet Protocol，网际协议）、ICMP（Internet Control Message Protocol，因特网控制消息协议）、ARP（Address Resolution Protocol，地址解析协议）、RARP（Reverse Address Resolution Protocol，反向地址解析协议）。在网络层，ARP 用于将 IP 地址转换成物理地址，RARP 用于将物理地址转换成 IP 地址，ICMP 协议用于报告差错和传送控制信息，IP 在 TCP/IP 协议簇中处于核心地位。

（3）传输层

传输层解决的是"端到端"的通信问题，即应用程序之间的通信，主要功能是数据格式化、数据确认和丢失重传等。它定义了两个端到端的协议，第一个是传输控制协议（Transmission Control Protocol，TCP），它是一个面向连接的协议，允许从一台计算机发出的字节流无差错地发给因特网上的其他计算机。第二个协议是用户数据报协议（User Datagram Protocol，UDP），它是一个不可靠的无连接协议。TCP 和 UDP 都建立在 IP 的基础上。

（4）应用层

应用层是 TCP/IP 协议的最高层，对应着 OSI 参考模型的会话层、表示层和应用层。它负责向用户提供一组常用的应用程序，如电子邮件、远程登录和文件传输等。应用层包含所有的高层协议，例如：

①远程登录协议（Telnet Protocol），使用基于该协议开发的应用程序登录到网上其他计算机后，操作自己的键盘其实是在操作网上该机器的键盘，主要用于故障诊断。

②文件传输协议（File Transfer Protocol，FTP），用于网络上文件的上传与下载。

③简单邮件传送协议（Simple Mail Transfer Protocol，SMTP），该协议负责互联网中电子邮件的传递。

④邮局协议（Post Office Protocol 3，POP3），该协议负责从邮件服务上接收邮件。

⑤域名系统（Domain Name System，DNS），能够实现 IP 地址与域名的双向转换。

⑥简单网络管理协议（Simple Network Management Protocol，SNMP），能够实现网络的管理功能。

应用层协议一般可分为三类：一类是基于 TCP 的协议，如超文本传输协议 HTTP（Hyper

Text Transfer Protocol)、文件传输协议 FTP 等;一类是基于 UDP 的协议,如简单的文件传输协议 TFTP(Trivial File Transfer Protocol)和简单的网络管理协议 SNMP 等;还有一类则是既基于 TCP 又基于 UDP,如域名系统 DNS 协议,当 DNS 服务器之间传输数据时基于 TCP,当计算机与 DNS 服务器之间传输数据时基于 UDP。

局域网中的计算机之间进行通信时可选择使用 NetBEUI 协议,也可选择使用 TCP/IP,但相互通信的计算机必须使用相同的协议才能通信。

2. TCP/IP 存在的问题及解决办法

近年来,随着 Internet 的不断发展和网络多媒体技术的广泛应用(如电视会议系统、网络电话、视频点播系统以及虚拟现实技术等),采用 TCP/IP 的 Internet/Intranet 网络系统不断出现问题,主要有:

(1)通信线路拥挤

通信线路拥挤主要由 Internet 的高速发展引起,网络用户急剧增加。另外,网上业务的多元化,如多媒体应用和电子商务等,对网络带宽提出了更高的要求。

(2)数据到达时间的抖动

在多媒体应用中,所传数据一到达接收端,就立刻进行"再生"处理。当检测到数据丢失和错误时,要求重新发送,引起发送端和接收端的时间间隔不同步。如果数据到达接收端的时间抖动得非常严重,将对电视和视频点播等实时多媒体应用产生不利影响。

为了解决上述问题,在 TCP/IP 上开发了支持实时多媒体通信的 RTP/RTCP(Real Time Transport Protocol/ Real Time Control Protocol,实时传输协议/实时控制协议),它由两种协议组成:数据传输协议(RTP)和实时控制协议(RTCP),RTP 负责多媒体数据的传输,RTCP 管理控制信息。

3. OSI 参考模型与 TCP/IP 体系结构的比较

OSI 参考模型与 TCP/IP 的体系结构之间的对照关系可用图 1-15 表示,具体分析如下:

(1)相似点

OSI 模型和 TCP/IP 模型有许多相似之处,具体表现在:两者均采用了层次结构并存在可比的传输层和网络层;两者都有应用层,虽然所提供的服务有所不同;均是一种基于协议数据单元的包交换网络,而且分别作为概念上的模型和事实上的标准,具有同等的重要性。

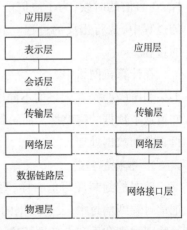

(2)不同点

①OSI 参考模型包含 7 层,而 TCP/IP 模型只有 4 层。

②OSI 参考模型在网络层支持面向无连接和面向连接的两种服务,而在传输层仅支持面向连接的服务。

图 1-15　OSI 与 TCP/IP 体系结构

TCP/IP 模型在网络层则只支持无连接的一种服务,但在传输层支持面向连接和面向无连接的两种服务。

③TCP/IP 由于有较少的层次,因而显得更简单。TCP/IP 一开始就考虑到多种异构网

的互连问题,将网际协议(IP)作为 TCP/IP 的重要组成部分,TCP/IP 也是从 Internet 上发展起来的协议,它已成为网络互连的事实标准。但是,目前还没有实际网络是建立在 OSI 参考模型基础上的,OSI 仅作为理论的参考模型被广泛使用。

④OSI 的主要问题如下:

- 层次数量与内容选择不是很好,会话层很少用到,表示层几乎是空的,数据链路层与网络层有很多子层。
- OSI 参考模型将"服务"与"协议"的定义结合,使参考模型变得复杂、实现困难。
- 寻址、流量控制与差错控制在每层重复出现,降低系统效率。
- 数据安全、加密与网络管理在模型设计初期被忽略。
- 参考模型的设计更多被通信的思想支配,不适合于计算机与软件的工作方式。
- 严格按照层次模型编程的软件效率很低。

⑤TCP/IP 的主要问题如下:

- 服务、接口与协议的区别不是很清楚,一个好的软件工程应将功能与实现方法区分开,参考模型不适于其他非 TCP/IP 簇。
- 网络接口层并不是实际的一层。
- 物理层与数据链路层的划分是必要和合理的,但是 TCP/IP 体系结构型却没做到这点。

鉴于上述 OSI 参考模型与 TCP/IP 体系结构所存在的问题,在学习计算机网络课程的相关知识时往往采取折中的办法,也就是综合 OSI 和 TCP/IP 的优点,采用一种五层协议的体系结构,如图 1-16 所示。

图 1-16 五层
协议的体系结构

1.5.4 数据的封装与解封装

数据在网络中必须按照某种固定的格式进行传输,这就像人们日常生活中写信一样,在写信的时候,为了使信能够顺利到达,必须要加信封、贴邮票、写地址等,而在收信的过程中,执行相反的过程。其实发信的过程就是封装的过程,收信的过程就是解封装的过程。

在计算机网络中,一个完整的数据必须要有头有尾。封装就是在上层传输的数据前加上头和尾(注意:在网络的不同层加的头和尾是不同的),如图 1-17 所示,这样接收端就可以知道这个数据的完整性。而解封装就是把从下层接收到的数据剥离头和尾,然后才能够进行正常的数据处理。

1. 数据的封装

数据的封装像写信一样,写好信后要邮寄给朋友,必须要在信封上写地址、贴邮票,并把信封装到信封中,发送数据的源主机对应用层的数据进行自上而下的层层封装后,再交给物理网络介质和设备进行传输,源主机的这个处理过程就是数据的封装。图 1-17 所示为 OSI 模型中数据的封装过程。

数据封装的大小并不完全相同,各种系统中数据帧的长度有不同的定义,其数值是在一个规定的范围之内,如以太网数据帧的长度必须在 64 B ~ 1 518 B 之间。

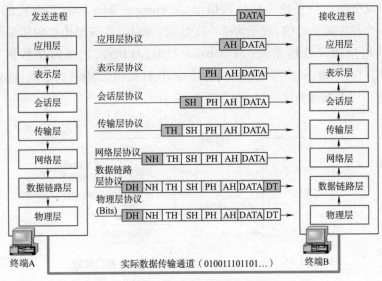

图 1-17　OSI 参考模型中数据封装的过程

2. 数据的解封装

在接收端,主机要想明白对方传输来的数据信息,需要自下而上地层层解除封装。解封装的过程与封装基本相反,是逐层去头的过程。封装与解封装的比较如表 1-1 所示。

表 1-1　封装与解封装比较

封　装	解　封　装
数据越来越大	数据越来越小
由高层向低层进行	由低层向高层进行
逐渐加头加尾	逐渐去头去尾

广域网中的数据传输与局域网的数据传输相比,多了一个路由的过程。路由器是根据数据包中的 IP 地址来决定其路由,因此,它将一个数据包拆包到三层,看到该包的 IP 地址,由此决定该如何路由,真正传输时又要把该数据包封装到一层的格式,然后才能在具体的传输介质上传输,其具体过程如图 1-18 所示。

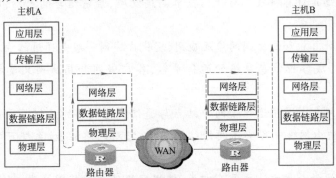

图 1-18　广域网中数据传输过程

每一层协议交换的信息称为协议数据单元(Protocol Data Unit, PDU),通常在该层的 PDU 前面加一个单字母的前缀,表示为哪一层数据。例如,在五层协议的体系结构中,应用层数据称为应用层协议数据单元(Application PDU, APDU),把传输层数据称为报文段(Segment)或用户数据报,网络层数据称为分组或 IP 数据包(Packet),数据链路层数据称为帧(Frame),物理层数据称为比特(bit),如图 1-19 所示。

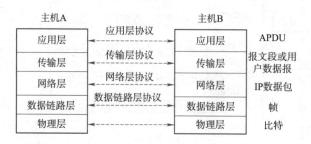

图 1-19　五层协议的体系结构每一层数据的名称

在网络通信过程中,数据段、数据包、数据帧和比特流的含义不同,主要体现在头部信息不同。数据包是在数据段的基础上又封装了网络层数据的头部,所以数据包的大小要大于数据段;同样,数据帧是在数据包的基础上又封装了数据链路层的头部和尾部,所以数据帧又比数据包大;物理层不再做封装处理,主要是数据的信号化过程,所以,比特流和数据帧的大小应该相同,其数据的大小不变。

 本章小结

本章主要介绍了计算机网络的定义与组成、计算机网络的发展、计算机网络的功能、计算机网络的分类以及计算机网络的体系结构,重点介绍了 TCP/IP 协议组中各层的主要协议及其功能与实现原理。本章内容信息量大,对初学者来说有一些抽象。通过本章学习,读者应了解计算机网络的定义、分类、发展和组成,理解层次化的设计思想及数据封装与解封装的过程,掌握 TCP/IP 的层次化结构及各层的特点和协议。其主要内容要点是:

1. 计算机网络是计算机技术与通信技术高度发展、紧密结合的产物,对社会发展产生重要影响。

2. 随着微型计算机和局域网的广泛应用,现代广域网一般是通过路由器将局域网与广域网互连起来,构成各种信息系统的运行平台,各广域网和局域网又是构成国际互联网 Internet 的基础。

3. 计算机网络拓扑是用通信子网中结点与通信线路之间的几何关系来表示网络的结构。网络拓扑反映出网络中各实体间的结构关系,它对网络性能、系统可靠性与通信费用都有较大影响。

4. 计算机网络的分类方法主要有四类:根据网络的覆盖范围分类、根据网络的拓扑结构分类、根据网络的通信方式分类及根据网络的工作模式分类。

5. 计算机网络有两大体系结构:开放系统互连参考模型 OSI 和事实上的标准 TCP/IP 体系结构。

6. 在计算机网络中,一个完整的数据必须要有头有尾。封装就是在上层传输的数据前加上头和尾(在网络的不同层加的头和尾是不同的);而解封装就是把从下层接收到的数据剥离头和尾。

习 题

一、选择题

1. 划分计算机局域网和广域网的依据是(　　)。

A. 通信的传输介质　　　　　　　B. 网络跨越的距离

C. 网络的拓扑结构　　　　　　　D. 信号频带的占用方式

2. 在七层模型中,连接应用层和会话层的是(　　)。

A. 网络层　　　　B. 传输层　　　　C. 应用层　　　　D. 表示层

3. 在 OSI 七层模型中属于应用层的协议有(　　)。

A. ping　　　　　B. Telnet　　　　C. TCP　　　　D. IP

4. 在 OSI 参考模型中,数据加密和压缩等功能应在(　　)实现。

A. 应用层　　　　B. 网络层　　　　C. 物理层　　　　D. 表示层

5. 在 TCP/IP 协议簇中,UDP 协议工作在(　　)。

A. 应用层　　　　B. 传输层　　　　C. 网络接口层　　　　D. 网络层

二、填空题

1. 计算机网络是_____与_____相结合的产物。

2. 计算机网络可看成由_____子网和_____子网两部分构成。

3. 一个网络协议主要由语法、_____及_____三要素组成。

4. TCP/IP 模型由低到高分别为_____、_____、_____、_____层。

5. 数据封装时是由应用层到物理层,而解封装时是由_____到_____。

三、简答题

1. 在网络中,分层体系结构模型的含义是什么?

2. OSI/RM 和 TCP/IP 有何异同?

3. 简述数据封装和解封装的过程。

4. 简要说明 TCP/IP 的网络协议体系结构。

5. 什么是网络拓扑结构?常用的网络场合拓扑结构有哪些?各自的特点是什么?

第**2**章

物理层

🤖 本章主要内容

- 数据通信基础。
- 计算机网络的传输介质。
- 常见的网络接入技术。

🤖 本章理论要求

- 了解常见的网络接入技术。
- 理解数据通信的相关知识。
- 掌握常见网络传输介质的特点及适用场合。

2.1 物理层概述

物理层(Physical Layer)是 OSI 参考模型的第一层,其主要任务是确定与传输媒体接口的一些特性。物理层不同于物理介质,物理介质是有形的硬件设备,如网线、网络设备等。物理层是无形的,主要是确定与传输媒体相关的一些特性,并对物理层设备设计与生产提出要求和提供依据。物理层的主要功能体现在四个方面:机械特性、电气特性、功能特性与规程特性。

①机械特性,指明接口所用的接线器的形状和尺寸、引线数目和排列等。

②电气特性,指明在接口电缆的各条线上出现的电压的范围。

③功能特性,指明某条线上出现的某一电平的电压表示何种意义。

④规程特性,指明对于不同功能的各种可能事件的出现顺序。

不同物理接口标准在以上四个重要特性上都不尽相同。实际网络中常用的物理接口标准有 EIA-232C、EIA RS-449 和 CCITT 建议的 X.21。

下面以 EIA RS-232C 为例,说明物理层的四个特性。

EIA RS-232C 是由美国电子工业协会(Electronic Industry Association,EIA)在 1969 年颁布的一种广泛的串行物理接口标准。RS Recommended Standard 的意思是"推荐标准",232 是标识号码,而后缀"C"表示该推荐标准已被修改过的次数。

EIA RS-232C 的机械特性规定使用一个 25 芯的标准连接器,并对该连接器的尺寸、针及孔芯的排列位置进行了详细说明。

EIA RS-232C 的电气特性规定逻辑"1"的电平为 −5 ~ −15 V,逻辑"0"的电平为 +5 ~ +15 V。

EIA RS-232CR 功能特性定义了 25 芯标准连接器的 20 根信号线的作用,分别是 2 根地线、4 根数据线、11 根控制线、3 根定时信号线,剩下的 5 根线作备用。

EIA RS-232C 规程特性定义其工作过程的先后顺序,在 DTE-DCE 连接情况下,只有当 CD(DTR)和 CC(DSR)均为"ON"状态时,才具备操作的基本条件。若 DTE 要发送数据,则首先将 CA(RTS)置为"ON"状态,等待 CB(CTS)应答信号为"ON"状态后,才能在 BA(TD)上发送数据。

由于 EIA RS-232C 并未定义连接器的物理特性,因此,出现了 DB-25、DB-15 和 DB-9 各种类型的连接器,其引脚的定义也各不相同,计算机上较为常见的通信端口 COM1 接口和 COM2 接口即是 DB9 类型的连接器,符合 EIA RS-232C 的标准。

2.2　数据通信基础

数据通信是指用特定信号把数据从发送端传送到接收端的过程。为了保证信息传输的顺利进行,通信必须具备三个基本要素,即:信源、通信信道和信宿。信源是信息产生和出现的发源地,可以是人,也可以是计算机等设备;通信信道是信息传输过程中承载信息的传输媒体;可以是双绞线和光纤等有线传输介质,也可以是无线电波等,信宿是接收信息的目的地,可以是人,也可以是计算机等设备。数据通信系统的主要工作过程,如图 2-1 所示。

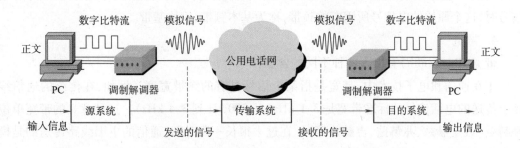

图 2-1　数据通信系统的主要工作过程

在数据通信系统中,计算机(或终端)设备起着信源和信宿的作用,通信线路和必要的通信转接设备构成了通信信道。

2.2.1 数据通信中的基本概念

1. 数据

数据(Data)是对所描述对象的符号化记录,一般可理解为"信息的数字化形式"或"数字化的信息形式"。在计算机网络系统中,数据通常被广义地理解为在网络中存储、处理和传输的二进制数字编码。

2. 信息

信息(Information)是"消除不确定因素的消息",是对特定事物的描述、解释和说明,是数据的内涵,是客观事物属性和相互联系特性的表征,它反映了客观事物的存在形式和运动状态。

例如98就是一个数据项,可表示某学生计算机网络技术课程的成绩为98分,这就是一个信息,这时的98分就具有了一定含义。

3. 信号

信号(Signal)是对特定信息的物理表述,是数据在传输中的电信号表示形式,按在传输介质上传输的信号类型,它分为模拟信号和数字信号两种,如图2-2所示。

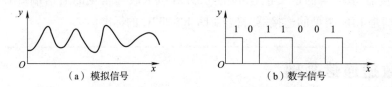

（a）模拟信号　　　　　　（b）数字信号

图2-2　模拟信号与数字信号示意图

①模拟信号(Analog)是指随时间连续变化的电磁波。采用模拟信号传输数据时,往往只占据有限的频谱,对应数字的基带传输称为频带传输。

②数字信号(Digital)是指用离散状态(即所谓的"二进制信号")表示的信号。也就是说时间上不连续的离散量,即电压(电平)的脉冲序列。终端设备把数字信号转换成脉冲电信号时,这个原始的电信号所固有的频带,称为基本频带,简称基带。

4. 带宽

带宽(Bandwidth)有以下两种不同的含意:

①在通信和电子技术中,带宽是指某个信号具有的频带宽度。例如,在传统的通信线路上传送的电话信号的标准带宽是3.1 kHz(从300 Hz到3.4 kHz)。这种意义的带宽单位是赫兹(或千赫兹、兆赫兹、吉赫兹等)。在过去很长一段时间,通信的主干线路传送的是模拟信号。因此,表示某信道允许通过的信号频带范围就称为该信道的带宽。

②在计算机网络中,带宽是指每秒发送的比特数,是在一定时间内能够通过一定空间最大的比特数。无论采用什么方式发送报文,无论采用什么样的物理介质,带宽都是有限

的,这是由传输介质的物理性质决定的。在本书中提到的带宽,主要是指这个意思。这种意义的带宽的单位是 bit/s,即比特每秒。

在计算机网络中,另一个容易与"带宽"混淆的名词是"宽带"。"宽带"表示可通过较高数据率的线路,这是一个相对的概念,目前对于用户接入到因特网的用户线路来说,每秒传送几个兆比特就可以算是宽带速率。

5. 吞吐量

吞吐量(Throughout)是指在特定时段内使用某路由传输一个文件时所获得的实际带宽。由于诸多原因,吞吐量往往小于传输使用介质所能达到的最大带宽。

6. 误码率

误码率是指二进制码元在数据传输过程中被传错的概率。它是衡量数据在规定时间内传输精确性的指标。误码率 = 传输中的错误码元数/所传输的总码元数×100%。

7. 基带传输

基带(Baseband)传输是指信号以其固有的基本形态进行传输,一般是采用数字信道所特有的矩形电脉冲或光波的亮与不亮等信号形态对应二进制代码的 0 和 1 直接进行传输。该信号按照信道的既定频率,独占其整个频带的带宽,不能复用,因此也称窄带(Narrowband)传输。

8. 宽带传输

宽带(Broadband)传输是指在一条传输介质上通过多路复用技术实现多路独立信号的传输。宽带传输要求信道的可利用带宽要远高于其子信道的带宽,因此常以同轴电缆作为传输介质。

同轴电缆传输模拟信号时,其频率可达 500 MHz,距离能到 100 km。通常再将其划分成若干独立信道,如 CATV(Cable Television)就是采用 6 MHz 传输一路模拟电视信号的频道方式,使一条电缆能同时传输上百个频道的电视节目。

9. 频带传输

频带传输是指把数字信号调制成能在公共电话线上传输的音频模拟信号后再发送和传输,到达接收端后,再把音频信号解调成原来的数字信号。计算机的远程通信常采用频带传输。

2.2.2　模拟数据与数字数据的传输

信道是传输特定信号的通路,是通信媒介。信道由传输介质及相应的中间通信设备组成,传输信道可以是有线或无线,传输信号可以是电信号也可以是光信号等。模拟信道是指传输模拟信号的信道,数字信道是指传输数字信号的信道。

通信是参与者按照预先的某种约定进行互通消息的过程,如语言交流、文字信函、网络传输等都是通信。模拟通信是指用模拟信号传输数据的通信,数字通信是指用数字信号传输数据的通信。

由于数据信号分为模拟信号和数字信号,信道又分为模拟信道和数字信道,这样就构成了四种数据的传输形式。

1. 模拟数据的模拟通信(见图 2-3)

典型例子是语音信号在普通的电话系统中的传输。

图 2-3　模拟数据的模拟通信

2. 模拟数据的数字通信(见图 2-4)

典型例子是打 IP 电话。

图 2-4　模拟数据的数字通信

3. 数字数据的模拟通信(见图 2-5)

图 2-5　数字数据的模拟通信

典型例子是用调制解调器(Modem)上网。

①调制(Modulator):是指在发送端把待发送的数字信号转换成频率范围在 300~3 400 Hz 的模拟信号,以便在模拟的电话线路上传送。

②解调(Demodulator):是指把电话线上传送过来的模拟信号再转换成数字信号,以便计算机使用。

调制解调器既具有调制的功能,又具有解调的功能。

4. 数字数据的数字通信(见图 2-6)

典型例子是局域网的数据传输。

图 2-6　数字数据的数字通信

注意:

波特(Baud)和比特(bit)是两个不同的概念。

波特是码元传输的速率单位(每秒传输多少个码元)。码元传输速率即调制速率。比特是信息量的单位。信息的传输速率"比特/秒"与码元的传输速率"波特"在数量上存在一定的关系。

若1个码元只携带1 bit的信息量,则"比特/秒"和"波特"在数值上是相等的。

若1个码元携带 n bit的信息量,则 M Baud的码元传输速率所对应的信息传输速率为 $M \times n$ bit/s。

2.2.3 数据的编码技术

编码(Encoding)是将数据表示成适当的信号形式,以便数据的传输和处理。数据编码是指二进制数字信息在传输过程中所采用的编码方式,即如何表示0,如何表示1。也就是将计算机的0和1转换为某种实际物理的信号表现形式,如电脉冲、光脉冲或电磁脉冲等,每个脉冲代表一个离散的信号单元,也称码元。表示二进制数字的码元的形式不同,便产生出四种不同的编码方案:数字数据的数字信号编码、模拟数据的数字信号编码、数字数据的模拟信号编码和模拟数据的模拟信号编码。

1. 数字数据的数字信号编码

数据在传输时,发送方将数字数据转换成数字信号,并按照编码方案对信号进行编码;信号到达接收方时需要进行解码,重新生成数字数据,其过程如图2-7所示。

图 2-7 数字数据的数字信号编码

数字数据转换成数字信号,最简单的方法就是用两种不同的电平脉冲序列来表示,如高电平为1、低电平为0。常用的数字数据编码有三种:不归零码、曼彻斯特编码和差分曼彻斯特编码三种,如图2-8所示。

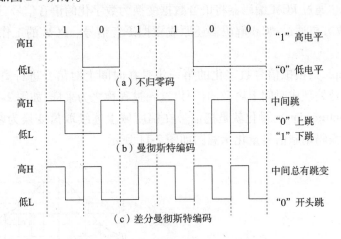

图 2-8 数字数据编码示意图

(1)不归零码(Non-Return to Zero,NRZ)

在不归零码中,高电平表示1,低电平表示0。其特点是:

①无法判断一位的开始与结束,数据的收发双方不易保持同步。

②如果信号中 1 与 0 的个数不相等,就会产生直流分量,不利于数据的传输。

(2)曼彻斯特编码(Manchester Code)

曼彻斯特编码是早期低速以太网上广泛的编码方法之一。其编码规则是:每比特的 1/2 周期处要发生跳变,从高电平跳变到低电平为 1,从低电平跳变到高电平为 0。

该编码规则的优点是能实现信息的自同步,它既包含数据信息,也包含同步信息,同时抗干扰能力也较强。该编码规则的缺点是编码规则较复杂,与不归零编码相比系统开销加倍,有效编码是 50%。

(3)差分曼彻斯特编码(Difference Manchester Code)

差分曼彻斯特编码是对曼彻斯特编码的改进,其编码规则是:每比特的 1/2 周期处要发生跳变,在每比特的起始位置发生跳变表示"0",不发生跳变表示"1"。该编码规则主要应用于早期的令牌环网。

2. 模拟数据的数字信号编码

在现实中有些情况下,只能得到模拟信号,但是数字信号传输的质量好、价格低、便于数据的交换和处理,通常需要把模拟信号转换成数字信号来传输。如图 2-9 所示,对模拟数据的数字信号编码常用的是脉冲编码调制技术(Pulse Code Modulation,PCM)。

图 2-9　模拟数据的数字信号编码

PCM 基于的采样定理是:如果在规定时间间隔内,以有效信号 $f(t)$ 最高频率的两倍或两倍以上的速率对信号进行采样,则这些采样值包含便于分离的全部原始信号信息,当需要时可不失真地从这些采样值中重新构造出有效信号 $f(t)$。PCM 技术的典型应用是语音数字化。在发送端通过 PCM 编码器将语音数据变换为数字化的语音信号,通过通信信道传送到接收方,接收方再通过 PCM 解码器还原成模拟语音信号。PCM 的工作过程分为采样、量化和编码三步。

①采样(Sample):模拟信号数字化的第一步是在时间上对信号进行离散化处理,即将时间上连续的信号处理成时间上离散的信号,这一过程称之为采样,如图 2-10 所示。

②量化(Quantification):量化就是把信号在幅度域上连续取值变换为幅度域上离散取值的过程。脉冲编码调制信号量化示意图如图 2-11 所示。

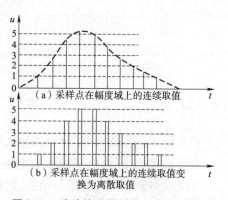

(a)采样点在幅度域上的连续取值

(b)采样点在幅度域上的连续取值变换为离散取值

图 2-11　脉冲编码调制信号量化示意图

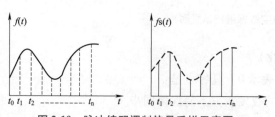

图 2-10　脉冲编码调制信号采样示意图

③编码(Code):最后将量化后的采样样本电平对应成相应的二进制数值,如 8 bit 就是使其在 256 种状态中取值。

3. 数字数据的模拟信号编码

数字数据在模拟信道上传输时,需要进行信号的转换,如图 2-12 所示。将数字数据转换成模拟信号的过程称为数字调制;反过来,将模拟信号还原成数字数据的过程称为数字解调。具备调制与解调功能的设备称为调制解调器。

图 2-12　数字数据的模拟信号编码

将基带数字信号的频谱变换成适合在模拟信道中传输的频谱,一般通过以下三种不同载波特性的调制方法对数字数据进行调制,分别是移幅键控(Amplitude Shift Keying,ASK)、移频键控(Frequency Shift Keying,FSK)和移相键控(Phase Shift Keying,PSK),如图 2-13 所示。

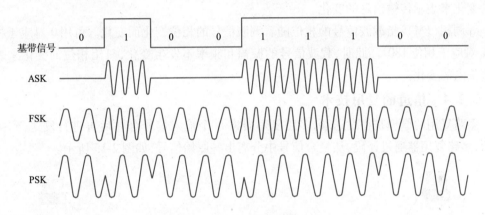

图 2-13　基带信号的调制方式

①移幅键控:指载波的振幅随基带数字信号而变化。用两种不同的幅度来表示二进制的 1 和 0,通常 1 对应有载波输出,0 对应无载波输出。调幅方式的特点是实现容易,设备简单,但抗干扰能力差。

②移频键控:指载波的频率随基带数字信号而变化。它是用载波信号的两种不同频率来表示二进制的 1 和 0。调频方式的特点是实现简单,抗干扰能力优于调幅方式,广泛应用于高频的无线电传输,甚至也能应用于较高频率的局域网。

③移相键控:指载波的初始相位随基带数字信号而变化。可用 0 对应于相位 0°,1 对应于相位 180°。此外,还有相对移相键控(DPSK),即 0 对应于相位发生变化,而 1 对应于相位不变化。由于检测相位的变化要比检测相位本身的数值更加容易,因此 DPSK 具有更好的抗干扰性。

为达到更高的信息传输速率,常采用技术上更复杂的多元制的振幅相位混合调制方法。

4. 模拟数据的模拟信号编码

如果模拟信号是低通信号,在带通带宽的传输介质中,传输前就需要调制,如图 2-14 所示。例如,无线电台分配的是基带带宽,生成的信号都是同一频率范围内的低通信号,为了能收听到不同的电台,需要将

图 2-14 模拟数据的模拟信号编码

低通信号平移,使信号对应不同的频率范围。模拟信号的调制有调幅(Amplitude Modulation,AM)、调频(Frequency Modulation,FM)和调相(Phase Modulation,PM)三种技术。

①调幅(AM):指载波信号的振幅随着调制信号的振幅变化而变化。用两种不同的幅度来表示二进制的 1 和 0,通常 1 对应有载波输出,0 对应无载波输出。此时,载波信号的频率和相位不发生变化,只用振幅的变化来表示传输信息的变化。

②调频(FM):指载波信号的频率随着调制信号的频率变化而变化。它是用载波信号的两种不同频率来表示二进制的 1 和 0。此时,载波信号的振幅和相位不发生变化,只用频率的变化来表示传输信息的变化。

③调相(PM):指载波信号的相位随着调制信号的相位变化而变化。可用 0 对应于相位 $0°$,1 对应于相位 $180°$。此时,载波信号的振幅和频率不发生变化,只用相位的变化来表示传输信息的变化。

2.2.4 信道的复用技术

多路复用的原理是在发送端,多路复用器将 N 个输入信号合并后再进行发送,到接收端后,多路复用器通过译码,从复合信号中分离出各原始信号,如图 2-15 所示。

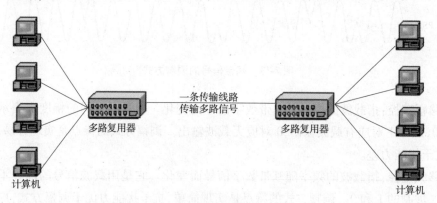

图 2-15 多路复用原理示意图

常用的信道复用方式有频分多路复用(Frequency Division Multiplexing,FDM)、时分多路复用(Time Division Multiplexing,TDM)、波分多路复用(Wavelength Division Multiplexing,WDM)和码分复用(Code Division Multiplexing,CDM)四种。

1. 频分多路复用

频分多路复用是将多个信号调制在不同的载波频率上,从而在同一介质上实现同时传送多路信号,即将信道的可用频带(带宽)按频率划分为若干互不交叠的频段,每路信号占

据其中一个频段,从而形成多个子信道;在接收端用适当的滤波器将多路信号分开,分别进行解调处理,如图 2-16 所示。

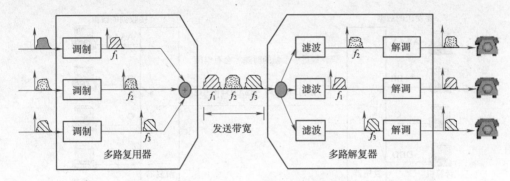

图 2-16　频分多路复用原理示意图

例如,CATV(Community Antenna Television)就是将 400 MHz 频带分成若干个 6 MHz 的频段来传输多路电视信号。

2.　时分多路复用

时分多路复用有两种,分别为同步时分复用(Synchronous Time Division Multiplexing, STDM)和异步时分复用(Asynchronous Time Division Multiplexing,ATDM)。

(1)同步时分复用

STDM 采用固定时间片的分配方式,将传输信号的时间按特定长度连续地划分成特定时间段(一个周期),再将每一时间段划分成等长度的多个时隙,每个时隙以固定的方式分配给各路数字信号,各路数字信号在每一时段都顺序地分配到相应时隙,如图 2-17 所示。

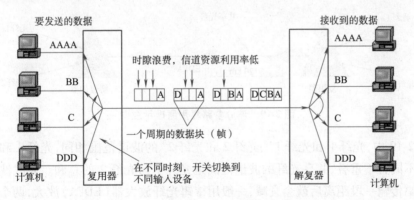

图 2-17　同步时分多路复用原理示意图

由于在同步时分复用方式中,时隙预先分配且固定不变,无论时隙拥有者是否传输数据都占有该时隙,形成浪费,导致时隙的利用率很低。

(2)异步时分复用

异步时分复用也称统计时分复用(Statistical TDM,STDM),又称动态时分复用,它能动态地按需分配时隙,避免每个时间段中出现空闲时隙。当某一路用户有数据要发送时才把时隙分配给他。当用户暂停发送数据时,则不给他分配时隙。电路的空闲时隙可用于其他用户的数据传输,如图 2-18 所示。

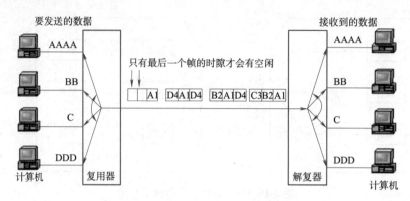

图 2-18　异步时分多路复用原理示意图

在所有的数据帧中,除最后一个帧外,其他所有帧均不会出现空闲的时隙,从而提高了资源的利用率,也提高了数据传输速率。

3. 波分多路复用

波分多路复用 WDM 也称光波的频分复用,指在同一根光纤上同时传送多个波长不同的光载波,光载波间隔仅为 0.8 nm 或 1.6 nm。这样,第二代波分复用系统已做到在一根光纤上复用 80～160 个光载波信号,每个波道的数据传输速率高达 10 Mbit/s。在工程上,一根光缆中可捆扎 100 根以上的光纤,得到的总数据率达 4 Tbit/s。波分复用原理如图 2-19 所示。

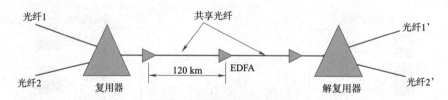

图 2-19　波分多路复用原理示意图

在图 2-19 中,光纤 1 和光纤 1'、光纤 2 和光纤 2'的波谱范围相同,光纤 1 和光纤 2 的波谱范围不同且不重叠,共享光纤的波谱范围是光纤 1 与光纤 2 的总和。光载波信号被数字信号调幅传输一段距离后就会衰减,一般用掺铒光纤放大器(EDFA)放大,两个光纤放大器之间的线路长度可达 120 km。

新的密集波分复用(Dense Wavelength Division Multiplexing, DWDM)可传输 40 路 2.5 Gbit/s 的波长信号,总带宽可达 100 Gbit/s。

4. 码分复用

码分复用技术最常用的是码分多址(Coding Division Multiplexing Access, CDMA)。CDMA 也是一种共享信道的技术,每个用户可在同一时间使用同样的频带进行通信,其使用基于码型的分割信道方法,即每个用户分配一个地址码,各个码型互不重叠,通信各方之间不会相互干扰,抗干扰能力强。其有用信号的功率大大高于干扰信号的功率,从而可依据功率来区分信号。

2.2.5 数据的交换技术

交换就是将输入端口收到的数据帧从特定端口转发到目的链路的过程。

在通信系统中,为了节省线路的费用,并不是任意两个结点之间都有直通线路。要实现两个结点之间的通信,往往需要另外一些结点的转接,就像电话交换机为通话双方接通线路一样,这个过程被称为转接。转接也称交换,实现结点之间通信所需要的转接工作称为数据交换。计算机网络中主要采用的交换方式有三种:电路交换、报文交换和分组交换。

1. 电路交换

电路交换是交换设备在通信双方找出一条实际的物理线路的过程。最早的电路交换连接是由电话接线员通过插塞建立的,现在则由计算机化的程控交换机实现。

电路交换的特点是数据传输前需要建立一条端到端的通路,即呼叫—建立连接—传输—挂断的过程。

电路交换的优点是建立连接后,传输延迟小。缺点是建立连接的时间长;一旦建立连接就独占线路,线路利用率低;无纠错机制。

2. 报文交换

整个报文作为一个整体一起发送。在交换过程中,交换设备将接收到的报文先存储,待信道空闲时再转发出去,一级一级中转,直到目的地,这种数据传输技术称为存储 – 转发。其缺点是:报文大小不一,造成缓冲区管理复杂;大报文造成存储转发的延时过长;出错后整个报文全部重发。

3. 分组交换

分组交换(Packet Switching)与报文交换的工作方式基本相同,形式上的主要差别在于分组交换网中要限制所传输的数据单位的长度。分组交换试图兼有报文交换和线路交换的优点。分组交换技术对各分组的管理主要有两种方法:数据报和虚电路。在数据报中,每个数据包被独立地处理,就像在报文交换中每个报文被独立地处理那样,每个结点根据一个路由选择算法,为每个数据包选择一条路径,使它们的目的地相同。虚电路中的数据在传送前,发送和接收双方在网络中建立起一条逻辑上的连接,但它并不是像电路交换中那样有一条专用的物理通路,该路径上各个结点都有缓冲装置,服从于这条逻辑线路的安排,也就是按照逻辑连接的方向和接收的次序进行输出排队和转发,这样每个结点就不需要为每个数据包进行路径选择判断,就好像收发双方有一条专用信道一样。

4. 三种交换方式的比较

图 2-20 所示为三种交换方式的比较。从图 2-20 可以看出,电路交换在数据传送之前需建立一条物理通路,在电路被释放之前,该通路将一直被这一对用户完全占有,通信效率低;报文交换,报文从发送方传送到接收方采用存储转发的方式;分组交换,此方式与报文

交换类似,但报文被分组后传送,并规定了分组的最大长度,到达目的地后需重新将分组组装成完整报文。

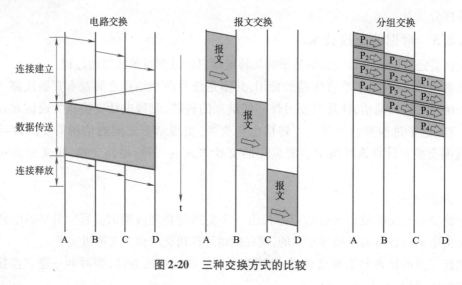

图 2-20 三种交换方式的比较

2.3 计算机网络的传输介质

传输介质是通信网络中发送方和接收方之间的物理通路,是网络连接设备间的中间介质,也是信号的传输媒体。传输介质可分为两类:有线传输介质和无线传输介质。有线传输介质是指利用电缆或光缆等充当传输导体的传输介质,例如双绞线、同轴电缆和光导纤维等;无线传输介质是指利用电波或光波充当传输导体的传输介质,例如无线电、微波、红外线等。传输介质的分类如图 2-21 所示。

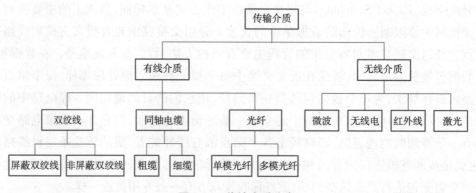

图 2-21 传输介质分类

由于传输介质是计算机网络最基础的通信设施,因此其性能好坏对网络的影响较大。衡量传输介质性能优劣的主要技术指标有传输距离、传输带宽、衰减、抗干扰能力、连通性和价格等。

2.3.1 有线传输介质

1. 双绞线

双绞线(Twisted Pairwire,TP)是综合布线工程中最常用的一种传输介质,由 8 根不同颜色的线分成 4 对两两绞合在一起,成对扭绞的作用是尽可能减少电磁辐射与外部电磁的干扰,两两扭绞在一起也是其叫双绞线的原因。双绞线可用于电话通信中的模拟信号传输,也可用于数字信号的传输。双绞线按其是否外加金属网丝套的屏蔽层而分为屏蔽双绞线(Shielded Twisted Pair,STP)和非屏蔽双绞线((Unshielded Twisted-Pair Cable,UTP)两种,非屏蔽双绞线因为少了屏蔽网,所以价格便宜,使用更多。

(1)非屏蔽双绞线

非屏蔽双绞线是目前有线局域网中最常用的一种传输介质。它的频率范围对于传输数据和声音都很适合,一般在 100 Hz ~ 5 MHz 之间。

(2)屏蔽双绞线

屏蔽双绞线由金属导线包裹,然后再将其包上橡胶外皮,比非屏蔽双绞线的抗干扰能力更强,传送数据更可靠,但生产的成本较高,与非屏蔽双绞线相比,该线的价格较高。

(3)双绞线的线序

在使用时,双绞线的两头需要按一定的线序压在 RJ-45 水晶头内,这时就称其为网线。为了使网线的通信效果更好,减少串扰,同时为了便于网线制作的统一及网络的管理和维护,美国电子工业协会和电信工业协会制定了 EIA/TIA 568B 标准和 EIA/TIA 568A 标准。它们的具体线序如图 2-22 所示。

T568A 线序: 1   2   3   4   5   6   7   8
                    白绿   绿   白橙   蓝   白蓝   橙   白棕   棕

T568B 线序: 1   2   3   4   5   6   7   8
                    白橙   橙   白绿   蓝   白蓝   绿   白棕   棕

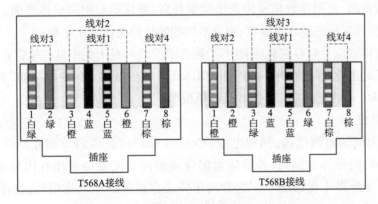

图 2-22   双绞线线序

注意:在 10BASE-T 网络中,仅使用了 1、3 和 2、6;4、5 供电话线路使用;7、8 没有使用,供开发其他业务来用,如果有了新的业务要用到,则不用再重新布线,在 100BASE-T 网络中该 8 根线都到了应用。

试想,在制作 RJ-45 水晶头时,如果没有这个标准,那么当一根由别人制作的网线的一端水晶头出现问题时,你还得去看看另一端的线序再回来做这端的 RJ-45 水晶头,这是件多么麻烦的事,而且也很有可能由于没有使用正确的线对而造成串扰,线序的制定对网络综合布线起到了重要的指导作用,便于网络的管理与维护。

(4)双绞线的种类及用途

根据双绞线两端水晶头线序的不同,双绞线可以分为三类。

①直通线:两端都按 T568B 线序标准压制,或两端都按 T568A 线序标准压制,该线用于异构网络设备之间的互连,如计算机到交换机、交换机到路由器等。在日常的使用中该种类型的双绞线使用量最大,并且基于 T568B 标准制作的线更通用。

②交叉线:一端按 T568A 线序压制,另一端按 T568B 线序压制。该线用于同种类型网络设备之间的互连,如计算机到计算机和交换机至交换机。最常用的场合是家中的笔记本式计算机和台式计算机互连成网,不需要购买其他网络设备(网卡现在往往是集成的),只须用交叉线把两个网卡连接起来,配置上 IP 的参数(IP 地址、子网掩码)即可实现通信。

③反转线:双绞线的一端是 T568B 标准,另一端是 T568B 标准的反序,或一端是 T568A 标准,另一端是 T568A 标准的反序。它常应用于计算机的 COM 口通过 DB9 转 RJ-45 的转接头连接到交换机(或路由器)的控制端口(Console),实现用计算机对交换机或路由器进行配置。

注意:当两台交换机互连时,如果一台交换机用的是普通端口,另一台交换机用的是特殊端口(UP-LINK 的专用口),使用直通电缆进行连接。当互连的两台交换机用的均为普通端口或均为特殊端口时,使用交叉线进行互连。

制作网线时,如果不按标准制作,虽然有时线路也能接通,但是线路内部各线对之间的干扰不能有效消除,从而导致信号传送出错率升高,最终影响网络整体性能。只有按规范标准制作,才能保证网络的正常运行,也会给后期的维护工作带来便利。

双绞线在传输信号时存在衰减和时延,因此双绞线的最大无中继传输距离为 100 m,这里的单位“m”是指长度单位“米”。而在 100BASE-T 双绞线以太网中的“100”表示数据传输速率为 100 Mbit/s,这里的“M”是指数量级单位“兆”。

2. 同轴电缆

图 2-23 为同轴电缆结构,同轴电缆(Coaxial Cable)是由内外相互绝缘的同轴心导体构成的电缆,内导体为铜线,外导体为铜管或铜网。电磁场封闭在内外导体之间,故辐射损耗小,受外界干扰影响小。它常用于传送多路电话或电视信号,也是局域网中最常见的传输介质之一。防止外部电磁波的干扰,是把其设计为“同轴”的一个重要原因,同轴电缆的结构组成,从内向外分别是:内导体、绝缘层、外导体和外部保护层。内导体和外导体用于传输数据;绝缘层用于内导体与外导体间的绝缘,外部保护层用于保护电缆。

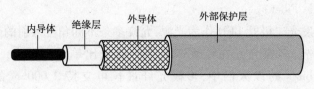

图 2-23 同轴电缆结构

（1）同轴电缆的分类

同轴电缆一般是铜质的，能提供良好的传导性。同轴电缆分为基带同轴电缆和宽带同轴电缆两类。

①基带同轴电缆（50 Ω）。基带同轴电缆即采用数字信号进行传输，用于构建局域网。常用的基带同轴电缆有以下两种：50 Ω 的粗缆，用于构建 10Base5（10 Mbit/s 带宽，基带传输，最大传输距离为 500 m）的网络，网卡接口是 AUI 口；50 Ω 的细缆，用于构建 10Base2（10 Mbit/s 带宽，基带传输，最大传输距离为 185 m，即接近 200 m）的网络，网卡接口是 BNC 口。

②宽带同轴电缆（75 Ω）。宽带同轴电缆采用宽带传输，即采用模拟信号进行传输，用于构建有线电视网。

（2）同轴电缆的特性

①数据传输速率可达 10 Mbit/s。

②宽带同轴电缆既可以传输模拟信号，又可以传输数字信号。

③抗干扰性通常高于双绞线，低于光纤。

④价格高于双绞线，低于光纤。

⑤典型基带同轴电缆的最大距离限制在几千米内，宽带同轴电缆可达十几千米。但是在 10Base5 这种用粗缆组建的以太网中，传输距离最大为 500 m，在 10Base2 这种用细缆组建的以太网中，传输距离最大为 185 m。

3. 光导纤维

光导纤维（Optic Fiber）简称光纤，是目前长距离传输使用最多的一种传输介质，是用纯石英以特别的工艺拉成细丝，光纤的直径比头发丝还要细，但它的功能非常大，可以在很短的时间内传递巨大数量的信息。在传输介质中，光纤的发展是最为迅速也是最有前途的。不论光纤如何弯曲，当光线从它的一端射入时，大部分光线可以经光纤传送至另一端。

（1）光纤的特点

①传输损耗小、中继距离长，远距离传输特别经济。

②抗雷电和电磁干扰性好。

③无串音干扰，保密性好；体积小，重量轻。

④通信容量大，每波段都具有 25 000 ~ 30 000 GHz 的带宽。

（2）光纤的分类

国际电工委员会（International Electrotechnical Commission，IEC）按光纤所用材料、折射率分布形状等因素，将光纤分为 A 和 B 两大类：A 类为多模光纤（Multimode Fiber），B 类为单模光纤(Monomode Fiber)。

多模光纤采用发光二极管 LED 作为光源,允许多条不同角度入射的光线在一条光纤中传输,即有多条光路。多模光纤在传输过程中的衰减比单模光纤大,无中继条件下,在 10 Mbit/s 及 100 Mbit/s 的以太网中,多模光纤最长可支持 2 000 m 的传输距离,而在 1 Gbit/s 的千兆以太网中,多模光纤最长可支持 550 m 的传输距离。因此,多模光纤适合近距离的通信。多模传输如图 2-24 所示。

单模光纤的光纤直径与光波波长相等,只允许一条光线在一条光纤中直线传输,即只有一种光路。在无中继条件下,传播距离可达几十千米,采用激光作为光源,单模传输如图 2-25 所示。

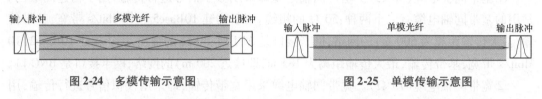

图 2-24　多模传输示意图　　　　　　图 2-25　单模传输示意图

单模光纤传输性能比多模光纤好,所以价格也高于多模光纤。

(3)光纤的工作原理

简单地说,光纤的工作原理是利用玻璃纤维的全反射。光能够在玻璃纤维中传递是利用光在折射率不同的两种物质的交界面处产生“全反射”的原理。为了防止光线在传导过程中“泄露”,必须给玻璃细丝穿上“外套”,它主要由纤芯和包层两部分组成。光纤的结构呈圆柱形,中间是直径为 8 μm 或 50 μm 的纤芯,具有高折射率,外面裹上低折射率的包层,最外面是塑料护套,特殊的制造工艺、特殊的材料,使光纤既纤细似发又柔顺如丝,并能抗压、抗弯曲。由于包层的折射率比芯线折射率小,这样进入芯线的光线在芯线与包层的界面上作多次全反射而曲折前进,不会透过界面,仿佛光线被包层紧紧地封闭在纤芯内,使光线只能沿着纤芯传送,就好像自来水只能在水管里流动一样。

2.3.2　无线传输介质

有线传输介质有其使用的局限性。例如,通信线路要通过一些高山,岛屿或公司临时在一个场地做宣传而需要连网时就很难施工。即使是在城市中,挖开马路敷设电缆也不是一件容易的事。当通信距离很远时,敷设电缆既昂贵又费时,这时用无线传输介质连网就比较方便。

最常用的无线传输介质是无线电、微波和红外线,激光也可以应用到无线通信中,但目前使用较少,在无线局域网中,使用最多的是无线电和红外线。电信领域使用的电磁波的频谱如图 2-26 所示。

其实,无线电、微波、红外线和激光都属于电磁波,不同的是波长和频率。

1. 电磁波的概念

在磁场里,磁场的任何变化都会产生电场,电场的变化也会产生磁场,交变的电磁场不仅可能存在于电荷、电流或导体的周围,而且还能脱离其产生的电磁波源向远处传播,这种在空间以一定速度传播的交变电磁场,就称为电磁波,在无线电技术中也称为无线电波。

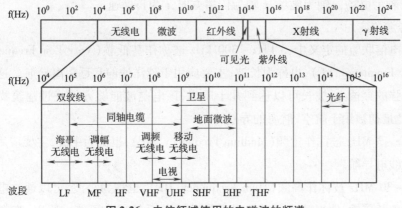

图 2-26　电信领域使用的电磁波的频谱

1831 年,英国物理学家法拉第发现了电磁感应现象;1865 年,英国物理学家麦克斯韦总结前人的科学技术,提出了电磁波学说;1888 年 2 月,德国物理学家赫兹证明了电磁波的存在;1896 年,意大利人马可尼实现无线通信,并获得了 1909 年度的诺贝尔物理学奖。俄国物理学家波波夫也独立地发明了无线电通信。1906 年,美国物理学家费森登发明无线电广播,使无线电波进入千家万户,预示着一个信息时代的肇始。

电磁波是一种能量传输形式,在传播过程中,电场和磁场在空间上相互垂直,同时这两者又都垂直于传播方向,所以无线电波在磁场、电磁和传播方向互相垂直,三者之间的关系可以用图 2-27 表示。

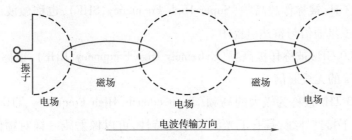

图 2-27　磁场,电磁和传播方向三者之间的关系

振子在 0 或 1 信息流的控制下振动,振动的振子产生电场,变化的电场产生磁场,变化的磁场又产生电场,电磁波就此把信息流传递出去。

电磁波在传输过程中能量有损失,信号会减弱,其示意如图 2-28 所示。

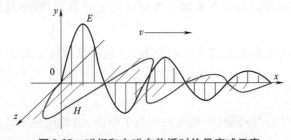

图 2-28　磁场和电磁在传播时信号衰减示意

其中,y 轴为电场,z 轴为磁场,x 轴为传播方向,v 为传播速率。

2. 电磁波的应用

在国际电信联盟的定义中,3 kHz ~ 300 kHz 被称作甚低频(Very Low Frequency,VLF)与低频(Low Frequency,LF),也称为长波,主要应用于越洋通信和远距离导航。这个频段的电磁波有极强的穿透力,波长可以达到几十千米,该电磁波能够方便绕过建筑物等障碍进行传播,因此最初被用于航空、航海的导航。

300 kHz ~ 3 MHz 被称作中频(Medium Frequency,MF),也称为中波,主要应用于广播电台和部分无线电导航。

3 MHz ~ 30 MHz 被称作高频(High Frequency,HF),也称为短波,可以通过电离层反射实现超远距离的传输,使得建立覆盖全球范围的通信系统成为可能。所以,高频主要应用于覆盖全球的广播电台以及覆盖全球的通信电台。

30 MHz ~ 300 MHz 被称作甚高频(Very High Frequency,VHF),也称为超短波,主要应用于电视广播、调频广播和雷达中,对讲机、无线电视、航空导航等也应用该频段。

300 MHz ~ 3 GHz 被称作特高频(Ultra High Frequency,UHF),也称为微波或分米波,是大量的无线通信设备的工作频段,GSM(Global System For Mobile Communication,全球移动通信系统)、WCDMA(Wideband Code Division Multiple Access,宽带码分多工存取)、WiFi(Wireless Fidelity,无线保真)、蓝牙和 GPS(Global Positioning System,全球定位系统)都工作在该频段,微波炉也工作在该频段。

3 GHz ~ 30 GHz 被称作超高频(Super High Frequency,SHF),也称微波或厘米波,常应用于中继传输、卫星通信与雷达监控中。

30 GHz ~ 300 GHz 被称作极高频(Extremely High Frequency,EHF),也称微波或毫米波,应用于 10 Gbit/s 的无线通信。

300 GHz ~ 3 THz 被称为极大的高频(Tremendously High Frequency,THF),该频段的电磁波上接 EHF,下接红外线,具有了光波的部分特性,可以像射线一样对物体进行扫描,虽然成像质量不如 X 射线,但是它对于物体并没有放射性作用。美国机场使用的全身扫描仪,就基于太赫兹辐射原理。目前,THF 技术在通信应用上还没有太多的突破。

大家常用的手机发出的信号频率在 900 MHz ~ 1 800 MHz 之间,属于无线电波中的特高频(UHF)电磁波,也称为微波或分米波。常用的 WiFi 路由器发射的是 2.4 GHz 的特高频(UHF)或 5 GHz 的超高频(SHF)电磁波。电磁波的波长越短、频率越高,相同时间内传输的信息就越多。

下面详细介绍无线电微波通信中的两种方式(地面微波接力通信和卫星通信)和红外系统。

(1)地面微波接力

由于微波在空间是直线传输,而地球表面是个曲面,因此在正常情况下,其传输距离受到较大限制,只有 50 km 左右。但若采用 100 m 的天线塔,则距离可增大至 100 km。为了实现远距离通信,必须在一条无线电通信信道的两个终端之间建立若干中继站。中继站把前一站送来信号经过放大后再送到下一站,故称为"接力"。它经常用于连接两个分开的建筑物或在建筑群中构成一个完整网络。图2-29所示为地面微波接力示意图。

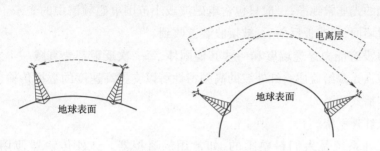

图 2-29　地面微波接力示意图

微波接力通信可传输电话、电报、图像、数据等信息。

地面微波的优点是:频带宽、信道容量大、初建费用小,既可传输模拟信号,又可传输数字信号;缺点是:方向性强(必须直线传播),隐蔽性和保密性较差,相邻站之间必须直通,不能有障碍物。

微波数据系统无论大小,安装时都比较困难,需要良好的定位,并要申请许可证。数据传输速率一般取决于频率,小型的通常为 1～10 Mbit/s,衰减程度随信号频率和天线尺寸而变化。对于高频系统,长距离会因雨天或雾天而增大衰减;近距离对天气的变化不会有什么影响。无论近距离还是远距离,微波对外界干扰都非常灵敏。

(2)卫星通信

卫星通信是在地球站之间利用位于 36 000 km 高空的人造同步地球卫星作为中继器的一种微波接力通信,如图 2-30 所示。通信卫星发出的电磁波覆盖范围广,跨度可达 18 000 km,覆盖了地球表面 1/3 的面积。三个这样的通信卫星就可以覆盖地球上的全部通信区域,这样地球各地面站间就可以任意通信。

卫星微波传输跨越陆地或海洋。由于信号传输的距离相当远,所以会有一段传播延迟。这段传播延迟时间小的为 500 ms,大多为数秒。

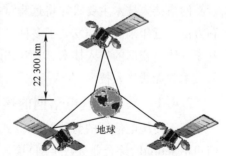

图 2-30　卫星通信

卫星微波传输的优点是:容量大,可靠性高,通信成本与两站点之间的距离无关,传输距离远,覆盖面广并具有广播特征。

卫星微波传输的缺点是:一次性投资大,传输延迟时间长。同步卫星传输延迟的典型值为 270 ms,而微波链路的传播延迟大约为 3 µs/km,电磁波在电缆中的传播延迟大约为 5 µs/km。

此外,也可使用红外线、毫米波或光波进行通信,但它们频率太高、波长太短,不能透过固体物体,且很大程度上受天气的影响,因而只能在室内和近距离使用。

（3）红外系统

红外系统采用发光二极管（LED）或激光二极管（ILD）来进行站与站之间的数据交换。红外设备发出的光非常纯净,一般只包含电磁波或小范围电磁频谱中的光子。传输信号可以直接或经过墙面、天花板反射后,被接收装置收到。

红外信号没有能力穿透墙壁和一些其他固体,每一次反射都要衰减一半左右,同时红外线也容易被强光源给盖住。红外波的高频特性可以支持高速度的数据传输,它一般可分为点到点与广播式两类。

①点到点红外系统。

点到点红外系统是人们最熟悉的,如常用的遥控器。红外传输器使用光频（大约100 GHz～1 000 THz）的最低部分。除高质量的大功率激光器较贵以外,一般用于数据传输的红外装置都非常便宜。然而它的安装必须精确到绝对点对点。目前它的数据传输速率一般为每秒几千比特,根据发射光的强度、纯度和大气情况,衰减有较大的变化,一般距离为几米到几千米不等,聚焦传输具有极强的抗干扰性。

②广播式红外系统。

广播式红外系统是把集中的光束以广播或扩散方式向四周散发,这种方法也常用于遥控和其他设备上。利用这种设备,一个收发设备可以与多个设备同时通信。

2.4　网络接入技术

网络接入技术主要研究将远程计算机或计算机网络以合适性价比接入因特网的方式和方法。近年来研究和发展了多种接入技术,主要包括:基于传统电信网的有线接入技术、基于有线电视网的接入技术、DDN（Digital Data Network）接入技术、光纤接入技术、电力线接入技术和无线接入技术。

2.4.1　基于传统电信网的接入技术

基于传统电信网的有线接入方式有很多,主要包括拨号接入、ISDN（Integrated Service Digital Network,综合业务数字网）接入和 ADSL（Asymmetrical Digital Subscriber Line,非对称数字用户线）接入等。

1. 利用 Modem 拨号接入

拨号上网是一种利用电话线和公用电话网（Public Switched Telephone Network,PSTN）进行信息传输的一种上网方式。它是 20 世纪 90 年代刚有互联网时,老百姓使用最为普便的一种上网方式,只要用户拥有一台计算机、一个外置或内置的调制解调器（Modem）和一根电话线,再向本地 ISP（Internet Service Provider,因特网服务提供商）申请自己的账号,或购买上网卡,拥有自己的用户名和密码后,然后通过拨打 ISP 的接入号就可以连接到 Internet 上。拨号接入网络系统的组成如图 2-31 所示。

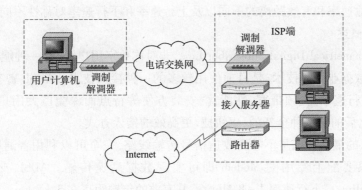

图 2-31　利用 Modem 拨号接入

由于计算机处理的是数字信号,而传统的电话线上传输的是模拟信号。所以,利用电话线上网时需要一个 Modem 进行数模转换。发送数据时,Modem 把计算机送出的数字信号转换为适合在电话线路上传输的模拟信号(即调制),接收数据时把电话线上传输来的模拟信号转换为适合计算机处理的数字信号(即解调)。数模转换是有信号损失的,且速率越大,信号损失就越大。所以用 Modem 拨号上网的最大速度不能超过 56 kbit/s,且打电话时不能上网,上网时不能打电话,所以,利用该方式接入 Internet 的方法已渐渐被淘汰。

2. 利用 ISDN 接入

ISDN(Integrated Service Digital Network,综合业务数字网)接入技术俗称"一线通",它采用数字传输和数字交换技术,将电话、传真、数据、图像等多种业务综合在一个统一的数字网络中进行传输和处理。用户利用一条 ISDN 用户线路,可以在上网的同时拨打电话、收发传真,就像两条电话线一样,ISDN 的极限带宽为 128 kbit/s,是 Modem 传输速率的 2 倍。

就像普通拨号上网要使用 Modem 一样,用户使用 ISDN 也需要专用的终端设备,主要由网络终端 NT1(Network Terminal1)和 ISDN 适配器组成。NT 是网络终端(Network Terminal)的简写,网络终端分为两类:NT1 和 NT2。NT1 的主要功能包括线路维护、监控、定时和复用等。NT2 执行用户交换机、局域网和终段控制设备的功能。网络终端 NT1 就像有线电视上的用户接入盒一样必不可少,它为 ISDN 适配器提供接口和接入方式。ISDN 适配器和Modem 一样,分为内置和外置两类。内置的称为 ISDN 内置卡或 ISDN 适配卡,外置的 ISDN适配器则称为终端适配器(Terminal Adapter,TA)。ISDN 内置卡价格在 300~400 元左右,而TA 则在 1 000 元左右。

ISDN 接入方式的缺点主要体现在两个方面:一是速率仍然较低,无法实现一些高速率要求的网络服务;二是费用较高,接入费用由电话通信费和网络使用费组成。该两大缺点注定了 ISDN 技术犹如昙花一现,很快就退出了历史舞台,现基本没有用户在使用它,在此不再多讲。

3. 利用 ADSL 接入

DSL(Digital Subscriber Line,数字用户线)是以铜质电话线为传输介质的传输技术组合,它包括 HDSL、SDSL、VDSL、ADSL 和 RADSL 等,一般称为 xDSL 技术。它们的主要区别体现在信号传输速率和有效距离的不同以及上行速率和下行速率对称性不同这两方面。

（1）ADSL 概述

ADSL（Asymmetrical Digital Subscriber Line，非对称数字用户线）是一种能够通过普通电话线提供宽带数据业务的技术，是目前使用较多的一种接入技术。ADSL 曾有"网络快车"的美誉，因其下行速率高、频带宽、性能优、安装方便等特点而深受广大用户喜爱，成为继Modem、ISDN 之后的又一种全新的、更快捷、更高效的接入方式。

ADSL 接入的最大特点是不需要改造信号传输线路，完全可以利用普通铜质电话线作为传输介质，只要配上专用的 Modem 即可实现数据高速传输。ADSL 支持上行速率640 kbit/s ~ 1 Mbit/s，下行速率 1 ~ 8 Mbit/s，其有效的传输距离在 3 ~ 5 km。每个用户都有单独的一条线路与 ADSL 局端相连，它的结构可以看做是星状结构，数据传输带宽是由每一用户独享的。它的具体工作流程是：经 ADSL Modem 编码后的信号通过电话线传到电话局，再通过一个信号识别/分离器，如果是语音信号就传到程控交换机上，如果是数字信号就接入 Internet。

（2）ADSL 接入的步骤

①硬件设备准备。

网卡：现在的许多主板上都已经集成了网卡接口，可不考虑该步骤。

ADSL Modem：ADSL 专用的调制解调器，分为内置和外置两种。安装 ADSL 的时候统一由电信局提供。

话音分离器：用于把电话线里面的 ADSL 网络信号和普通电话语音信号分离。外置ADSL Modem 一般都附带独立的话音分离器，内置 ADSL Modem 一般都把分离器集成在了内置卡里。

RJ-45 网线一条，RJ-11 电话线一条。

②ADSL 线路安装。

ADSL 和电话线分离，将加载了 ADSL 信号的电话线接入话音分离器，从话音分离器中分离出两条不同接口的线路：电话接口线（RJ-11）和 Modem 接口线（RJ-45）。电话接口线与电话连接，电话可以独立使用，用 Modem 接口线与 ADSL Modem 连通，再用另一条网线把ADSL Modem 与计算机的网卡之间连通，内置的 ADSL Modem 直接把 ADSL 电话线插到卡后面的插孔就可以了，如图 2-32 所示。

图 2-32　ADSL 连接示意图

注意：如果家里电话安装分机，一定要在分离器后接出的电话专用线上做分线。如果在分离器前面接分机,则在使用 ADSL 上网时接听电话,ADSL 就会断线。

其实,ADSL 有专线接入和拨号接入两种。拨号接入方式价格比较便宜,专线接入适合单位使用,价格稍高,而且有很强的地域限制。无论采用 ADSL 的哪种接入方式,连网计算机距离因特网服务提供商(Internet Service Provider,ISP)的局端 ADSL 的接入设备的距离都不能大于 5 km,否则不能选择该接入方式,并且距离局端设备越远,上网的效果就越差。

2.4.2　基于有线电视网的接入技术

随着有线电视网的发展技术和人们生活质量的不断提高,通过 Cable Modem(线缆调制解调器),利用有线电视网访问 Internet 已成为越来越受关注的一种高速接入方式。

1. 有线电视网接入基本概念

(1)Cable Modem

Cable Modem 是一种用户端设备,简称 CM,中文名称为电缆调制解调器、线缆调制解调器或线缆数据机,是用户上网的主要设备。它是一种适用于 HFC(Hybrid Fiber Coax,光纤同轴混合网)的调制技术。

(2)CATV 技术

CATV(Cable Television,有线电视网)是由广电部门规划设计的用来传输电视信号的网络,其覆盖面广,用户多。但有线电视网是单向的,只有下行信道。如果要将有线电视网应用到 Internet 业务,则必须对其改造,使之具有双向功能。

2. HFC 技术

HFC 是宽带传输网络,一般采用上、下行不对称的频率分割。Cable Modem 的上行和下行数据传送分别占用 5~42 MHz 和 45~750 MHz 频带。它是在 CATV 网的基础上发展起来的,除可以提供原 CATV 网提供的业务外,还能提供数据和其他交互型业务。

3. HFC 接入的主要特点

①Cable Modem 是通过有线电视网来接入因特网的宽带接入设备。

②Cable Modem 是集 Modem、调解器、加/解密设备、桥接器、网卡、虚拟专网代理和以太网集线器等功能于一身的专用设备。

③始终在线连接,用户不用拨号。

④Cable Modem 的传输距离可为 100 km 以上。

⑤Cable Modem 采用总线网络结构,是一种带宽共享方式上网,具有一定的广播风暴风险。

⑥服务内容丰富。

4. CATV 技术与 HFC 技术的区别

①HFC 是对 CATV 的一种改造,在干线部分用光纤代替同轴电缆作为传输介质。

②CATV 只传送单向电视信号,而 HFC 提供双向的宽带传输。

5. Cable Modem 的接入要点

由于 Cable Modem 的工作原理是利用有线电视网实现宽带接入,我国大部分有线电视网的同轴电缆都是按单行道模式设计的,只允许信号从有线电视台传送到用户家中,为了实现接入 Internet 的双向通信,就必须进行设备的改造。所以居民小区不仅要安装有线电视网,还必须经过改造才能使用这种接入方式。安装 Cable Modem 业务前,用户应该先询问当地有线网络公司是否可以开通 Cable Modem 服务。另外设备方面,用户需要准备一台 Cable Modem(安装 Cable Modem 宽带业务免费租借)和一台带普通网卡的计算机。

Cable Modem 连接方式可分为两种:即对称速率型和非对称速率型,前者的数据上传速率和数据下载速率相同,都在 500 kbit/s ~ 2 Mbit/s 之间,后者的数据上传速率在 500 kbit/s ~ 10 Mbit/s 之间,数据下载速率为 2 ~ 40 Mbit/s。

Cable Modem 一般有两个接口,一个用来接室内墙上的有线电视端口,另一个与计算机或交换机相连。图 2-33 是 PC 和 LAN 通过 Cable Modem 接入 Internet 的示意图。

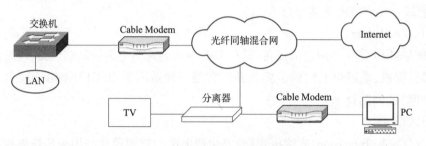

图 2-33　Cable Modem 接入示意图

采用 Cable Modem 上网的缺点是:由于 Cable Modem 接入采用的是相对落后的总线网络结构,这就意味着网络用户共同分享有限带宽。另外,购买 Cable Modem 和初装费也都不便宜,这些都阻碍了 Cable Modem 接入方式在国内的普及。但是,它的市场潜力很大,中国 CATV 网已成为世界第一大有线电视网。

2.4.3　DDN 接入技术

DDN(Digital Data Network,数字数据网)是利用数字信道传输数字信号的数据传输网,它是随着数据通信业务的发展而迅速发展起来的一种新型网络,也称为专线接入。它的传输媒介有光纤、数字微波、卫星信道以及用户端可用的普通电缆和双绞线。DDN 专线接入 Internet 网络结构如图 2-34 所示。

DDN 专线接入能提供高性能的点到点通信,通信保密性强,特别适合金融、保险等保密性要求高的客户使用。DDN 专线接入传输质量高,网络延时小,DDN 专线信道固定分配,充分保证了通信的可靠性,保证用户使用的带宽不会受其他客户使用情况的影响。通过 DDN 方式接入,用户还可构筑自己的 Intranet,建立自己的 Web 网站、E-mail 服务器等信息应用系统,通过

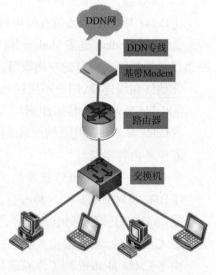

图 2-34　DDN 接入示意图

DDN 方式接入还可以提供详细的计费、网管支持,并能通过防火墙等安全技术保护用户局域网的安全。

2.4.4　光纤接入技术

光纤接入实际就是在接入网中全部或部分采用光纤传输介质,构成光纤用户环路,实现用户高性能宽带接入的一种方案。根据光网络单元(Optical Network Unit,ONU)所设置的位置,光纤接入网又分为光纤到户(Fiber To The Home,FTTH)、光纤到路边(Fiber To The Curb,FTTC)、光纤到大楼(Fiber To The Building,FTTB)、光纤到办公室(Fiber To The Office,FTTO)、光纤到楼层(Fiber To The Feeder,FTTF)、光纤到小区(Fiber To The Zone,FTTZ)等几种类型,其中 FTTH 将是未来宽带接入网的发展趋势。

1. 光纤接入网分类

根据接入网室外传输设施中是否含有源设备,光纤接入网分为有源光网络(Active Optical Network,AON)和无源光网络(Passive Optical Network,PON)两种。无源光网络的应用前景更好。

2. 有源光网络

有源光网络(AON)是指从局端设备到用户分配单元之间采用有源光纤传输设备,即光电转换设备、有源光器件以及光纤等,有源光网络又可分为基于同步数字系列(Synchronous Digital Hierarchy,SDH)的有源光网络和基于准同步数字系列(Pseudo-synchronous Digital Hierarchy,PDH)的有源光网络,但以 SDH 技术为主。

有源光网络由局端设备和远端设备组成,远端设备主要完成业务的收集、接口适配、复用和传输功能,局端设备主要完成接口适配、复用和传输功能。此外,局端设备还向网元管理系统提供网管接口,在实际接入网建设中,有源光网络的拓扑结构通常是星状或环状。有源光网络具有以下技术特点:

①传输容量大,目前用在接入网的 SDH 传输设备一般提供 155 Mbit/s 或 622 Mbit/s 的接口,有的甚至提供 2.5 Gbit/s 的接口。将来只要有足够业务量需求,传输带宽还可以增加,光纤的传输带宽潜力相对接入网的需求而言几乎是无限的。

②传输距离远,在不加中继设备的情况下,传输距离可达 70 ~ 80 km。

③用户信息隔离度好。有源光网络的网络拓扑结构无论是星状还是环状,从逻辑上看,用户信息的传输方式都是点到点方式。

④技术成熟,无论是 SDH 设备还是 PDH 设备,均已在以太网中大量使用。

由于 SDH 技术和 PDH 技术在骨干传输网中大量使用,有源光接入设备的成本已大大下降,但在接入网中与其他接入技术相比,成本还是比较高。目前光纤接入网几乎都采用无源光网络 PON 结构,PON 成为光纤接入网的发展趋势。

3. 无源光网络

无源光网络(PON)是指在光纤线路终端(Optical Line Terminal,OLT)和光网络单元(ONU)之间的光分配网络(Optical Distribution Network,ODN),没有任何有源电子设备。

PON 技术是一种点对多点的光纤传输和接入技术,下行采用广播方式、上行采用时分多址方式,可以灵活地组成树状、星状、总线等拓扑结构,在光分支点不需要结点设备,只需要安装一个简单的光分支器即可,因此具有节省光缆资源、带宽资源共享、节省机房投资、设备安全性高、建网速度快、综合建网成本低等优点。

PON 包括 ATM-PON(APON,即基于 ATM 的无源光网络)和 Ethernet-PON(EPON,即基于以太网的无源光网络)两种。无源光网络是一种纯介质网络,避免了外部设备的电磁干扰和雷电影响,减少了线路和外部设备的故障率,提高了系统可靠性,同时节省了维护成本,是电信维护部门长期期待的技术。无源光网络的优势具体体现在以下几方面:

①无源光网络设备简单,安装维护费用低,投资相对也较小。

②无源光设备组网灵活,其拓扑结构可支持树状、星状、总线、混合、冗余等网络拓扑结构。

③安装方便,它有室内型和室外型两种,室外型可直接挂在墙上,或放置于 H 杆上,无须租用或建造机房。而有源系统需进行光电、电光转换,设备制造费用高,要使用专门的场地和机房,远端供电问题不好解决,日常维护工作量大。

④无源光网络适用于点对多点通信,仅利用无源分光器实现光功率的分配。

⑤无源光网络是纯介质网络,彻底避免了电磁干扰和雷电影响,极适合在自然条件恶劣的地区使用。

⑥从技术发展角度看,无源光网络扩容比较简单,不涉及设备改造,只需设备软件升级,硬件设备一次购买,长期使用,为光纤入户奠定了基础,使用户投资得到保证。

4. EPON 技术简介

EPON(Ethernet Passive Optical Network,以太网无源光网络)同时具备以太网和 PON 的优点,采用点到多点结构、无源光纤传输,在以太网之上提供多种业务。它在物理层采用了 PON 技术,在链路层使用以太网协议,利用 PON 的拓扑结构实现了以太网的接入,EPON 综合了 PON 技术和以太网技术的优点。

(1)EPON 的组成

一个典型的 EPON 系统由 OLT、ONU、POS 组成。OLT 放在中心机房,ONU 放在网络接口单元附近或与其合为一体。POS(Passive Optical Splitter,无源光纤分支器)是一个连接 OLT 和 ONU 的无源设备,它不需要电源,可以置于全天候的环境中,一般一个 POS 的分线率为 8、16 或 32,并可以多级连接,它的功能是分发下行数据并集中上行数据。OLT 既是一个交换机或路由器,又是一个多业务提供平台,它提供面向无源光纤网络的光纤接口。OLT 根据需要可以配置多块 OLC(Optical Line Card),OLC 与多个 ONU 通过 POS 连接,OLT 到 ONU 间的距离最大可达 20 km。因此一个 EPON 网络可以覆盖直径 40 km 的范围。图 2-35 为 EPON 无线接入网络的结构图。OLT 放置在中心局,与骨干网络连接;ONU 放置在移动基站(BS)处。POS(无源光分路器)和光缆构成 OLT 和 ONU 之间的无源光纤传输网络。目前 OLT 的每个 PON 接口最多可以连接 64 个 ONU,也就是说,一个 EPON 网络可以覆盖 64 个基站。

下行方向上,POS 将骨干段光纤的信号复制到各支路,以广播方式将下行信息发送至每个 ONU 处。上行方向采用时分复用多址接入技术,在 OLT 的集中控制下,每个 ONU 独占一个时隙,防止各 ONU 的数据在 POS 汇聚时产生冲突。

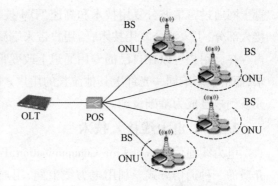

图 2-35　EPON 无线接入网络的结构图

（2）EPON 的优点

①相对成本低,维护简单,容易扩展,易于升级。EPON 结构在传输途中不需电源,没有电子部件,因此容易铺设,基本不用维护,长期运营成本和管理成本低。EPON 系统对局端资源占用很少,模块化程度高,系统初期投入低,扩展容易,投资回报率高。EPON 系统是面向未来的技术,大多数 EPON 系统都是一个多业务平台,对于向全 IP 网络过渡是一个很好的选择。

②提供非常高的带宽。EPON 目前可以提供上下行对称的 1.25 Gbit/s 的带宽,并且随着以太技术的发展可以升级到 10 Gbit/s。

③服务范围大。EPON 作为一种点到多点网络,通过 DLT、POS 和 ONU,实现点到多点的终端接入,数十个用户能够共享一根光纤干线,从而节省中心机房的资源,服务大量用户。

④带宽分配灵活,服务有保证。对带宽的分配和保证有一套完整的体系。

5. 光纤接入技术的优缺点

光纤接入技术与其他接入技术(如铜双绞线、同轴电缆、无线等)相比,最大优势在于可用带宽大,而且还有巨大潜力没有开发出来。此外,光纤接入网还有传输质量好、传输距离长、抗干扰能力强、网络可靠性高、节约管道资源等特点。

光纤接入网的最大问题是成本较高,尤其是光结点离用户越近,每个用户分摊的接入设备成本就越高。另外,与无线接入相比,光纤接入网还需要管道资源,这也是很多新兴运营商虽然看好光纤接入技术,但又不得不选择无线接入技术的原因。

6. 光纤接入的应用现状

无论是从传输性能,还是从对业务长远发展的支持能力来看,光纤接入技术与其他接入技术相比都有比较大的优势。因此,只要条件允许,无论是传统运营商还是新兴运营商都把光纤接入网作为其接入网建设的重点。

在国际上,光纤接入技术一直受到各大运营商的重视。出于经济上的考虑,他们也是首先把有源光接入技术用于接入网的馈线段和配线段,引入线则采用其他接入技术。毫无疑问,用户环路的光纤化无疑是接入网发展的重要方向。在发展初期,有源光接入技术发挥了主要作用。随着光纤向用户逐步靠近,为节省光纤资源和降低设备成本,无源光网络设备将大量投入使用。

随着 Internet 技术及多媒体应用的发展,用户对传输带宽的需求呈爆炸式增长。目前骨干网通过密集波分复用技术和高速 TDM 技术,已经能够解决用户对传输带宽的需求。在接入部分,引入波分复用技术,给用户带来端到端可管理的光通道,用户的服务质量问题不再存在。用户可以在自己的专用通道上改变带宽或管理业务,以满足特定的时延和抖动要求,而不会影响同一光纤上其他波长的用户。因此,光接入网采用 DWDM + PON 技术,实现光波到户已成为基础设施。

2.4.5 电力线接入技术

电力线通信(Power Line Communication,PLC)是利用电力线作为传输数据和话音信号介质的一种通信方式。利用电力线上网,用户只需添加一个特制的调制解调器,该调制解调器的数据线顶端是一个与常规电源插头规格相同的插头。用户只要将计算机的网卡与调制解调器接通,再将调制解调器插上电源插座即可上网。

1. 电力线上网的接入结构

电力线接入是把户外通信设备插入到变压器用户侧的输出电力线上,该通信设备可以通过光纤与主干网相连,向用户提供数据、语音和多媒体等业务。其连网方式如图 2-36 所示。

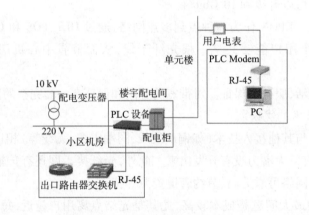

图 2-36　电力线上网接入示意图

PLC 网络结构灵活,可根据用户数做出相应的改变。

2. 电力线上网的特点

作为一项新的宽带接入方式,电力线上网已受到普遍关注,这种上网方式具有以下特点。

①投资很少:由于电力线上网是以电力线路为传输通道,因此电力线上网可以充分利用现有的配电网络基础设施,无须任何布线,从而可以节省巨大的新增投资。

②连接方便:现在 220V 低压电力线已经接入每一个普通家庭中,因此家庭用户在需要宽带上网时,就可以利用电力线来轻松实现因特网接入,不需要重新添置其他设备,只需在事先安装好的万能插座上插入电源插头,即可方便连接到因特网中。

③传输速率高:家庭用户通过电力调制解调器连接到电力网上后,能够获得不错的数

据传输速率,信息传送速度可达到 10 Mbit/s;而且能够将整个家庭的电器与网络连为一体,使人们能够通过网络来控制自己家里的电器设备。

④有安全性:许多人认为利用电力线上网,可能会经常出现触电事故,因此电力线上网会有安全隐患;其实用户不必担心,因为用户操作端与电力线输出端已经通过电力调制解调器进行了隔离,不可能出现触电事故。

⑤使用范围广:在未来的宽带接入服务市场,电力线上网将占有一席之地。在市场需求旺盛的城市,随着电力线上网技术的完善,电力线上网将逐步渗透城区各个角落,这对现有的宽带运营商来说将是一个很大的挑战。在广阔的农村地区,电力线上网也具有一定的优势。

3. 电力线上网的发展前景

电力系统的基础设施,无法提供高质量的数据传输服务,且每一个家庭的用电量都比较复杂,用电负荷不断变化。所以,电力线上网很难保证数据通信的稳定性,当在电线上还在传送数据,电压的变化肯定会带来干扰,从而影响上网的质量。而且,使用电力线上网可能还会发生一些不可预知的麻烦,如家庭电器产生的电磁波会对信息的传输产生干扰,利用电力线上网也会影响短波收音机的信息接收等。

事实上,从广义上来讲,电力线上网从层次上可分为中压配电网、低压配电网和家庭内部网络。家庭内部网络是指通过电力线组建高速 LAN,低压配电网是指从中压变电站到用户电表的一点对多点通信,解决 Internet 的"最后一公里"问题,中压配电网主要从中压变电站到主要变电站。由于电线通信不用支付使用线路费,从而大大降低了通信费用,目前实验室的最高通信速率可达到 2.5 Gbit/s,如果该技术得到广泛的应用,那么将极大地影响电信市场。

2.4.6 无线接入技术

无线接入技术(Wireless Access Technology)是利用无线电波作为传输介质的网络,无线网络的宗旨和目标是提供与有线接入网相同的业务种类和更广泛的服务范围,无线网络由于具有应用灵活、安装快捷等特点,已成为接入技术中最热门的话题,受到各国尤其是电信业务急需普及的发展中国家的重视。目前市场上比较常见的无线接入技术有 IEEE 802.11b/g/a(WLAN)、蓝牙(Bluetooth)、红外接口(Infrared Data Association,IrDA)、家庭射频(Home Radio Frequency,HomeRF)、无线微波接入技术、IEEE 802.16(WiMAX,WMAN)、通用分组无线业务(General Packet Radio Service,GPRS)和码分多址(Code Division Multiple Access,CDMA)等。

1. 无线接入概述

无线接入技术可分为移动式接入和固定式接入两大类。

(1)移动式接入

此类技术主要指用户终端可在较大范围内移动的接入技术,这类通信系统主要包括以下几种。

①集群移动无线电话系统:它是专用调度指挥无线电通信系统,它在我国得到了较为

广泛的应用。集群系统是从一对一的对讲机发展而来的,从单一信道一呼百应的群呼系统,到后来具有选呼功能的系统,现在已是多信道基站多用户自动拨号系统,它们可以与市话网相连,并与该系统外的市话用户通话。

②蜂窝移动电话系统:它是 20 世纪 70 年代初由美国贝尔实验室提出的,在给出蜂窝系统的覆盖小区的概念和相关理论之后,该系统得到迅速发展。其中第一代蜂窝移动电话系统是指陆上模拟蜂窝移动电话系统,主要特征是用无线信道传输模拟信号。第二代则指数字蜂窝移动电话系统,它以直接传输和处理数字信息为主要特征,因此具有一切数字系统所具有的优点,代表性的是全球移动通信系统(Global System for Mobile Communications, GSM)。

③卫星通信系统:采用低轨道卫星通信系统是实现个人通信的重要途径之一,现在有美国 Motorola 公司的"铱星"计划、日本 NTT 计划、欧洲 RACE 计划。整个系统主要有卫星及地面控制设备,关口站和终端三个部分构成。

(2)固定式接入

固定式接入(Fixed Wireless Access,FWA)是指能把从有线方式传来的信息(语音、数据、图像)用无线方式传送到固定用户终端或实现相反传输的一种通信系统。由于 FMA 主要是解决用户环路部分,所以国内外各大公司的系统方案各不相同,从覆盖区看,其覆盖面积的半径从 50 m ~ 50 km 不等。从频率角度看,从几十赫兹到几千赫兹不等。从寻址方式看,有频分多址(Frequency Division Multiple Access,FDMA)、时分多址(Time Division Multiple Access,TDMA)、码分多址(Code Division Multiple Access,CDMA)等。

无线网络使用的技术完全不同于有线网络,无线通信使用射频或红外线在局域网设备之间传输数据。无线局域网中的关键部件是用于分发信号的无线接入点(Access Point,AP)和计算机接收信号用的无线网卡(Network Interface Card,NIC)。

2. WLAN 接入

WLAN(Wireless Local Area Networks,无线局域网络)主要包含 IEEE 802. 11b/g/a、IEEE 802. 11b/g/n 等标准,是目前最常见的无线网络接入技术之一。WLAN 利用电磁波发送和接收数据,WLAN 接入方式已成为有线连网方式的一种主要补充和扩展。现在,WLAN 的数据传输速率已经能够达到 600 Mbit/s(理论值)。

在 WLAN 的几种常见标准中,802. 11b 通常也称为 Wi-Fi,通常使用一部 AP 和计算机上的无线网卡,使用 2.4 GHz 的频率,一部 AP 可以使多个拥有无线网卡的计算机同时上网,但是这些计算机分享 11 Mbit/s 的带宽,随着入网计算机的增加,计算机上网的速度会下降。802. 11a 则可以提供 54 Mbit/s 的带宽,比 802. 11b 的 AP 更快,使用 5 GHz 的频率,可避免一般性的干扰,且可以使用最多 8 个不同频道增加覆盖密度,但是与主流的 802. 11b/g 标准不兼容。802. 11g 是目前主流的 WLAN 标准,使用 2.4 GHz 的频率,可以提供 54 Mbit/s 的带宽。802. 11g 其实是一种混合标准,它既能适应传统的 802. 11b 标准,在 2.4 GHz 频率下提供 11 Mbit/s 数据传输速率,也符合 802. 11a 标准在 5 GHz 频率下提供 56 Mbit/s 数据传输速率。除此之外,市场上还有一些 802. 11g + 标准的产品,可以提供 108 Mbit/s 的传输速率,但没有通过 IEEE 的认证。目前使用最多的是 802.11n(第四代)和 802.11ac(第五代)标准,它们既可以工作在 2.4 GHz 频段也可以工作在 5 GHz 频段上,传输速率可达 600 Mbit/s(理论值)。但严格来说只有支持 802.11ac 的才是真正 5G,支持 2.4 G 和 5G 双频的路由器其实很多都是只支持第四代无线标准,也就是 802.11n 的双频。

3. 蓝牙接入

蓝牙(Bluetooth),是一种新型的无线传送协议,最初由爱立信创制,后来由蓝牙特别兴趣组 SIG(Special Interest Group)制定技术标准。蓝牙技术实际上是一种短距离无线通信技术,利用"蓝牙"技术,能够有效地简化掌上电脑、笔记本电脑和移动电话等移动通信终端设备之间的通信,也能够成功地简化以上这些设备与 Internet 之间的通信,从而使这些现代通信设备与因特网之间的数据传输变得更加迅速高效,为无线通信拓宽道路。蓝牙采用 2.4 GHz 免申请的公用频带,并采用跳频式展频技术(Frequency Hopping Spread Spectrum, FHSS),跳跃的速率为每秒 1 600 次。蓝牙共有 79 个通道,每个通道传输速率定为 1 Mbit/s,实际速率依传输格式不同而有所差异,有效速率最高可达 721 kbit/s。蓝牙的传输距离在 1 mW 发射功率时约为 10 m,若加大功率至 100 mW 则可达到 50~100 m。当业务量减小或停止时,蓝牙设备可以进入低功率工作模式。

蓝牙设备组网时最多可以有 256 个蓝牙单元设备连接起来,组成微微网(Piconet),其中一个主设备单元和 7 个从设备单元处于工作状态,而其他设备单元则处于待机模式。微微网络可以重叠交叉使用,从设备单元可以共享。由多个相互重叠的微微网可以组成分布网络(Scatter Net)。蓝牙可以提供电路交换和分组交换两种技术,以提供不同场合的应用。在同步工作状态下,一组数据包可以占用一个或多个时隙,最多可达 5 个蓝牙同时在异步条件下支持话音和数据传输。

采用蓝牙技术的产品在发布前必须通过蓝牙特别兴趣小组(SIG)的认证,并通过其检测。主要厂商包括微软、摩托罗拉、索尼、3Com、康柏、惠普、朗讯和 Dell 等著名的计算机和通信公司。

4. IrDA 红外接口接入

红外接口 IrDA 是一种红外线无线传输协议以及基于该协议的无线传输接口,是一套使用红外线为传输介质的工业用无线传输标准。传输速率由串行红外 IrDA-SIR(IrDA-Serial InfraRed)的 115.2 kbit/s 到最新超高速红外 IrDA-VFIR 的 16 Mbit/s,红外通信的作用距离也从 1 m 扩展到几十米,角度限制在 $30°\sim120°$。VFIR(Very Fast InfraRed)是一种可以提供 16 Mbit/s 半双工高速传输的 IrDA 模式,接收角度也由传统的 $30°$ 扩展到 $120°$。

5. 家庭射频接入

家庭射频(Home Radio Frequency, HomeRF)是主要为家庭网络设计的无线射频技术,是 IEEE 802.11 与 DECT 的结合体。HomeRF 也采用了扩频技术,工作在 2.4 GHz 频带,HomeRF 的带宽为 1~2 Mbit/s。HomeRF 2.0 版集成了语音和数据传送技术,工作频段在 10 GHz,数据传输速率达到 10 Mbit/s,在安全性上采用访问控制和加密技术。

HomeRF 是针对现有无线通信标准的综合和改进,当进行数据通信时,采用 IEEE

802.11 规范中的 TCP/IP 传输协议，当进行语音通信时，则采用数字增强型无线通信标准。

HomeRF 无线家庭网络有以下特点：

①通过拨号、DSL 或电缆调制解调器上网。

②传输交互式话音数据采用 TDMA 技术，传输高速数据包分组采用 CSMA/CA 技术。

③数据压缩采用 LZRW3-A 算法。

④不受墙壁和楼层的影响。

⑤通过独特的网络 ID 来实现数据安全。

⑥无线电干扰影响小；支持近似线性音质的语音和电话业务。

HomeRF 标准与 IEEE 802.11b/g 不兼容，采用了与 IEEE 802.11b 和 Bluetooth 相同的 2.4 GHz 频率段，所以在应用范围上有很大的局限性。

6. GPRS 接入

GPRS 是通用分组无线业务（General Packet Radio Service）的英文简称，是在现有的 GSM 系统上发展起来的一种新的分组数据承载业务，具有实时在线、按量计费、快捷登录、高速传输和自如切换等优点。其主要应用就是中国移动的"随 e 行"，用户可通过笔记本电脑、PDA 等终端以 GPRS 或 WLAN 方式接入因特网和企业网，实现移动办公，获取信息和娱乐资讯。使用方法为：将手机与笔记本电脑连接，或用 PDA 拨打 CMNET 的接入号，国内接入号为 17201，国际接入号为 +8617201，拨号上网客户名为 172，客户密码为 172，即可以 9.6 kbit/s 的数据传输速率接入到 Internet，进行网上浏览、获取信息等服务。

7. CDMA 接入

CDMA 是码分多址（Code Division Multiple Access）的英文简称，是能提供多媒体服务的无线接入技术。用户可以用 153.6 kbit/s 的连接速率通过手机等浏览 Internet。使用 CDMA 无线上网卡的下载速率在 10 kbit/s 以上，比 GPRS 快很多，基本上可以达到 ISDN 的水平，虽然传输速率比不上 Wi-Fi，但 CDMA 的覆盖范围比 Wi-Fi 大很多。

本章小结

本章介绍了物理层的功能、数据通信中的基本概念、信道的编码技术、信道的复用技术、数据的交换技术、计算机网络中的传输介质以及常用的网络接入技术。通过本章学习，读者应理解物理层的功能、数据通信基础知识，了解常用的传输介质，熟悉各种 Internet 接入方式的特点以及具体接入方式。本章的知识要点主要是：

1. 物理层是 OSI 参考模型的第一层，其主要任务是确定与传输媒体接口的一些特性：机械特性、电气特性、功能特性与规程特性。

2. 信号是数据在传输中的电信号表示形式，按在传输介质上传输的信号类型，可分为模拟信号和数字信号两类。

3. 带宽，原是通信和电子技术中的一个术语，是指某个信号具有的频带宽度。信号的带宽是指该信号所包含的各种不同频率成分所占据的频率范围。在计算机网络中，带宽是指每秒发送的比特数,是在一定时间内能够通过一定空间最大的比特数。

4. 在数据通信技术中,利用模拟信道通过调制解调器传输模拟信号的方法称为频带传输,利用数字信道直接传输数字信号的方法称为基带传输。

5. 数据传输速率是描述数据传输系统的重要指标,即每秒传输数据的二进制比特数(单位为 bit/s)。

6. 由于数据信号分为模拟信号和数字信号,信道又分为模拟信道和数字信道,这样就构成了四种数据的传输形式:模拟数据的模拟通信、数字数据的模拟通信、模拟数据的数字通信、数字数据的数字通信。

7. 数据通信技术是网络技术发展的基础,数据通信是指在不同计算机之间传送表示字符、数字、语音、图像的二进制代码 0、1 序列的过程,数据通信中应用最广泛的编码标准是 ASCII 码。

8. 多路复用技术是解决在一条物理线路上建立多条并行通信信道的问题,多路复用可以分为:频分多路复用、波分多路复用、时分多路复用和码分多路复用四种。

9. 计算机之间的数据交换主要采用分组交换技术,在采用存储转发方式的广域网中,分组交换也可以采用数据报也可以采用虚电路方式。

10. 传输介质是网络中连接收发双方的物理通路,是实际传送信息的载体,常用的传输介质包括:双绞线、同轴电缆、光纤电缆、无线与卫星通信信道。

11. 用户计算机接入 Internet 的方式主要有:通过电话网接入、通过有线电视网接入、利用 DDN 接入、利用光纤、电力线接入和利用无线技术接入等。

习　题

一、选择题

1. 下列(　　)不属于物理层的功能。
A. 定义硬件接口的电气特性　　　　B. 定义硬件接口的加密特性
C. 定义硬件接口的功能特性　　　　D. 定义硬件接口的机械特性

2. 10BASE-T 标准规定连接结点与集线器的非屏蔽双绞线最长为(　　)。
A. 185 m　　　　B. 100 m　　　　C. 500 m　　　　D. 50 m

3. 针对不同的传输介质,网卡提供了相应的接口。适用于非屏蔽双绞线的网卡应提供(　　)接口。
A. AUI　　　　B. 光纤 F/O　　　　C. RJ-45　　　　D. BNC

4. 如果要用非屏蔽双绞线组建以太网,需要购买带(　　)接口的以太网卡。
A. AUI　　　　B. F/O　　　　C. BNC　　　　D. RJ-45

5. 为充分利用信道带宽应采用(　　)。
A. 多路复用技术　　　　B. 交换技术
C. 多路访问控制　　　　D. 多址访问控制

6. ADSL 中文名称为(　　)。

A. 异步传输模式　　　　　　　　　　B. 帧中继

C. 综合业务数字网　　　　　　　　　　D. 非对称数字线路

7. ADSL 通常使用(　　)传输。

A. 电话线路进行信号　　　　　　　　B. ATM 网进行信号

C. DDN 网进行信号　　　　　　　　　D. 有线电视网进行信号

8. 通过电话线拨号上网所需的硬件设备有计算机、电话线及(　　)。

A. 编码解码器　　　B. 调制解调器　　　C. 中继器　　　D. 解调器

9. 关于 ADSL,下面不正确的叙述为(　　)。

A. ADSL 的传输速率通常比在 PSTN 上使用传统的 Modem 要求

B. ADSL 可以传输很长的距离,而且速率与距离没有关系

C. ADSL 的非对称性表现在上行速率和下行速率可以不同

D. 在电话线路上使用 ADSL,可以同时进行电话和数据传输,两者互不干扰

10. 将数字信号与模拟信号进行相互转换的装置称为(　　)。

A. Hub　　　　　B. Router　　　　　C. Modem　　　　　D. Switch

二、简答题

1. Modem 的作用是什么? 何时使用它?

2. 试说明基带传输、宽带传输和频带传输的特点。

3. 请简述常见的 Internet 接入方式。

第 3 章

数据链路层

本章主要内容

- 数据链路层概述。
- 透明传输原理。
- 差错检测方法 CRC 的实现原理。
- 局域网的组成及体系结构。
- 以太网的介质访问控制方法。
- 交换机的功能及工作原理。
- 虚拟局域网的组建。
- 无线局域网技术。

本章理论要求

- 了解局域网的特点。
- 理解透明传输和差错检测方法 CRC 的原理。
- 熟悉组网所需的网络设备。
- 掌握以太网的介质访问控制方式、以太网交换机的工作原理及其简单配置方法、虚拟局域网的组建及无线局域网的介质访问控制方式。

3.1 数据链路层概述

数据链路层(Data Link Layer)位于物理层和网络层之间,起承上启下的作用。数据链路层把物理层的物理传输设施转换成一条点到点的通信链路,对物理层中传输的原始比特流进行了一定处理,然后再向网络层提供服务。

3.1.1 数据链路层简介

链路(Link)是指一条无源的点到点的物理线路段,中间没有任何其他的交换结点。而数据链路(Data Link)除了物理线路外,还必须有通信协议来控制数据的传输。如果把实现这些通信协议的硬件和软件加到链路上,就构成了数据链路。数据链路层就是在比特流传输服务的基础上,在通信的实体之间建立数据链路连接,传送以帧为单位的数据,通过透明传输机制、差错控制方法,将可能出错的物理连接改造成为逻辑上无差错的数据链路。其主要功能是将网络层的数据封装成帧和从帧中提取数据报文。对于发送数据的一方,该层主要完成对发送数据的最后封装;对于接收数据的一方,该层主要负责剥离帧头和帧尾,并对其进行首次检查。数据链路层的简单模型如图 3-1 所示。

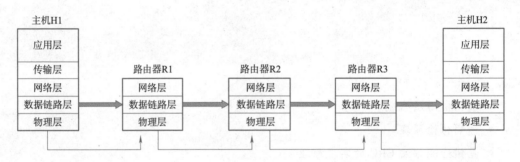

图 3-1 数据链路层的简单模型

图 3-1 粗箭头部分释义了主机 H_1 与主机 H_2 数据链路层逻辑通信的过程。细箭头部分释义了主机 H_1 与主机 H_2 通信具体信号的传输过程。

3.1.2 透明传输

透明传输是指不管所传输的数据是什么样的比特组合,都应该能够在链路上正确地传输。当所传输的数据中的比特组合恰巧与某一个控制信息完全相同的时候,就必须采取适当的措施,使接收方不会将这样的数据误认为是某种控制信息。为了保证数据链路层数据传输的透明性,通常使用字节填充或字符填充的方法来解决透明传输的问题。图 3-2 所示为字节填充。

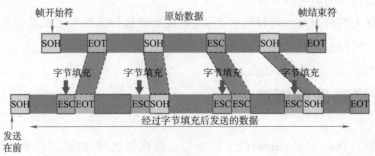

图 3-2 字节填充

当发送端的数据链路层在数据中出现表示帧首部的控制字符"SOH(Start Of Head)"或尾部的控制字符"EOT(End Of Tail)"时,会在该字符前面插入一个转义字符"ESC"(其十六进制编码是1B)。接收端的数据链路层在将数据送往网络层之前,会删除插入的转义字符。

即如果转义字符出现在数据中,就会在转义字符的前面插入一个转义字符。当接收端收到连续的两个转义字符时,就会删除其前面的一个转义字符。

3.1.3 差错检测

数据在传输过程中由于受到噪声或电磁等外界因素的干扰可能会产生差错,即1可能会变成0,而0也可能变成1。在一段时间内,传输错误的比特数占所传输比特总数的比率称为误码率。

为了保证数据传输的可靠性,在计算机网络传输数据时,必须采用差错检测措施。在数据链路层传送的帧中,广泛使用循环冗余检验(Cyclic Redundancy Check,CRC)的检错技术。CRC的基本思想为:发送端在信息报文上加上一些检查位(又称冗余码或帧检验序列),构成一个特定的待传报文,使它能被一个事先约定的多项式(生成多项式)除尽;接收端在收到报文后,再用同样的生成多项式去除收到的报文,可以除尽表示传输无误,否则即表示数据在传输过程中出现了差错。

下面通过一个简单的例子来说明循环冗余检验的实现原理。

在发送端,先把数据划分为组,假定每组 m 个比特。现假定待传送的数据 $D = 1\,011\,001$ ($m=7$),通信双方约定的生成多项式为 $P(X) = X^3 + 1$。那么,CRC检错需要在数据 D 后面添加的 n 位检查位,可以用二进制的模2除法运算得到。具体做法为:

①根据生成多项式 $P(X) = X^3 + 1$ 可以得到用于进行模2运算的除数为 $1\,001$。

②根据①得到的除数,可以知道要添加在 D 后面的冗余码为3位(冗余码比除数少一位)。

③用 2^3 乘 D 得到用于差错检测的被除数 $1\,011\,001\,000$,即在数据 D 之后添加3个0。

④用除数1001去除被除数 $1\,011\,001\,000$,得到的余数即为要添加在数据 D 之后的 n 位检查位,如图3-3所示。

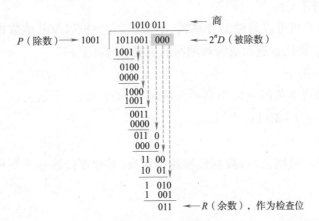

图3-3　说明循环冗余检验原理的例子

经过运算,得到需要添加在数据 D 之后的检查位为 011,那么发送端发送的帧为 1 011 001 011(即 $2^n * D +$ 检查位)。

在接收端把接收到的数据以帧为单位进行 CRC 检验,即把收到的每一个帧都用二进制模 2 运算除以同样的除数 P,然后检查运算得到的余数 R,有以下两种情况:

①若得到的余数 R 为 0,则判定这个帧没有差错,就接受。

②若得到的余数 R 不为 0,则判定这个帧在传输过程中发生了差错(但无法确定究竟是哪一位或哪几位出现了差错),就丢弃这个帧。

注意:

①如果要在数据链路层进行差错检验,就必须把要传送的数据划分为帧,每一帧都要加上检查位,然后一帧接一帧进行传送,数据到达接收端以后,在接收端再一帧一帧进行差错检测。

②如果在数据链路层采用 CRC 差错检测技术,那么凡是接收端数据链路层接受的帧(即不包括丢弃的帧),我们都能以非常接近于 1 的概率认为这些帧在传输过程中没有产生差错。因为如果接收端发现收到的帧有差错,就会立即丢弃,即这个帧不会被接受。但是,要做到"可靠传输"(即发送什么就收到什么)就必须再加上确认和重传机制。

3.2 局域网技术

局域网(Local Area Network,LAN)是一种在较小的地理范围内利用通信线路和通信设备将多台计算机和其他能够上网的设备互连起来,实现数据通信和资源共享的系统,它是互联网的基础与组成部分。

3.2.1 局域网的特点

1. 主要联网对象是微型计算机

局域网中的计算机可以是微型计算机、小型机、大型机以及其他数据设备。但由于微型计算机价格便宜、使用普遍而成为局域网的主要联网对象。

2. 网络覆盖范围小

局域网的地理覆盖范围可以小到一个房间、一栋大楼、一个机关、一所学校,甚至几千米的区域。一般在 0.1 ~ 10 km 之间。

3. 数据传输速率高

局域网相对于广域网而言,数据传输速率较高,其数据传输速率每秒可达百兆或千兆字位。

4. 误码率低

由于局域网通信距离短,信道干扰小,数据设备传输质量高,因此误码率较低。一般局域网的误码率在 $10^{-8} \sim 10^{-11}$ 之间。

3.2.2 局域网的体系结构

按照美国的电气和电子工程师协会(Instituto of Electrical and Electronics Engineers)
IEEE 802 标准,局域网的体系结构由物理层、介质访问控制子层(Media Access Control,
MAC)和逻辑链路子层(Logical Link Control,LLC)的协议组成,它与 OSI 参考模型的对应关
系如图 3-4 所示。

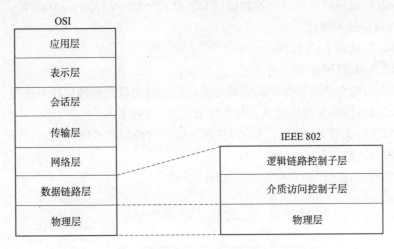

图 3-4　IEEE 802 参考模型

1. 物理层

物理层的主要作用是确保在物理链路上二进制位信号的正确传输。即一方发送二进
制"1",另一方接收的也是"1",而不是"0"。

2. 介质访问控制子层

MAC 子层的主要功能是进行合理的信道分配,解决与媒体有关的问题,包括将数据组
装成帧,管理和控制对局域网传输媒体的访问,即解决信道竞争问题。

3. 逻辑链路控制子层

逻辑链路控制是局域网中数据链路层的上层部分,IEEE 802.2 中定义了逻辑链路控制
协议。LLC 子层的主要功能是建立和释放数据链路层的逻辑连接,提供与高层的接口,给
帧加上序号、进行流量控制和差错控制等功能。

3.2.3 IEEE 802 系列标准简介

IEEE 802 标准由一个协议系列组成,主要包括本标准的体系结构、网络互连、网络管
理、局域网标准及介质访问控制协议。具体内容如下:

IEEE 802.1:局域网体系结构、寻址、网络互连和网络。

IEEE 802.1a:概述和系统结构。

IEEE 802.1b:网络互连和网络管理。

IEEE 802.2:逻辑链路控制子层的定义。

IEEE 802.3:以太网介质访问控制协议(带冲突检测的载波侦听多路访问控制方法

CSMA/CD）及物理层的技术规范。

IEEE 802.3u：100 Mbit/s 快速以太网。

IEEE 802.3ab：1 000 Mbit/s 以太网。

IEEE 802.4：令牌总线访问控制方法及物理层技术规范。

IEEE 802.5：令牌环访问控制方法及物理层技术规范。

IEEE 802.6：城域网介质访问控制协议 DQDB（Distributed Queue Dual Bus，分布式队列双总线）及物理层技术规范。

IEEE 802.7：宽带 LAN 标准。

IEEE 802.8：光纤网标准。

IEEE 802.9：综合声音数据的局域网介质访问控制协议及物理层技术规范。

IEEE 802.10：网络互操作的认证和加密方法。

IEEE 802.11：无线 LAN 的介质访问控制协议及物理层技术规范。

IEEE 802.12：高速 LAN 标准。

体系结构与协议之间的对应关系可用图 3-5 表示。

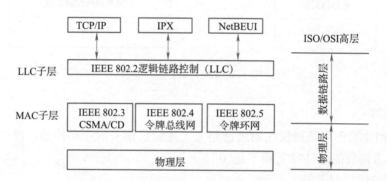

图 3-5　体系结构与协议之间的对应关系

物理层的主要作用是确保在物理链路上二进制位信号的正确传输。

解决信道竞争问题。

LLC 子层的主要功能是建立和释放数据链路层的逻辑连接，提供与高层的接口，给帧加上序号、进行流量控制和差错控制等功能。图 3-5 中，MAC 子层的 IEEE 802.3（CSMA/CD）及 LLC 子层上面的 TCP/IP 是目前的主流技术，其他的基本已淘汰。

3.2.4　局域网的介质访问控制方式

IEEE 802 标准的核心就是介质访问控制协议，它规定了各种介质访问控制的方法。局域网常用的介质访问控制方法有带冲突监测的载波侦听多路访问协议、令牌总线（Token Bus）和令牌环（Token Ring）。CSMA/CD 是一种基于竞争的有冲突的协议，而令牌协议是一种按固定顺序分配传输介质的无冲突协议。

1. 决定局域网性质的三要素

（1）拓扑结构

拓扑结构决定网络的连接方式。

（2）传输介质

传输介质决定网络的传输速度及网络的抗干扰能力。

（3）介质访问控制方法

介质访问控制方法控制网络结点何时能够发送数据。

上述三方面决定了传输数据的类型、网络的响应时间、吞吐量、利用率以及网络应用等各种网络特征。

2. 以太网的介质访问控制方式

CSMA/CD 是 IEEE 802.3 协议的主要内容，也是以太网的介质访问控制方式。它采用的是"抢"的思想，使用随机访问争用型技术及广播式发送方式。它适用于总线拓扑结构和星状拓扑结构的局域网，能有效地解决局域网中介质共享、信道分配和信道冲突等问题。

Multiple Access（多点接入）表示若干计算机以多点接入的方式连接在一根总线上，Carrier Sense（载波监听）是指每台计算机在发送数据之前先要检测总线上是否有其他计算机在发送数据，如果有，则暂时不发送数据，以免发生碰撞。其实总线上并没有什么载波，因此"载波监听"就是用电子技术检测总线上有没有其他计算机发送的数据信号。"冲突检测"就是计算机边发送数据边检测信道上的信号电压大小。当几台计算机同时在总线上发送数据时，总线上的信号电压摆动值将会增大（因各信号互相叠加）。当一台计算机检测到的信号电压摆动值超过一定的门限值时，就认为总线上至少有两台计算机同时在发送数据，表明产生了冲突。在发生冲突时，总线上传输的信号会产生严重的失真，无法从中恢复有用的信息。所以每一台正在发送数据的计算机，一旦发现总线上出现了冲突，就要立即停止发送，然后等待一段随机时间后再次发送。当某台计算机监听到总线是空闲时，也可能总线并非真正空闲，如图3-6所示。

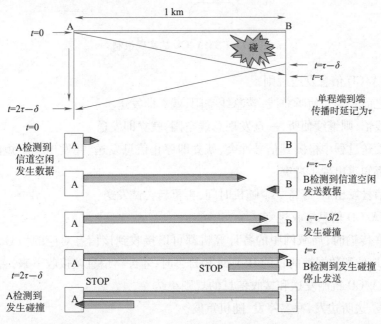

图 3-6 冲突检测的原因

　　A 向 B 发出的信息要经过一定的时间后才能传送到 B,B 若在 A 发送的信息到达 B 之前发送自己的帧(因为这时 B 的载波监听检测不到 A 所发送的信息),则必然要在某个时间和 A 发送的帧发生碰撞,碰撞的结果是两个帧都无效。为了避免冲突,CSMA/CD 采取一种巧妙的解决方法,就是边发送数据边检测冲突,一旦发现冲突,立刻停止发送,并等待一定时间后,再执行 CSMA/CD 规则,直至将数据成功地发送出去为止,如图 3-7 所示。

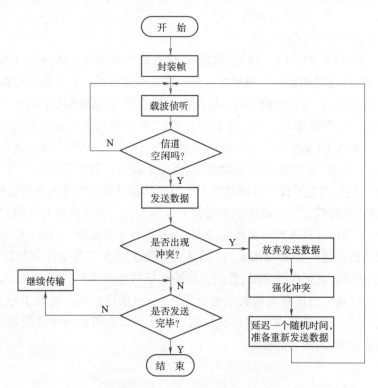

图 3-7　CSMA/CD 的实现机制

　　(1)CSMA/CD 信息发送规则

　　①发送之前必须先侦听总线,若总线空闲,就立即发送。

　　②若总线忙,则继续侦听,一旦发现总线空闲,就立即发送。

　　③若在发送过程中检测到信号冲突,就立即停止信息发送,并发出一个短的干扰信号,使所有站点都知道出现了冲突。

　　④干扰信号发出后,等待一个随机时间,再重新尝试发送。

　　(2)CSMA/CD 信息接收规则

　　当信息在传输时,局域网中的各计算机都可以接收到该信息对应的信号,但只有当本计算机的 IP 地址和数据帧的目的 IP 地址相符合时,才会将信息帧接收下来,否则不接收。

　　(3)CSMA/CD 机制发送和接收信息的规则小结

　　先听后发、边听边发、冲突停发、随机重发。

　　边听边发时,只要保证检测 2τ(τ 表示网络中最远两个站点的传输线路延迟时间)即可,没有必要整个发送过程都进行检测,因在 2τ 时间里没有感知到冲突,则保证发出的数据没有产生冲突。随机重发时,需要执行二进制指数退避算法,即等待的时间成指数增加,越需要等待,意味着网络线路越忙,越容易产生冲突。

3. Token Ring

Token Ring 即令牌环,其介质访问控制协议是 IEEE 802.5,它适用于环状拓扑结构的局域网。所谓令牌,就是一种特殊的帧,它既无目的地址,也无源地址。Token Ring 采用令牌作为循环的标记,令牌总是不停地环绕运行。当各站都无信息发送时,此时的令牌为空令牌,如图 3-8(a)所示。

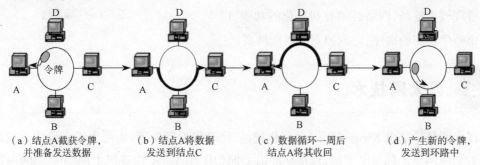

（a）结点A截获令牌,　　（b）结点A将数据　　（c）数据循环一周后　　（d）产生新的令牌,
　并准备发送数据　　　　发送到结点C　　　　结点A将其收回　　　　发送到环路中

图 3-8　令牌环的实现原理

当某个站(如 A 站)要发送信息时,它必须等到空令牌通过该计算机时将它截获,并将空令牌改成忙令牌,紧跟着忙令牌,把数据帧发送到环上,如图 3-8(b)所示。由于令牌是忙状态,所以其他各计算机都不能发送信息帧。每个计算机都随时检测经过本站的帧,当信息帧经过目的计算机时,由于帧的目的 IP 地址与该计算机的 IP 地址相符,于是目的计算机会接收该帧,此时一边复制全部有关信息,一边继续转发该帧,如图 3-8(c)所示。发送的帧在环上循环一周后再回到发送计算机,由发送计算机将该帧从环上移去,同时将忙令牌改为空令牌再发送到环上,以便其他计算机能有机会截获空令牌,发送其要发送的信息帧。如图 3-8(d)所示。

网络中的计算机只有截获到令牌时才能发送数据,没有获取到令牌的计算机不能发送数据,因此,使用令牌环的局域网中不会产生冲突。

由于每台计算机不是随机的争用信道,不会出现冲突,因此称它是一种确定型的介质访问控制方法,而且每个计算机发送数据的延迟时间可以确定。在轻负载时,由于存在等待令牌的时间,效率较低;在重负载时,对各计算机公平,且效率高。

采用令牌环的局域网还可以对各计算机设置不同的优先级,具有高优先级的计算机可以先发送数据,比如某台计算机需要传输实时性的数据,就可以申请高优先级。

4. Token Bus

Token Bus 即令牌总线,其介质访问控制协议是 IEEE 802.6,它是在物理总线上建立一个逻辑环。从物理连接上看,它是总线结构的局域网;但从逻辑上看,它是环状拓扑结构。

连接到总线上的所有计算机组成了一个逻辑环,每台计算机被赋予一个顺序的逻辑位置。和令牌环一样,计算机只有取得令牌才能发送帧,令牌在逻辑环上依次传递。在正常运行时,当某台计算机发送完数据后,就要将令牌传送给下一台计算机。

在令牌总线中,总线上的计算机不能像 CSMA/CD 那样随机地访问总线,只有令牌持有者才能访问总线。令牌的传递不是按计算机的物理顺序,而是按逻辑顺序。图 3-9 说明了在物理总线上建立一个逻辑环的令牌总线结构网络的构成。

Token Bus 的特点是:适用于重负载的网络,数据发送的延迟时间确定,适合实时性的数据传输等;网络管理较为复杂,网络必须有初始化的功能,以生成一个顺序访问的次序;访问控制的复杂性高。

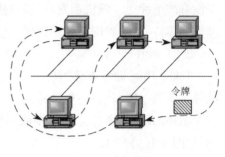

图 3-9　令牌总线

3.3　以太网技术

以太网最早是由 Xerox(施乐)公司创建的,该网络发展迅速,生命力强。目前人们所接触到的局域网基本都是以太网,包括标准以太网(10 Mbit/s)、快速以太网(100 Mbit/s)、千兆以太网(1 000 Mbit/s)和 10 Gbit/s 以太网,它们都符合 IEEE 802.3 系列标准规范。没有特别说明本书所介绍的局域网均指以太网,本书所介绍的交换机均为以太网交换机。

3.3.1　以太网概述

以太网自诞生以来一直是居于主导地位的局域网技术,是建立在 CSMA/CD 机制上的广播型网络。冲突的产生是限制以太网性能的重要因素,早期的以太网设备(如集线器)是物理层设备,不能隔绝冲突扩散,限制了网络性能的提高。而交换机和网桥是一种能隔离冲突域的二层网络设备,可以较大地提高以太网的性能。然而交换机和网桥仅能隔离冲突域,而不能隔离广播域,通过在交换机上划分 VLAN(Virtual Local Area Network,虚拟局域网)或采用三层的网络设备(路由器或三层交换机)就可以解决这一问题。随着无线通信技术的发展,无线局域网也得到快速发展,无线局域网的介质访问控制方式是 CSMA/CA,采用的是一种载波侦听冲突避免的机制。

1. 以太网帧的基本结构

帧(Frame)是以太网数据传输的基本单位,发送数据的计算机在数据的前后添加特殊字符即构成数据帧,以太网的数据帧有两种标准,一种是 IEEE 的 802.3 标准,另一种是 DEC 公司、Intel 公司和施乐 Xerox 公司主推的 DIX Ethernet V2 标准。其中,DIX 是 DEC 公司、Intel 公司和施乐 Xerox 公司三个公司首字母的缩写,DIX Ethernet V2 标准更常用,所以本教材以 DIX Ethernet V2 标准来介绍以太网的帧格式,具体如图 3-10 所示。

(1)前同步码

前同步码也称前导码,占 7 字节,每个字节的值均为 10 101 010, 即共 56 位。当帧在媒体上传输时,前导码主要起到实现接收方计算机与发送方计算机同步的作用。

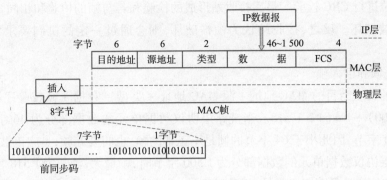

图 3-10 以太网的帧格式

（2）帧开始定界符

帧开始定界符为帧前定界符，它是长度为 1 字节的 10 101 011 二进制序列，表示一帧实际开始，以便接收器对实际帧的第一位定位。

（3）目的地址

目的地址共占 6 字节，是目的计算机的 MAC 地址（每个网卡都有一个唯一的 MAC 地址，以太网的 MAC 地址长度为 48 bit。为了方便起见，通常使用十六进制数书写），可以是单址（代表单个计算机，如 08-01-00-2A-10-D0）、多址（代表一组计算机）或全地址（代表局域网上的所有计算机）。当目的地址出现多址时，即代表该帧被一组计算机同时接收，称为组播。当目的地址出现全地址时，即表示该帧被局域网上所有计算机同时接收，称为广播。通常以 MAC 地址的最高位来判断地址的类型，若最高位为 0，则表示单址；为 1 则表示多址或全地址，全地址时 MAC 地址字段的值为全 1。

（4）源地址

源地址共占 6 字节，是发送数据的计算机的 MAC 地址，表明该数据帧是哪一台计算机发送的。

（5）类型

类型占 2 字节，用于标识数据字段中包含的高层协议。类型字段取值为 0x0800 的帧代表 IP 协议帧；类型字段取值为 0806 的帧代表 ARP 协议帧。

（6）数据

数据是数据链路层协议数据单元的具体内容，它的长度范围是 46 字节~1 500 字节。最小长度为 46 字节是一个限制，目的是要求局域网上所有的站点都能检测到该帧，即保证网络工作正常，如果数据链路层的数据长度小于 46 个字节，则发送站的 MAC 子层会自动填充 0 代码补齐。

（7）FCS

FCS（Frame Check Sequence，帧检验序列）处在帧尾，共占 4 字节，是 32 位冗余检验码，检验除 PRE、SFD 和 FCS 以外的内容，即从 DA 开始至 DATA 结束的 CRC 检验结果都反映在 FCS 中。当发送站发出帧时，一边发送，一边逐位进行 CRC 检验。最后形成一个 32 位 CRC 检验和填在帧尾 FCS 位置中一起在媒体上传输。接收站接收后，从 DA 开始同样边接收边逐位进行 CRC 检验。最后接收站形成的检验和若与帧的检验和相同,则表示媒体上传输帧未被破坏。反之,接收站认为帧被破坏,则会通过一定的机制要求发送站重发该帧。

(8)婴儿帧和巨人帧

一个帧的长度为目的 MAC 地址 + 源 MAC 地址 + 类型 + 数据 + 帧校验序列 = 6 + 6 + 2 + (46 ~ 1 500) + 4 = 64 ~ 1 518。当链路层协议数据单元的数据部分为 46 字节时,帧最小,帧长为 64 字节,因此小于 64 字节的帧是不正常的帧,也叫婴儿帧,是应该被放弃接收的帧。当链路层协议数据单元的数据部分为 1 500 字节时,帧最大,帧长为 1 518 字节,所以大于 1 518 字节的帧也是不正常的帧,也称巨人帧,是应该被放弃接收的帧。

2. 以太网的特点

以太网是目前应用最广泛的网络,以太网技术不仅应用于局域网,部分城域网的构建也采用了以太网的技术,以太网的发展前景很大,其特点主要体现在以下 6 个方面。

①局域网的传输形式有两种:基带传输与宽带传输。早期传统以太网是一种基带网,它采用基带传输技术,目前高速以太网采用的是多路复用的宽带传输技术。

②以太网使用 CSMA/CD 的介质访问控制方法。

③局域网的传输介质有同轴电缆、双绞线、光纤和电磁波,同轴电缆在以太网的组网中基本被淘汰,双绞线在近距离的组网中应用较多,光纤是一种性能较好、性价比较高的传输介质,在高速以太网及长距离以太网中应用较为广泛,电磁波是无线局域网最常用的传输介质。

④传统的标准以太网采用自带同步时钟的曼彻斯特编码方案,效率较低一些;快速以太网采用的是 4B/5B 的编码方案,千兆以太网采用的是 8B/10B 的编码方案,而万兆以太网采用的是 64B/66B 编码方案,编码的效率更高。

⑤以太网的物理拓扑是是星状或拓展星状(树状),而以太网的逻辑拓扑是总线。

⑥以太网是可变长帧,长度在 64 ~ 1 518 字节之间。

以太网技术先进、成熟,同时组网又比较简单,并且价格低廉、易扩展、易维护、易管理,这是它获得成功的主要原因。

3.3.2 以太网交换机

以太网交换机是工作在数据链路层的网络设备,具有多个接口,能够把多台计算机或多个网络互连起来。

1. 交换机的功能

从功能上来看,交换机可以说是一个多端口的网桥,具有网络互连和数据转发的功能。具体体现在以下三个方面:地址学习、转发/过滤决定和环路避免。

(1)地址学习

交换机维持一个 CAM(Context Address Memory)表,这个表是交换机工作的基础和核心,交换机依据这个表来进行数据的转发工作。CAM 表是目的 MAC 地址与交换机端口号的对应表,如图 3-11 所示。

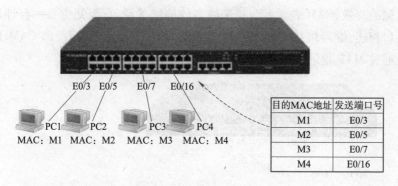

目的MAC地址	发送端口号
M1	E0/3
M2	E0/5
M3	E0/7
M4	E0/16

图3-11　CAM表的结构

为了图中表的简洁，表中用 M₁ 来表示 PC1 网卡对应的 MAC 地址，其他依次类推。

交换机刚启动时，其 CAM 表是空的，如图 3-12 所示，启动后有个 CAM 表的学习过程。

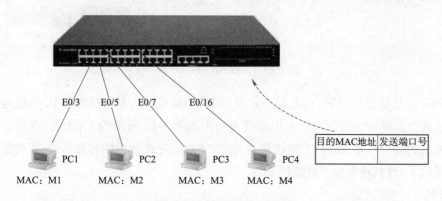

目的MAC地址	发送端口号

图3-12　交换机的学习过程1

当 CAM 表中没有记录时，交换机接收到要转发的数据帧，它就会从除接收端口之外的其他所有端口把该数据帧给转发出去，并且识别数据帧的源 MAC 地址，学习 MAC 地址和端口号对应关系，如图 3-13 所示。

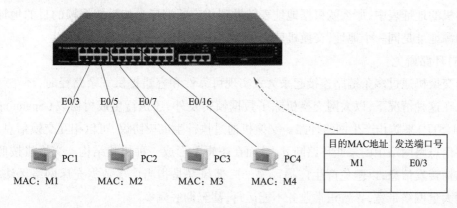

目的MAC地址	发送端口号
M1	E0/3

图3-13　交换机的学习过程2

随着数据的交换,CAM 表学习到越来越多的地址条目,直至知道每一台计算机与交换机的哪个接口相连,继续维护 CAM 表,以体现某台计算机是否断开,即 CAM 是个动态的表。交换机通过 MAC 地址表实现数据帧的单点转发,如图 3-14 所示。

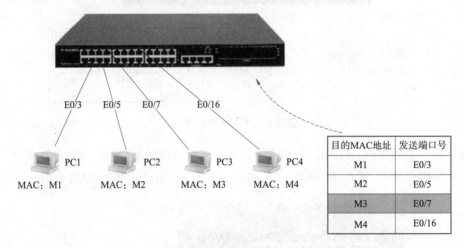

目的MAC地址	发送端口号
M1	E0/3
M2	E0/5
M3	E0/7
M4	E0/16

图 3-14　交换机的学习过程 3

当 PC1 发送数据帧给 PC3 时,该数据帧的源 MAC 地址是 M1,目的 MAC 地址是 M3,交换机接收到数据帧后,在其 CAM 表中查找 M3,根据图 3-14 所示的 CAM 表,查到该地址对应的交换机的端口号是 E0/7,交换机就从其 E0/7 端口把该数据帧转发出去,也就是把该数据帧转发给了,且只转发给了计算机 PC3。

(2)转发/过滤决定

当交换机在某个接口上收到数据帧时,就会去查看该数据包的目的 MAC 地址,如果数据帧的目的 MAC 地址是广播地址,则交换机就向除发送端口外的其他所有端口转发该数据帧;如果数据帧的目的地址是单播地址,但是这个地址并不在交换机的地址表(CAM)中时,交换机也会向除发送端口外的其他所有端口转发该数据帧。如果该数据帧的目的地址在交换机的地址表中,那么就根据地址表转发到相应的端口。如果数据帧的目的地址与数据帧的源地址是同一个地址,交换机就会丢弃这个数据帧,交换也就不会发生。

(3)环路避免

当交换机通过多条链路连接起来为了实现可靠性和容错提供冗余路径时,环路就可能发生。在这种情况下,以太网交换机除了数据帧转发外,还执行生成树协议(Spanning Tree Protocol,STP)来防止产生网络环路。交换机通过执行生成树协议,可以相互交换信息,并利用这些信息将网络中的某些环路断开,从而在逻辑上形成一种树状结构。交换机按照这种逻辑结构转发信息,以避免产生广播风暴。广播风暴是指当广播数据充斥网络无法处理,并占用大量网络带宽,导致正常业务不能运行,甚至彻底瘫痪。

2. 交换机的工作原理

交换机拥有一条背部总线和内部交换矩阵,这条背部总线的带宽很宽,交换机的所有端口都挂接在这条背部总线上。交换机将其每一端口都视为一个独立的网段,连接在其上的网络设备独自享有全部的带宽,无须同其他设备竞争带宽。交换机在同一时刻可以实现多个端口对之间的数据传输。例如,当计算机 A 向计算机 B 发送数据时,计算机 C 可同时向计算机 D 发送数据,并且这两个传输都享有网络的全部带宽,都有着自己的虚拟连接。交换机的具体工作过程是:

当交换机接收到一个数据帧时,就会读取该数据帧的目的 MAC 地址,并在交换机的 CAM 中进行查询,如果能查找到该 MAC 地址对应的端口号,则把该数据帧从查询到的端口中转发出去;如果查找不到,则把该数据帧转发到除接收端口之外的其他所有端口。交换机读取该数据帧的源 MAC 地址,并查找 CAM 表中是否有其对应的端口号,如果没有,则会把该数据帧的源 MAC 地址与接收端口号的对应关系添加到该交换机的 CAM 表中;如果 CAM 表中能找到该 MAC 地址对应的端口号,则不做处理。

注意: 数据帧的转发是依据数据帧的目的 MAC 地址,在交换机的 CAM 表中查找数据帧的目的 MAC 地址,以确定如何转发该帧。而 CAM 表的学习则是以数据帧源 MAC 地址为依据,交换机读取该数据帧的源 MAC 地址,并查找 CAM 表中是否有其对应的端口号,如果没有,则会把该数据帧的源 MAC 地址与接收端口号的对应关系添加到该交换机的 CAM 表中。

3. 交换机的工作方式

交换机的工作方式决定对数据帧的处理方式及所产生的延迟大小。延迟是指从交换机接收到数据帧,到将它转发到目的地址所花的时间。交换机有以下三种工作方式:

(1)直通转发

直通转发又称实时转发或快速转发。在这种工作方式下,交换机接收到数据帧后,将其解封装,取出该数据帧的目的 MAC 地址,并把该地址复制到交换机的出站缓冲区中。然后,交换机就在其 CAM 表中查找该目的 MAC 地址,如果能查找到,就将该数据帧直接转发到其对应的接口上;如果查找不到,就从除源端口外的其他所有端口转发出去,不进行错误检查,真正减少了延迟。

(2)碎片丢弃

碎片丢弃又称修正的直通转发或无碎片交换。在这种方式下,交换机在转发之前要等待冲突窗口(64 字节)通过。这是因为如果数据帧有冲突错误,错误几乎始终发生在 64 字节之内,如果某个数据帧的长度小于 64 字节,则意味着该数据帧是无效帧,是数据碎片,需要丢弃。这样的检查能够提高有效数据的转发率。碎片丢弃方式提供了比直通转发方式更好的错误检查机制,而且实际上并没有增加延迟。

(3)存储转发

存储转发是思科(Cisco)公司最主要的交换方式。它能提供有效、无差错的但并不快速的传输。这是因为交换机收到帧后,将帧复制到出站缓冲区中,然后采用循环冗余校验(CRC)技术进行差错检测,如果检测到错误或帧太短、太长的情况,交换机就会丢弃该帧,否则交换机就会转发该帧到目的地址。正因为存储转发要将帧复制到出站缓冲区中,通过交换机的延迟也就相应的随着帧的长短而变化。

采用前两种交换模式的交换机在接收到数据帧后,仅将数据帧中的目的 MAC 地址复制到缓冲区便立即进行转发,减少了延迟,但有可能转发了无效的数据帧,特别是直通交换方式,而存储转发交换模式要求交换机将整个数据帧保存到缓冲区,进行差错检测以后再进行转发,保障了转发帧的有效性,但也增加了转发延迟。

4. 以太网交换机的分类

由于交换机的种类多样,所以它的分类方式也有多种,按照不同的分类方式可以将交换机划分成不同的类型。

(1)根据交换机的构架分类

交换机根据构架可分为桌面式交换机、固定配置式交换机和模块化交换机。

①桌面式交换机。

桌面式交换机是一种只能提供少量端口且不能安装于机柜内的交换机,所以,通常只用于小型网络。

②固定配置式交换机。

固定配置式交换机只能提供有限数量的端口以及固定类型的端口,因此无论从连接的用户数量上,还是从使用的传输介质上来说都具有局限性。通常作为接入层交换机为普通用户提供网络接入,或者作为汇聚层交换机实现与接入层交换机之间的连接。固定配置式交换机包括带扩展槽固定配置式交换机和不带扩展槽固定配置式交换机。带扩展槽固定配置式交换机是一种有固定端口并带少量扩展槽的交换机,这种交换机在支持固定端口类型网络的基础上,还可以通过扩展其他网络类型模块来支持其他类型网络。不带扩展槽固定配置式交换机仅支持一种类型的网络(一般是以太网),可应用于小型企业或办公室环境下的局域网,应用也最广泛。

③模块化交换机。

模块化交换机就是配备了多个空闲的插槽,用户可根据其对网络的不同需求,任意选择不同数量、不同速率和不同接口类型的模块。空闲的插槽越多,用户可选择的余地就越大,模块化交换机的端口数量取决于模块的数量和插槽的数量。模块化交换机具有配置灵活,便于扩展的特性。

(2)根据交换机的传输速率和介质分类

①一般交换机。

一般交换机指的是带宽在 100 Mbit/s 以下的交换机,应用领域非常广泛,几乎在所有大大小小的局域网中都要使用到它,它所用的传输介质为双绞线或同轴电缆。

②快速交换机。

快速交换机用于 100 Mbit/s 的快速以太网。它是一种在普通双绞线或者光纤上实现 100 Mbit/s 传输带宽的网络技术,快速以太网上用的是传输速率为 10/100 Mbit/s 的自适应型交换机。

③千兆位交换机。

千兆位以太网的带宽可以达到 1 000 Mbit/s,一般用于大型网络的主干网段,所采用的传输介质有光纤、双绞线。工作于千兆以太网的交换机即为千兆位交换机。

④万兆位交换机。

万兆位交换机主要是为了适应万兆位以太网的接入,它一般是用于大型网络的主干网,采用光纤作为传输介质,其接口方式也为光纤接口。

5. 以太网交换机的简单配置

交换机的详细配置过程比较复杂,而且具体的配置方法会因不同品牌、不同系列的交换机而有所不同,本节介绍的只是普通交换机的通用配置方法。

通常,网管型交换机可以通过两种方法进行配置:一种就是本地配置,即通过 Console 口配置;另一种就是远程网络配置,即 Telnet 方式配置,选程配置需要在本地配置成功后,开启了远程配置功能后才可以进行。

(1)交换机的配置模式

交换机的常用模式有五种,可以用不同的提示符进行区分,每一种配置模式下有一组命令集,在使用每一条命令时必须先进入相应的模式。

①用户模式:switch >。该模式下的功能是查看交换机的基本信息及执行简单的测试命令,启动时按【Ctrl + C】组合键能够进入该模式,在该模式下执行"?"可以显示该模式下所能支持的所有命令及各命令的主要功能。

②特权模式:switch#。该模式下的主要功能是查看交换机的配置信息,在该模式下执行"?"可以显示该模式下所能支持的所有命令及各命令的主要功能。从用户模式进入特权模式的命令是 switch > enable,也可以简写为 en。

③全局模式:switch(config)#。在该模式下可以配置交换机的整体参数,在该模式下执行"?"可以显示该模式下所能支持的所有命令及各命令的主要功能。由特权模式进入全局模式的命令是 switch#configure terminal,也可以简写为 conf t。

④接口模式:switch(config-if)#。该模式下的主要功能是分别配置交换机各个接口的参数,主要是各接口的 IP 地址、子网掩码、开启接口及部分接口的速率等。由全局模式进入接口模式的命令是 switch(config)#interface fastethernet ×/×(×/×为交换机的接口号,如 0/1),也可以简写为 int fa ×/×。

⑤VLAN 配置模式:switch(config-vlan)#。该模式下主要是配置交换机 VLAN 划分的参数,由全局模式进入 VLAN 模式的命令是 switch(config)#vlan ×(×为 vlan 的编号,如 1)。

(2)用本地配置方式配置交换机

交换机没有键盘也没有显示器,给其发命令查看其运行情况要借助计算机。交换机的本地配置方式就是把计算机模拟成交换机的终端,借助计算机的键盘给交换机发命令,借助计算机的显示器来显示交换机的运行情况,需要用计算机的串口与交换机的 Console 口通过接口转换器及反转线相连的方式来配置。下面以 Cisco 的一款网管型交换机 Catalyst 2950 来讲述这一配置过程。

①将计算机的串口通过配置电缆(反转双绞线)与以太网交换机的 Console 口连接,从

而建立本地配置环境,如图 3-15 所示。

②打开计算机的超级终端,执行操作系统中的超级终端程序,具体操作是：单击"开始"→"程序"→"附件"→"通讯"→"超级终端"选项。

③配置连接的超级终端的参数。

- 配置超级终端连接名称,名称任意确定。
- 配置超级终端连接端口,这一步选择正确很重要,也就是该配置线连接在计算机的哪个 COM 上的,在此就选择哪个 COM 口,每一台计算机往往有 COM1 和 COM2 两个接口。
- 配置超级终端 COM 口的属性,单击"还原为默认值"按钮,如图 3-16 所示。
- 单击图 3-16 中的"确定"按钮,进入交换机的配置界面,询问是否进行对话方式配置,在此选择"N",进入交换机的用户配置模式。

④交换机的基本配置。

从控制台登录交换机,进入用户配置模式后可以看到 Switch > 提示符, Switch 是交换机的默认名称。

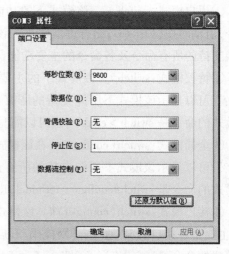

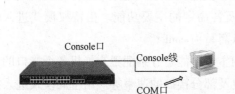

图 3-15　本地配置连接　　　　　　图 3-16　端口属性设置

输入 enable 命令可以进入特权模式：

```
Switch>enable
Switch#
```

当配置结束后应该彻底注销并结束会话,可以在用户模式下用 exit 或 logout 命令注销并结束会话。

```
Switch>logout
Router con0 is now available
Press RETURN to get started
```

这时按【Enter】键可再次登录交换机。

在特权模式下,用 configure terminal 命令可进入全局配置模式(该命令常简写为 conf t):

```
Switch#conf t
Enter configuration commands, one per line. End with CNTL/Z.
Switch(config)#
```

用命令 exit 或按【Ctrl + Z】组合键可以退出全局配置模式:

```
Switch(config)#exit
Switch#
```

- 配置交换机的名称。

命令提示符前面显示的是交换机的名称,交换机的默认名称为 Switch,当有多台交换机时应给交换机更名,以便进行识别。下面把交换机的名称改为 S1:

```
Switch(config)#hostname S1
S1(config)#
```

- 设置控制台口令。

控制台口令是用超级终端登录交换机时使用的口令:

```
S1(config)#line console 0
S1(config-line)#login
S1(config-line)#password 123456
```

line console 0 表示配置控制台端口 0,用 login 命令允许登录,用 password 命令设置登录密码。

可以用 logout 结束会话,再重新登录来验证登录口令:

```
S1(config-line)#exit
S1#logout
Router con0 is now available
Press RETURN to get started
Password:
S1 >
```

在 Password:后输入口令 123456,就可以进入用户模式。

注意:输入口令时无回显,即没有任何显示。

- 设置远程登录口令。

远程登录口令是用 Telnet 登录交换机时使用的口令:

```
S1(config)#line vty 0 15
S1(config-line)#login
S1(config-line)#password abcdef
```

本例中把远程登录口令设置为 abcdef。

- 配置特权口令或特权密码。

特权口令是从用户模式进入特权模式时使用的口令,它有口令和密码两种形式。口令在配置文件中是用明文显示的,密码在配置文件中是用密文显示的,所以密码的安全性更高。口令和密码只需配置一种,若两种都配置了,则两者不能相同,且密码优先。

```
S1(config)#enable password qqqqq
S1(config)#enable secret wewewe
```

password 命令配置的是口令,secret 命令配置的是密码。

由于进入到特权模式就意味着拥有了修改配置的权限,所以为了安全起见,在实际配置交换机时特权密码应该设置得复杂一些。

配置好后,可以退回用户模式,再用 enable 命令进入特权模式验证密码的使用:

```
S1(config)#exit
S1#exit
Password:
S1>enable
Password:
S1#
```

前一个 Password 是控制台口令,后一个 Password 是进入特权模式的口令,然后就可以进入特权模式。

- 配置默认网关。

```
S1(config)#ip default-gateway 201.71.19.1
```

默认网关通常是网络出口路由器的 IP 地址,这里假设是 201.71.19.1。

- 配置管理 IP。

管理 IP 主要用于远程登录交换机时使用,它在 VLAN 的接口配置模式下配置,通常可以为每个 VLAN 设置一个 IP 地址。在没有划分 VLAN 时,交换机有一个默认的 VLAN 1,可以为它设置 IP 地址作为管理 IP。

```
S1(config)#interface vlan 1
S1(config-if)#ip address 201.71.19.8 255.255.255.0
S1(config-if)#no shutdown
```

本例中把 IP 地址设置成 201.71.19.8,子网掩码为 255.255.255.0。no shutdown 命令用于激活此 VLAN 接口。

- 查看配置结果。

在特权模式下用 show 命令可以查看相关的配置结果。常用的 show 命令有:

查看运行配置文件:show running-config,显示当前运行在 RAM 中的配置信息。

查看启动配置文件:show startup-config,显示在 NVRAM 中的配置信息,这些信息在启动交换机时装入 RAM,成为 running-config。

查看交换机的版本信息:show version。

- 保存配置结果。

配置交换机时,修改的是 RAM 中的运行配置文件,这些信息一旦断电或重新启动就会丢失,所以配置完成后应该把配置信息保存在可长期存储信息的场所,通常是 NVRAM FTP 服务器。例如:

```
S1#copy running-config startup-config
S1#reload
```

上述命令把运行配置文件保存到了 NVRAM 中,reload 是重新启动交换机,可以发现配置信息没有丢失。

(3)用远程配置方式配置交换机

远程配置方式也就是通过网络 Telnet 对交换机进行配置,该配置具有能够异地进行的优点,即通过该方式用户在家中也能对单位的交换机进行配置和管理。利用该方式配置的前提是已创建 line vty 用户和密码,并且已经开启该服务。

Telnet 协议是一种远程访问协议,Windows 系统、UNIX/Linux 等系统中都内置有 Telnet 客户端程序,可以用它来实现与远程交换机的通信。

在计算机上运行 Telnet 客户端程序,并登录到远程交换机。如果前面已经设置交换机的 IP 地址为 61.159.62.182,下面只介绍进入配置界面的方法,具体配置方法与本地超级终端配置相同。

①选择"开始"→"运行"命令,然后在对话框中输入 telnet　61.159.62.182。

②单击"确定"按钮,或按【Enter】键,建立与远程交换机的连接。

交换机的详细配置将在第九章的实训八中详细介绍。

3.3.3　标准以太网

标准以太网是指传输速率为 10 Mbit/s 的以太网,它所使用的访问控制方法是 CSMA/CD,传输介质有双绞线和同轴电缆两种。常见的标准以太网有以下几种:

1. 10Base-5 网

10Base-5 的含义是采用基带传输方式,传输速率是 10 Mbit/s 带宽,最大传输距离为 500 m,该类型的网络组建示意图如图 3-17 所示。其组网规则是:

①每个网段的长度小于 500 m,每个网段内计算机的个数在 100 台以下。

②各计算机间的间距大于 2.5 m,收发器电缆长不超过 50 m。

③使用中继器(转发器)最多可连接 5 个网段,网络总长不超过 2 500 m,网络内的计算机的个数数最多 300 台。

④连网用的线缆为 50 Ω 的同轴电缆,入网计算机需安装具有 AUI 口的网卡。

⑤在线缆的两端必须安装终端电阻,目的是消除在电缆中的信号反射。

2. 10Base-2 网

10Base-2 的含义是采用基带传输方式,传输速率是 10M 带宽,最大传输距离为 185 m(不到 200 m),该类型的网络组建示意图如图 3-18 所示。其组网规则是:

①每个网段的长度小于 185 m,每个网段内计算机的个数在 30 台以下。

②各计算机间的间距大于 0.5 m。

③使用中继器(转发器)最多可连接 5 个网段,网络总长不超过 925 m,网络内的计算机的个数最多 300 台。

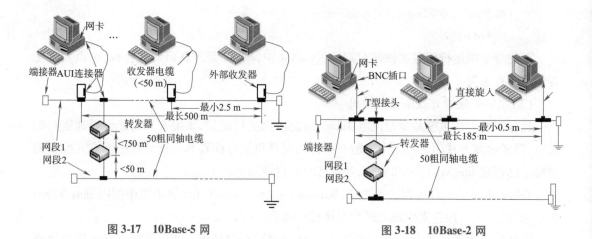

图 3-17　10Base-5 网　　　　　　　　　　图 3-18　10Base-2 网

④连网用的线缆为细缆,入网计算机需安装具有圆形的 BNC 口的网卡。

⑤在线缆的两端必须安装 50 Ω 的终端电阻,目的是消除在电缆中的信号反射。

3. 10Base-T 网

10Base-T 的含义是采用基带传输方式,传输速率是 10M 带宽,使用的传输介质是双绞线,该类型的网络组建示意图如图 3-19 所示。其组网规则是:

①各计算机需通过集线器(Hub)入网。

②计算机与集线器之间的最大距离为 100 m。

③扩展网络时,最多用 4 个集线器,集线器间的距离最大不超过 100 m。

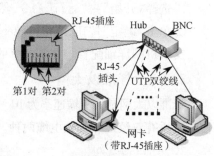

图 3-19　10Base-T 网

④连网用的线缆为双绞线,入网计算机需安装具有 RJ45 接口的网卡。

3.3.4　高速以太网

随着网络的发展,传统标准的以太网技术已难以满足日益增长的网络数据流量的需求。在 1993 年 10 月以前,对于要求 10 Mbit/s 以上数据流量的局域网,只有光纤分布式数据接口(Fiber Distributed Data Interface,FDDI)可供选择,但它是一种价格非常昂贵的基于 100 Mbit/s 光缆的局域网。为了能提供更普适的以太网技术,各大网络设备生产厂商纷纷投入研究,陆续推出了以下几种能提供 10 Mbit/s 以上数据流量的以太网技术。

1. 快速以太网(Fast Ethernet)

1993 年 10 月,Grand Junction 公司推出了世界上第一台快速以太网集线器 Fastch10/100 和网络接口卡 FastNIC100,快速以太网技术正式得以应用。随后 Intel、SynOptics、3COM、BayNetworks 等公司亦相继推出自己的快速以太网装置。与此同时,IEEE 802 工程组亦对 100 Mbit/s 以太网的各种标准进行研究。于 1995 年 3 月 IEEE 宣布了 IEEE 802.3u 100BASE-T 快速以太网标准,从此开始了快速以太网的时代。

快速以太网与 FDDI 相比具有许多优点,最主要的是快速以太网技术支持 3、4、5 类双绞线以及光纤的连接,能有效地利用现有的设施。快速以太网的不足其实也是以太网技术的不足,那就是快速以太网仍采用带冲突监测的载波侦听多路访问(CSMA/CD)技术,当网络负载较重时,会造成效率的降低,但这个不足之处可以使用交换技术进行一定的弥补。

100 Mbit/s 快速以太网又分为 100Base-TX、100Base-FX、100Base-T4 三个标准。

①100Base-TX 是一种使用 5 类数据级非屏蔽双绞线或屏蔽双绞线的快速以太网技术。它使用两对双绞线,一对用于发送数据,一对用于接收数据。在传输中使用 4B/5B 编码方式,信号频率为 125 MHz。符合 EIA586 的 5 类布线标准和 IBM 的 SPT 1 类布线标准。使用 RJ-45 连接器,最大网段长度为 100 m,支持全双工的数据传输。

②100Base-FX 是一种使用光缆的快速以太网技术,可使用单模和多模光纤(62.5 μm 和 125 μm),多模光纤连接的最大距离为 550 m,单模光纤连接的最大距离为 3 000 m。在传输中使用 4B/5B 编码方式,信号频率为 125 MHz,使用 MIC/FDDI 连接器、ST 连接器或 SC 连接器,最大网段长度为 150 m、412 m、2 000 m 或更长至 10 km,这与所使用的光纤类型和工作模式有关,它支持全双工的数据传输。100Base-FX 特别适合于有电气干扰的环境、较大距离连接或高保密环境等情况下的使用。

③100Base-T4 是一种可使用 3、4、5 类无屏蔽双绞线或屏蔽双绞线的快速以太网技术。它使用 4 对双绞线,3 对用于传送数据,1 对用于检测冲突信号。在传输中使用 8B/6T 的编码方式,信号频率为 25 MHz,符合 EIA586 结构化布线标准,使用 RJ-45 连接器,最大网段长度为 100 m。

2. 千兆以太网

千兆以太网是建立在以太网标准基础之上的技术,利用了原以太网标准所规定的全部技术规范,其中包括 CSMA/CD 协议、以太网帧、全双工、流量控制以及 IEEE 802.3 标准中所定义的管理对象。1999 年 6 月,IEEE 802.3ab 标准(即 1000Base-T)的发布,标志着千兆以太网技术更加成熟,且组网的费用更加低,可以把双绞线用于千兆以太网的组建中,使得千兆以太网的应用更加广泛,它在造价方面低于 ATM 网,而技术方面也没有 FDDI 复杂,千兆以太网已成为一种成熟的园区局域网主干网组网技术。

千兆以太网的标准化包括编码/译码、收发器和网络介质三个主要模块,其中不同的收发器对应于不同的网络介质类型。1000BASE-LX 基于单模光缆,使用 8B/10B 编码解码方式,最大传输距离为 5 000 m。1000BASE-SX 基于多模光缆,使用 8B/10B 编码解码方式,最大传输距离为 300 m 到 500 m。1000BASE-CX 基于铜缆,使用 8B/10B 编码解码方式,最大传输距离为 25 m。1000BASE-T 基于非屏蔽双绞线在传输中使用了全部 4 对双绞线并工作在全双工模式下,传输距离为 100 m。

3. 万兆以太网

2002 年 6 月,IEEE 802.3ae 标准的通过标志着万兆以太网技术的成熟。万兆以太网技术基本承袭了以太网、快速以太网及千兆以太网技术,在升级到万兆以太网时,用户不必担心既有的程序或服务是否会受到影响,升级的风险非常低。万兆以太网只采用全双工与光纤技术,其物理层和 OSI 模型的物理层一致,负责建立传输介质和 MAC 层的连接,MAC 层相当于 OSI 模型的数据链路层。万兆以太网使得以太网的可工作范围已经从局域网扩大到城域网和广域网。ISP 和端用户都乐意使用以太网,这不仅是因为技术成熟,还由于它的可操作性好,无须进行帧格式转换,升级时原有铜缆、双绞线、光缆仍可保留,不必重新布线,可实现无缝连接,各厂家产品兼容。万兆以太网标准的公布给网络业界带来了不小的震撼,备受网络界人士的关注,目前在国内的园区网、城域网、数据中心汇聚、集群和网格计算、合一(语音、视频、图像和数据)通信、金融、政府、医疗和校园网等领域都得到了广泛应用。其组网方式如图 3-20 所示。

万兆以太网在构建时往往采用核心层、汇聚层和接入层的三层网络架构。核心层采用具有万兆传输能力并且具有路由功能的三层交换机;汇聚层采用多个千兆下行,一个万兆上行的交换机,避免形成性能瓶颈;接入层大多采用百兆下行、千兆上行的交换机。

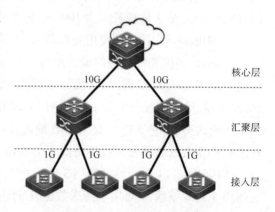

图 3-20　万兆位以太网的组网模型

3.3.5　利用以太网进行宽带接入

以太网接入技术,就是把以前用在局域网中的以太网技术用于公用电信网的接入网中,实现用户的宽带接入,目前的以太网接入可以为用户提供 10 ~ 100 Mbit/s 的宽带接入能力。

1. 以太网接入迅速发展的原因

以太网技术是 20 世纪 70 年代出现的一种局域网技术,也是目前应用最广泛的一种局域网技术。以太网接入是一种具有中国特色的宽带接入技术,以太网接入技术之所以能在我国迅速发展,主要有以下原因。

①设备廉价。由于以太网协议在局域网中占统治地位,目前世界上已经有一个巨大而又成熟的以太网设备市场。而其他宽带接入设备的市场规模远不如以太网设备。组成以太网的设备如以太网卡、集线器、以太网交换机等,技术非常成熟,可以由中小型企业研发和生产。

②协议简单、成熟,设备的兼容性好。以太网技术自 20 世纪 70 年代出现以来,协议日益成熟,标准化程度越来越高,如 IEEE 802.2、IEEE 802.3 等国际标准。由于协议的简单和成熟,来自不同厂商的设备之间互连互通基本不存在问题。而迄今为止,ADSL 和 Cable Modem 还没有解决好来自不同厂商的局端设备和用户端设备之间的互通问题,这在一定程度上影响了这两种技术的推广。

③我国特有的环境有利于以太网接入的发展。以太网接入用户通过五类线与公网连接,而普通五类线的服务范围一般不超过 100 m。我国绝大多数城镇居民住在公寓式楼房中,100 m 的服务半径可以覆盖几十户甚至上百户居民。欧美等发达国家的别墅式住宅就不适合以太网技术来解决宽带接入。这是以太网接入技术能在我国迅速发展,而没有在欧

美国家推广的主要原因,欧美国家主要通过 ADSL 和 Cable Modem 技术来解决普通住宅用户的宽带接入问题。

2. 以太网接入面临的问题

以太网技术和其他局域网技术一样,主要是针对小型的私有网络环境而设计的,适用于办公环境,目的是解决办公设备的资源共享问题。为此,其协议简单高效,而在用户信息的隔离、用户传输质量的保证、业务管理和网络可靠性方面没有考虑或考虑不全面。如果将这种适用于私有网络环境的技术不加改造地照搬到公用网络环境中,必然会出现很多问题。

①用户信息的隔离:用户信息的隔离指的是接入网需要保障用户数据(单播地址的帧)的安全性,隔离携带有用户个人信息的广播消息,如 ARP(Address Resolution Protocol,地址解析协议)、DHCP(Dynamic Host Configuration Protocol,动态主机配置协议)消息等,防止关键设备受到攻击。对每个用户而言,当然不希望他的信息被别人接收。因此,要从物理上隔离用户数据(单播地址的帧),保证用户的单播地址的帧只有该用户可以接收到,不像在局域网中,由于是共享总线方式,单播地址的帧总线上的所有用户都可以接收到。另外,由于用户终端是以普通的以太网卡与接入网连接,在通信中会发送一些广播地址的帧(如 ARP、DHCP 消息等),而这些消息会携带用户的个人信息,如用户 MAC(媒质接入控制)地址等,如果不隔离这些广播消息而让其他用户接收到,容易发生 MAC/IP 地址仿冒,影响设备的正常运行,中断合法用户的通信过程。在接入网这样一个公用网络的环境中,保证其中设备的安全性是十分重要的,需要采取一定的措施防止非法进入其管理系统造成设备无法正常工作,以及某些恶意的消息会影响用户的正常通信。

②用户管理:用户管理指的是用户需要到接入网运营商进行开户登记,并且在用户进行通信时对用户进行认证、授权。对所有运营商而言,掌握用户信息是十分重要的,从而便于对用户进行管理,因此需要对每个用户进行开户登记。而在用户进行通信时,要杜绝非法用户接入到网络中,占用网络资源,影响合法用户的使用。因此,需要对用户进行合法性认证,并根据用户属性,使用户享有其相应的权力。对用户的管理还包括计费管理。所谓计费管理指的是接入网需要提供有关计费的信息,包括用户的类别(是账号用户还是固定用户)、用户使用时长、用户流量等这些数据,支持计费系统对用户的计费管理。

③业务保证:业务保证是为了保证业务的 QoS(服务质量),接入网需要提供一定的带宽控制能力,例如保证用户最低接入速率、限制用户最高接入速率,从而支持对业务的 QoS 保证。另外,由于组播业务是 Internet 上的重要业务,因此接入网应能够以组播方式支持这项业务,而不是以点到点方式来传送组播业务。

3. 以太网接入的结构

以太网接入通常采用以太网交换机,它工作于数据链路层,提供数据流量控制、传输差错处理、传输介质访问控制等功能。它可以将多个局域网网段连接起来形成更大的局域网。以太网交换机能在端口之间建立多个不同的点对点专用通道,它采用带宽独占模式,大大降低了网络发生拥塞的可能性,显著提高网络的传输效率。其接入方式如图 3-21 表示。

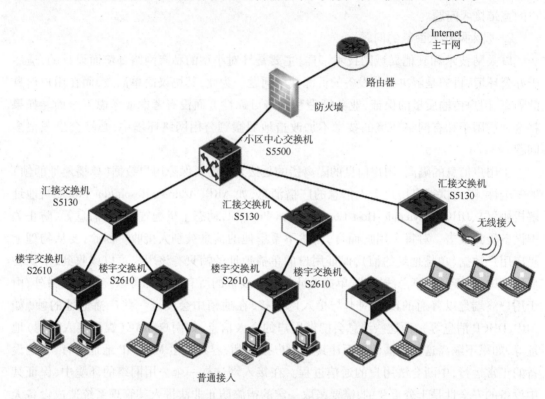

图 3-21　以太网接入示意图

在由以太网交换机构成的网络中,任意两个结点都能通过以太网交换机建立一条专用通道,其间通信独占该专用通道,使用虚拟局域网 VLAN 技术,可根据用户的要求将网络划分成若干较小的独立子网,隔离广播风暴,提高网络的效率和安全性;扩展网络的覆盖范围,扩大了网络的直径;通过以太网交换机能够实现多种局域网互连。

4. 以太网接入技术的特点

小区接入直接面向个人用户,要求能以尽可能低的价格构建小区网络,并以该网络为支撑平台,开展诸如安全管理、物业管理、用户互连、网上购物、视频点播等多种社区智能服务。因此,该网络应是一个具有高带宽、高可靠性、低建设和维护成本的网络。以太网以其良好的扩充性能、简便的施工和低廉的价格等优势完全可以满足以上要求。与国外流行的传统局域网方式的以太网有所不同,智能小区以太网接入是具有中国特色的宽带接入方式,具有以下特点。

①用户隔离方面:保障小区用户数据的安全,隔离携带用户个人信息的广播消息,如ARP、DHCP 消息等,防止关键设备受到攻击。因此,网络要保证单播地址的帧只有指定用户才能够接收。对于广播地址的帧,需防止被其他用户接收,避免 MAC/IP 地址仿冒,并防止某些恶意广播包影响用户的正常通信。

②用户管理方面:用户必须进行开户登记,通过运营商对用户进行的认证、授权后,才

能连接到 Internet 或小区的应用服务器,杜绝非法用户接入网络,占用网络资源,并根据用户的属性让用户享有不同服务等级和相应的权利。同时,在通信时进行计费管理。

③带宽管理和 QoS 保证方面:小区以太网具有带宽控制能力,即保证用户最低接入速率,限制用户的最高接入速率,对于需要开展语音、视频组播等对带宽有较高要求的业务,能够提供业务的 QoS 保证。

④集中管理和维护方面:小区以太网具有集中管理功能,小区中心能够监视网络运行和用户对网络的使用状况,避免用户因出现误操作或恶意攻击对网络正常运行带来的影响,能够及时发觉和处理出现的问题。

采用以太网技术构建的小区智能网可以实现利用一个网络将每个住户的家庭终端连接起来,做到功能全、投资少、安装和维护方便,便于进行统一管理和监控。

3.4　虚拟局域网的组建

虚拟局域网(Virtual Local Area Network,VLAN)是通过路由器和交换机,在网络的物理拓扑结构上建立的逻辑网络,以使网络中的局域网网段或计算机能够组合成逻辑上的局域网。在一个 VLAN 上的计算机可以按功能、部门或应用等分类,而不管它们的物理段位置。VLAN 创建了不限于物理网段的单一广播域,并可以像一个子网一样对待。VLAN 技术允许网络管理者将一个物理的 LAN 逻辑地划分成不同的广播域,每一个 VLAN 都包含一组有着相同需求的计算机,与物理上形成的局域网有着相同的属性。

VLAN 是利用以太网交换机,把网络上的用户(终端设备)划分为若干个逻辑工作组,每个逻辑工作组就是一个 VLAN,如图 3-22 所示。实质上,VLAN 只是交换网络给用户提供的一种服务,而并不是一种新型局域网,通过交换机就可以配置 VLAN。

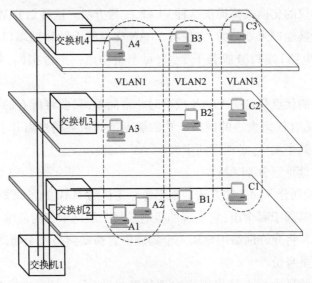

图 3-22　VLAN 的划分实例

图 3-22 中包含三个虚拟局域网 VLAN1、VLAN2 和 VLAN3,当 B1 向 VLAN2 工作组内成员发送数据时,工作站 A1、A2 和 C1 都不会收到 B1 发出的广播信息。虚拟局域网限制了接收广播信息的工作站数,使得网络不会因传播过多的广播信息而引起性能恶化,可通过三层路由来实现 VLAN 间通信。

3.4.1 VLAN 的组建原则

组建 VLAN 有如下几个原则:

①网络中尽量使用同一厂家的交换机,而且在能用交换机的地方尽量使用交换机。

②将交换机与交换机相连,要避免使用传统的路由器,以保持整个网络的连通性。

③根据应用的需要,使用软件划分出若干个 VLAN,每个 VLAN 上的所有计算机不论其所在的物理位置如何,都处在一个逻辑网中。

④局域网之间可以互通,也可以不互通,若要实现其中的某些 VLAN 能够互通,则使用一台路由器(或者三层交换机),将这些 VLAN 互连起来,从而形成一个完整的 VLAN。

3.4.2 VLAN 的组建方式

1. 静态 VLAN

静态 VLAN 即交换机上的 VLAN 端口由管理员静态分配,这些端口保持这种配置,直到人工改变它们。

2. 动态 VLAN

动态 VLAN 即交换机上 VLAN 端口是动态分配的,分配原则通常以 MAC 地址、逻辑地址或数据包的协议类型为基础。

3. 基于端口划分 VLAN

基于端口划分 VLAN 是最常应用的一种 VLAN 划分方法,应用也最为广泛。目前,绝大多数支持 VLAN 协议的交换机都提供这种 VLAN 配置方法。这种划分 VLAN 的方法是根据以太网交换机的交换端口来划分的,它是将 VLAN 交换机上的物理端口和 VLAN 交换机内部的 PVC(永久虚电路)端口分成若干个组,每个组构成一个虚拟网,相当于一个独立的 VLAN 交换机。

这种划分方法的优点是定义 VLAN 成员时非常简单,只要将所有的端口都定义为相应的 VLAN 组即可,适合任何大小的网络。它的缺点是如果某用户离开了原来的端口,到了一个新的交换机的某个端口,必须重新定义。

4. 基于 MAC 地址划分 VLAN

基于 MAC 地址划分 VLAN 的方法是根据每个主机的 MAC 地址来划分,即对每个 MAC 地址的主机都配置其属于哪个组,它实现的机制是每一块网卡都对应唯一的 MAC 地址,用这种方式划分 VLAN 将允许网络用户从一个物理位置移动到另一个物理位置时,自动保留其所属 VLAN 的成员身份。

这种划分方法的最大优点是当用户物理位置移动(即从一台交换机换到其他的交换机)时,VLAN 不用重新配置,因为它是基于用户而不是基于交换机的端口。这种方法的缺点是初始化时,所有的用户都必须进行配置,如果有几百个甚至上千个用户的话,配置过程非常烦琐,所以这种划分方法通常适用于小型局域网。而且这种划分方法也导致了交换机执行效率降低,因为在交换机的每个端口都可能存在很多个 VLAN 组的成员,保存了许多用户的 MAC 地址,查询起来相当不容易。

5. 基于网络层协议划分 VLAN

VLAN 按网络层协议来划分,可分为 IP、IPX、DECnet、AppleTalk、Banyan 等 VLAN 网络。这种按网络层协议来划分的 VLAN,可使广播域跨越多台 VLAN 交换机。这对于希望针对具体应用和服务来组织用户的网络管理员来说非常具有吸引力,而且用户可以在网络内部自由移动,但其 VLAN 成员身份仍然保留不变。

这种方法的优点是用户的物理位置改变时,不需要重新配置所属的 VLAN;可以根据协议类型来划分 VLAN,这对网络管理者来说很重要;而且这种方法不需要附加的帧标签来识别 VLAN,这样可以减少网络的通信量。这种方法的缺点是效率低,因为检查每一个数据包的网络层地址是需要消耗处理时间的(相对于前面两种方法),一般的交换机芯片都可以自动检查网络上数据包的以太网帧头,但要让芯片能检查 IP 数据包头,则需要更高的技术,同时也更费时。当然,这与各个厂商的实现方法有关。

6. 根据 IP 组播划分 VLAN

IP 组播实际上也是一种 VLAN 的定义,即认为一个 IP 组播组就是一个 VLAN。这种划分方法将 VLAN 扩大到了广域网,因此这种方法具有更大的灵活性,而且也很容易通过路由器进行扩展,主要适合于不在同一地理范围的局域网用户,不适合局域网,效率不高。

7. 按策略划分 VLAN

基于策略组成的 VLAN 能实现多种分配方法,包括 VLAN 交换机端口、MAC 地址、IP 地址、网络层协议等。网络管理人员可根据自己的管理模式和本单位的需求来决定选择哪种类型的 VLAN。

3.4.3 VLAN 的优点

VLAN 技术的优势主要体现在以下几个方面。

1. 增加了网络连接的灵活性

借助 VLAN 技术,能将不同地点、不同网络、不同用户组合在一起,形成一个虚拟的网络环境,就像使用本地 LAN 一样方便、灵活、有效。VLAN 可以降低移动或变更工作站地理位置的管理费用,特别是一些业务情况有经常性变动的公司使用了 VLAN 后,这部分管理费用将大大降低。

2. 控制网络上的广播

VLAN 可以提供建立防火墙的机制,防止交换网络的过量广播。使用 VLAN 可以将某个交换端口或用户赋予某一个特定的 VLAN 组,该 VLAN 组可以在一个交换网中或跨接多个交换机,在一个 VLAN 中的广播不会送到 VLAN 之外。同样,相邻的端口不会收到其他 VLAN 产生的广播。这样可以减少广播流量,释放带宽给用户应用,减少广播的产生。

3. 增加网络的安全性

因为一个 VLAN 是一个单独的广播域,VLAN 之间相互隔离,这大大提高了网络的利用率,确保了网络的安全保密性。

3.4.4 VLAN 的配置实例

某公司主要使用网络的部门有:办公室、生产车间、财务部、人事部和信息中心五个部分。现为了公司相应部分网络资源的安全性需要,特别是对于像财务部、人事部这样的敏感部门,其网络上的信息不想让太多人随便访问,试对这五个部分用户单独划分 VLAN,以确保相应部门网络资源不被盗用或破坏。

网络基本结构为:整个网络中骨干部分采用 2 台 Catalyst 2900 网管型交换机,分别命名为 sw1 和 sw2,整个网络都通过 Cisco 2611 路由器与外部因特网进行连接,其结构如图 3-23 所示。

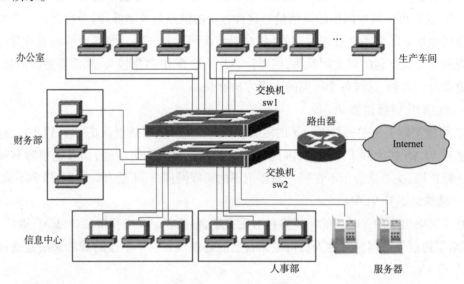

图 3-23　VLAN 的规划

具体的 VLAN 分配方案如表 3-1 所示。

表 3-1　VLAN 分配方案

VLAN 号	VLAN 组名	部　门	端 口 号
100	cwb	财务部	sw1:2 ~ 19
200	rsb	人事部	sw1:20 ~ 29
300	xxzx	信息中心	sw1:30 ~ 39
400	bgs	办公室	sw2:2 ~ 13
500	sccj	生产车间	sw2:14 ~ 43
600	fwq	服务器	sw2:45 ~ 48

具体的配置步骤如下:

①设置好超级终端,连上 2900 交换机,通过超级终端配置交换机的 VLAN。连接成功后,选择命令行配置界面,进入交换机的普通用户模式,输入进入特权模式的命令 enable,进入特权模式。

②在特权模式"#"下,输入进入全局配置模式的命令 config t,进入全局配置模式。

```
Switch#config t
Switch(config)#
```

③分别给两个交换机命名,下面仅以 sw1 为例进行介绍。配置如下:

```
Switch(config)#hostname sw1
Sw1(config)#
```

④设置 VLAN 名称。在 sw1 和 sw2 上配置 100、200、300、400、500、600 号 VLAN 组的配置命令为:

```
Sw1(config)#vlan 100 name cwb
Sw1(config)#vlan 200 name rsb
Sw1(config)#vlan 300 name xxzx
Sw2(config)#vlan 400 name bgs
Sw2(config)#vlan 500 name sccj
Sw2(config)#vlan 600 name fwq
```

⑤按照表 3-1 所列将 VLAN 号对应到交换机端口上。

⑥在命令行方式下输入 show vlan 命令,交换机返回的信息显示了当前交换机的 VLAN 个数、VLAN 编号、VLAN 名字、VLAN 状态及每个 VLAN 所包含的端口号。

⑦删除 VLAN。

利用 vlan database 命令进入交换机的 VLAN 数据库维护模式。

利用 no vlan 112 命令将 VLAN112 从数据库中删除。在一个 VLAN 删除后,原来分配给这个 VLAN 的端口将处于非激活状态,它不会自动分配给其他的 VLAN。

使用 exit 命令退出 VLAN 数据库维护模式。

使用 show vlan 命令查看交换机的 VLAN 配置。

以上步骤已经按照表 3-1 的规划把 VLAN 都定义到了相应交换机的端口上。为了验证配置得是否正确,可以在特权模式下使用 show vlan 命令显示出刚才所做的配置,检查是否正确。

3.5　无线局域网技术

无线局域网络(Wireless Local Area Networks,WLAN)是利用射频(Radio Frequency,RF)技术取代双绞线所构成的局域网络。其标准 IEEE 802.11 于 1990 年 11 月开始制定,承袭 IEEE 802 系列,规范了无线局域网的介质访问控制层及物理层。

3.5.1　无线局域网概述

在网络不断发展的今天,有线网络的局限性越来越明显,无线网络的出现使得移动设备摆脱了有线的束缚,能更好地发挥其灵活性和移动的特性。

1. 无线局域网的概念

无线局域网是指以无线信道作为传输媒介的计算机网络,它是无线通信技术与计算机网络技术相结合的产物,目前正逐渐成为计算机网络中一个至关重要的组成部分。无线通信一般有两种传输手段,即无线电波和光波,无线电波包括短波、超短波和微波;光波指激光和红外线等。其中短波和超短波常用于电台或电视台广播,通信距离可达数十千米。这种通信方式速率慢、保密性差、易受干扰、可靠性差,一般不用于无线局域网,激光和红外线易受天气影响,不具备穿透的能力,在无线局域网中也一般不用。因此,微波是无线局域网通信传输媒介的最佳选择,通常以扩频方式传输信号。

2. 无线局域网的拓扑结构

无线局域网的拓扑结构可分为两类:无中心拓扑(对等网模式)和有中心拓扑(客户/服务模式)。无中心拓扑的网络要求网中任意两点均可直接通信,采用无中心拓扑结构的网络一般使用公用广播信道,而信道接入控制协议多采用载波侦听多址接入(CSMA)类型的多址接入协议。有中心拓扑结构则要求一个无线站点充当中心站,所有站点对网络的访问均由中心站控制。二者的拓扑结构如图 3-24 所示。

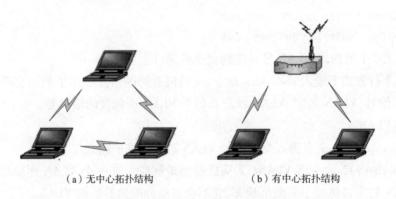

(a) 无中心拓扑结构　　　　　　　(b) 有中心拓扑结构

图 3-24　无线局域网拓扑结构

其中,有中心拓扑结构应用范围更广泛,星状拓扑其中心结点又称接入点 AP,其作用类似于有线局域网中的交换机,主要起到网络互连的作用。

3.5.2　无线局域网介质访问控制方式

无线局域网介质访问控制方式(载波侦听多路访问/冲突避免,CSMA/CA)主要用于解决无线局域网的信道共享访问问题。载波侦听是指在特定载波频率侦听,空闲时发送;多路访问是指可以在多个载波频道传输和接收数据;冲突避免是指用避免冲突的方式来实现数据的可靠传输。

1. CSMA/CA 协议避免冲突的方法

CSMA/CA 避免冲突的主要方法有两种:一是侦听到信道空闲时,并不立即发送,而是等待一段时间再发送数据;二是先发送一个很小的信道侦测帧 RTS(Request To Send),如果收到最近的接入点返回的 CTS(Clear To Send),就认为信道是空闲的,然后再发送数据,即使用"RTS-CTS 握手"的方式来避免冲突。

2. CSMA/CA 协议的主要工作过程

①首先检测信道是否可使用,如果检测出信道空闲,则等待一段随机时间后,才送出数据。

②接收端如果正确收到此帧,则经过一段时间间隔后,向发送端发送确认帧 ACK。

③发送端收到 ACK 帧,确定数据正确传输,在经历一段时间间隔后,再发送数据。

3. CSMA/CA 协议与 CSMA/CD 协议的区别

①CSMA/CD 主要着眼点在冲突的侦测,当侦测到冲突时,进行相应的处理,要求设备能一边侦测一边发送数据,主要适用于以太网。

②CSMA/CA 主要着眼点在冲突的避免,通过退避尽量去避免冲突,还有就是先发送一些特别小的信道侦测帧来测试信道是否有冲突,主要适用于无线局域网。

3.5.3 无线局域网标准

无线通信技术的发展日新月异,从蓝牙技术到第五代移动通信技术,新技术层出不穷。无线局域网的物理层较复杂,根据物理层工作频段的不同、传输速率的不同或调制方法的不同,对应的无线局域网的标准也不同,无线局域网的标准也随着无线通信技术的发展而不断更新,目前处于多标准共存时期。下面简单介绍主要的无线互连标准。

1. IEEE 802.11b

IEEE 802.11b 通常也称为 Wi-Fi,该标准于 1999 年底制定,其物理层使用直接序列扩频(Direct Sequence Spread Spectrum,DSSS)技术。直接序列扩频技术是将原来 1 位的信号,利用 10 个以上的位来表示,使得原来高功率、窄频率的信号,变成低功率、宽频率的信号。另外,IEEE 802.11b 传输速率最高可达到 11 Mbit/s,频段采用 2.4 GHz 免执照频段。通常使用一个 AP 和多台具有无线网卡的计算机组成小型的局域网,使得多台计算机可以通过一个 AP 进行上网,但是这些计算机分享 11 Mbit/s 的带宽,随着入网计算机的增加,计算机上网的速度会下降。

2. IEEE 802.11a

IEEE 802.11a 标准采用正交频分复用(Orthogonal Frequency Division Multiplexing,OFDM)技术,并选择干扰较少的 5 GHz 频段,其数据传输速率可高达 54 Mbit/s。

3. IEEE 802.11g

IEEE 802.11a 尽管优于 IEEE 802.11b,但存在兼容性问题,即 802.11a 的产品不能与 802.11b 的互通。为此,IEEE 制定出了 802.11g,该标准在 IEEE 802.11b 标准基础上,选择 2.4 GHz 频段,使用 OFDM 技术,与 IEEE 802.11a 兼容。目前 IEEE 802.11g 主要有两家公司在竞争标准:一家为 Intersil,以 OFDM 为通信技术,传输速率可达 36 Mbit/s;另一家为 TI,以 PBCC 为通信技术,传输速率达 22 Mbit/s。

4. 蓝牙技术

蓝牙（Bluetooth）技术实际上是一种短距离无线通信技术，利用蓝牙技术，能够有效地简化笔记本式计算机和手机等移动通信终端设备之间的通信，也能够成功地简化以上这些设备与 Internet 之间的通信，蓝牙技术的标准为 IEEE 802.15。

5. Home RF 技术

Home RF 主要是为家庭网络设计，是 IEEE 802.11 与数字无线电话标准的结合，旨在降低语音数据成本。

Home RF 利用跳频扩频方式，既可以通过时分复用支持语音通信，又能通过载波侦听多路访问/冲突避免（CSMA/CA）协议提供数据通信服务。同时，Home RF 提供了与 TCP/IP 良好的集成，支持广播和多点传送。目前，Home RF 标准工作在 2.4 GHz 的频段上，跳频带宽为 1 MHz，最大传输速率为 2 Mbit/s，传输范围超过 100 m。

除此之外，IEEE 还推出以下标准系列：

- IEEE 802.11d，旨在制定在其他频率上工作的多个 IEEE 802.11b 版本，使之适合于世界上现在还未使用 2.4 GHz 频段的国家或地区。
- IEEE 802.11e，该标准将对 IEEE 802.11 网络增加 QoS 能力，它将用时分多址方案取代类似以太网的 MAC 层，并对重要的业务增加额外的纠错功能。
- IEEE 802.11f，该标准旨在改进 IEEE 802.11 的切换机制，以使用户能够在两个不同的交换分区（无线信道）之间，或在加到两个不同的网络上的接入点之间漫游的同时保持连接。
- IEEE 802.11h，该标准旨在对 IEEE 802.11a 的传输功率和无线信道选择增加更好的控制功能，它与 IEEE 802.11e 相结合，适用于欧洲地区。
- IEEE 802.11i，该标准旨在消除 IEEE 802.11 的安全问题。它是基于美国政府官方加密算法的一个完整的新标准。

3.5.4 无线局域网产品

随着无线局域网技术的发展，无线局域网网络设备产品更加丰富，主要包括无线接入器、无线网卡、户外天线及无线网桥等。其中，无线网桥可实现局域网间的连接，无线接入器相当于有线网络中的集线器，可实现无线网络与有线网络的连接。

1. 无线接入器

无线接入器 AP（Access Point）又称无线桥接器，是在无线局域网环境中，进行数据发送和接收的集中设备，相当于有线网络中的集线器，可实现有线网络与无线网络连接。通过无线接入器，任何一台装有无线网卡的计算机都可连接到有线网络中，共享有线局域网的资源。除此之外，无线接入器本身兼有网管功能，可针对具有无线网卡的计算机进行必要的监控。

2. 无线网卡

无线网卡(Wireless Lan Card)又称无线网络适配器,其功能主要是完成物理层和数据链路层的功能。无线网卡的规格按传输速率大致可分为 2 Mbit/s、5 Mbit/s、11 Mbit/s 和 22 Mbit/s 四种;按应用接口可分为 PCMCIA 网卡、PCI 网卡和 USB 网卡,PCMCIA 网卡用于笔记本电脑,PCI 网卡用于台式机,而 USB 网卡使用范围更广。

3. 无线天线

无线局域网通过天线将数字信号进行传输,其传输距离受发射功率和天线本身的 dB 值(俗称增益值)决定。通常每增加 8 dB 其相对传输距离可增至原距离的一倍。一般天线可分为指向性与全向性两种,前者较适合长距离使用,而后者较适合区域性的应用。目前,无线局域网的无线接入器和无线网卡一般都自带全向性天线。

4. 无线路由器

无线路由器集成了无线 AP 的接入功能和路由器的第三层路径选择功能。

3.5.5 无线局域网组建

网络是现代办公中不可缺少的一个组成部分,但有线网络在布线和改动方面存在弱点,使一些需要经常变动网络的办公室感到不便。在这种情况下完全可以用无线网络替代有线网络。

下面以拥有 8 台计算机的小型办公网络为例,来介绍其中包括 3 个办公室:经理办公室(两台)、财务室(一台)以及工作室(五台),Internet 接入方式采用以太网接入(10 Mbit/s),网络设备采用 TP-LINK 的产品。

1. 组建前的准备

对于这种规模的小型办公网络,采用无线路由器的对等网连接比较适合。另外,考虑到经理办公室和财务室等重要部门网络的稳定性,准备采用交换机和无线路由器(TP-LINK TL-WR245 1.0)连接的方式。这样,除了配备无线路由器外,还需要准备一台交换机(TP-LINK TL-R410)、至少 4 根网线,用于连接交换机和无线路由器、服务器、经理用笔记本式计算机以及财务室计算机。还需要为工作室的每台笔记本电脑配备一块无线网卡(如果已经内置就不需要了),考虑到 USB 无线网卡即插即用、安装方便、高速传输、无须供电等特点,全部采用 USB 无线网卡(TP-LINK TL-WN220M 2.0)与笔记本电脑连接。

2. 安装网络设备

将 TP-LINK TL-R410 交换机的 UpLink 端口和办公网络的 Internet 接入口用网线连接,另外选择一个端口(UpLink 旁边的端口除外)与 TP-LINK TL-WR245 1.0 无线宽带路由器的 WAN 端口连接,其他端口分别用网线和财务室、经理用笔记本式计算机连接。因为该无线宽带路由器本身集成 5 口交换机,除了提供一个 10/100 Mbit/s 自适应 WAN 端口外,还提供 4 个 10/100 Mbit/s 自适应 LAN 端口,选择其中的一个端口和服务器连接,并通过服务器对该无线路由器进行管理。

最后,分别接通交换机、无线路由器电源,该无线网络就可以正常工作了。

3. 设置网络环境

在安装完网络设备后,还需要对无线路由器以及安装了无线网卡的计算机进行相应网络设置,以下以无线路由器的设置为例进行介绍。

通过无线路由器组建的局域网中,除了进行常见的基本设置、DHCP 设置,还需要进行 WAN 连接类型以及访问控制等内容的设置。

首先,来看看如何进行基本设置。当连接到无线网络后,在局域网中的任何一台计算机中打开 IE 浏览器,在地址栏中输入 192.168.1.1,再输入登录用户名和密码(用户名默认为空,密码为 admin),单击"确定"按钮,打开路由器设置页面。在左侧窗口单击"基本设置"链接,在右侧的窗口中除了可以设置 IP 地址、是否允许无线设置、SSID 名称、频道、WEP 外,还可以为 WAN 口设置连接类型,包括自动获取 IP、静态 IP、PPPoE、RAS、PPTP 等。例如,使用以太网方式接入 Internet 的网络,可以选择静态 IP,然后输入 WAN 口 IP 地址、子网掩码、缺省网关、DNS 服务器地址等内容。最后单击"应用"按钮完成设置。

在上述设置页面中,为了省去为办公网络中的每台计算机设置 IP 地址的操作,可以单击左侧窗口中的"DHCP 设置"链接,在右侧窗口中的"动态 IP 地址"选项组中选择"允许"单选按钮,来启用 DHCP 服务器。为了限制当前网络用户数目,还可以设定用户数,例如,更改为 6(默认 50)。最后单击"应用"按钮。

完成上面介绍的基本设置后,还需要为网络环境设置访问控制。办公网络中为了能有效地促进员工工作,提高工作效率,可以通过无线路由器提供的访问控制功能来限制员工对网络的访问。常见的操作包括 IP 访问控制、URL 访问控制等。

首先,在路由器管理页面左侧单击"访问控制"链接,接着在右侧的窗口中可以分别对 IP 访问、URL 访问进行设置,在 IP 访问设置页面输入希望禁止的局域网 IP 地址和端口号,例如,要禁止 IP 地址为 192.168.1.100~192.168.1.102 的计算机使用 QQ,那么可以在"协议"列表中选择"UDP"选项,在"局域网 IP 范围"文本框中输入 192.168.1.100~192.168.1.102,在"禁止端口范围"文本框中分别输入 4 000、8 000。最后单击"应用"按钮。

提示:上面的设置是因为 QQ 聊天软件使用的是 UDP 协议,4 000(客户端)和 8 000(服务器端)端口。如果不确定哪种协议的端口,可以在"协议"列表中选择"所有"选项,端口的范围在 0~65 535 之间。要禁止某个端口,例如,FTP 端口,可以在范围中输入 21~21。对于"冲击波"病毒使用的 RPC 服务端口可以输入 135~135。

如果要设置 URL 访问控制功能,可以在访问控制页面中单击"URL 访问设置"链接,在打开的页面中选择"URL 访问限制"选项中的"允许"单选按钮。接着,在"网站访问权限"选项中选择访问的权限,可以设置"允许访问"或"禁止访问"。例如,要禁止访问 http://www.xxxx.com 这样的网站,就可以在"限制访问网站"文本框中输入 http://www.xxxx.com。最后单击"应用"按钮即可,最多可以限制 20 个网站。无线路由器的完整配置将在第九章的综合实训二中详细介绍。

4. 客户端设置

在办公无线局域网中,要注意工作室中的所有计算机需要设定相同的访问方式。另外,还要将每台计算机的工作组设置为相同的名称。

 本章小结

本章主要介绍了数据链路层的功能、透明传输和差错检测的原理,局域网的组成、体系结构及介质访问控制方式,以太网交换机的工作原理、利用以太网进行宽带接入的技术,最后介绍了虚拟局域网和无线局域网的组建原理和组建实例。通过本章学习,应该了解数据链路层的功能,理解透明传输、差错检测方法及以太网的介质访问控制方式的工作原理,掌握透明传输、CRC 的实现方法及利用以太网交换机组建虚拟局域网和无线局域网的方法。本章的主要知识要点是:

1. 数据链路层位于物理层和网络层之间,起承上启下的作用。数据链路层把物理层的原始传输设施转换成一条点到点的通信链路,对物理层中传输的原始比特流的功能进行加强,然后在此基础上向网络层提供服务。

2. 透明传输是指不管所传输的数据是什么样的比特组合,都应该能够在链路上正确地传输。为了保证数据链路层数据传输的透明性,通常使用字节填充或字符填充的方法来解决透明传输的问题。

3. 在数据链路层传送的帧中,广泛使用循环冗余检验 CRC 的检错技术进行比特差错的检查。

4. 局域网的设计目标是覆盖有限的地理范围,在基本通信机制上与广域网采用不同的方式,广域网采用存储转发的机制,而局域网早期采用的是广播方式的共享介质通信,现在采用的是交换方式的独占介质通信。

5. 局域网常用的介质访问控制方法有带冲突检测的载波侦听多路访问协议、令牌总线和令牌环。

6. CSMA/CD 是一种基于竞争和冲突的协议,而令牌协议是一种按固定顺序分配传输介质的无冲突协议。

7. 目前应用最广泛的局域网是以太网 Ethernet,它的核心技术是随机争用共享介质的访问控制方法,即 CSMA/CD 方法。

8. 交换机中维护一张 CAM 表,CAM 表是目的 MAC 与交换机端口号的对照表,交换机依据该表来进行数据帧的转发,刚开始 CAM 是空的,交换机有一个学习的过程。

9. 交换技术为虚拟局域网的实现提供技术基础,虚拟局域网可以有效隔离广播域。

10. 无线局域网已成为局域网应用的主流,其介质访问控制方式采用的是 CSMA/CA,主要标准是 IEEE 802.11 系列协议。

习　　题

一、选择题

1. 在共享介质的以太网中，采用的介质访问控制方法是（　　）。

A. 并发连接　　　　B. CSMA/CD　　　　C. 时间片　　　　D. 令牌

2. 在总线型局域网中，由于总线作为公共传输介质被多个结点共享，因此在工作过程中需要解决的问题是（　　）。

A. 拥塞　　　　B. 冲突　　　　C. 交换　　　　D. 互联

3. Ethernet 网的 MAC 地址长度为（　　）位。

A. 32　　　　B. 48　　　　C. 128　　　　D. 56

4. 下面关于以太网描述正确的是（　　）。

A. 数据是以广播方式发送的

B. 所有结点可以同时发送和接受数据

C. 两个结点相互通信时，第3个结点不检测总线上的信号

D. 网络中有一个控制中心，用于控制所有结点的发送和接受

5. 下列 MAC 地址正确的是（　　）。

A. 00-16-5B-4A-34-2H　　　　　　　B. 192.168.1.55

C. 65-10-96-58-16　　　　　　　　　D. 00-06-5B-4F-45-BA

6. （　　）标准定义了 CSMA/CD 总线介质访问控制子层与物理层规范。

A. IEEE 802.3　　　B. IEEE 802.4　　　C. IEEE 802.5　　　D. IEEE 802.6

7. 决定局域网特性的主要技术要素是网络拓扑、传输介质和（　　）。

A. 网络操作系统　　B. 服务器软件　　　C. 体系结构　　　　D. 介质访问控制方法

8. 以太网交换机中的端口号和 MAC 地址映射表（　　）。

A. 是由交换机的生产厂商建立的

B. 是交换机在数据转发过程中通过学习动态建立的

C. 是由网络管理员建立的

D. 是由网络用户利用特殊的命令建立的

9. 以太网的逻辑拓扑结构是（　　）。

A. 星状　　　　B. 总线　　　　C. 环状　　　　D. 树状

10. 在网络互连的层次中，（　　）是在数据链路层实现互连的设备。

A. 网关　　　　B. 中继器　　　　C. 网桥　　　　D. 路由器

二、填空题

1. 局域网常见的拓扑结构有_____、_____和_____。

2. CSMA/CD 的中文名称是_____。

3. 采用令牌环协议时,环路上最多有_____个令牌,而采用 FDDI 时,环路上可以有_____个令牌。

4. CSMA/CD 的发送流程可以简单地概括为四点:_____,_____,_____和_____。

5. 常用的介质存取方法有_____、_____、_____。

三、简答题

1. 什么是 MAC 地址?

2. 试说明局域网交换机的基本工作原理。

第 **4** 章

网 络 层

本章主要内容

- 网际协议 IP(Internet Protocol)。
- IP 地址。
- 子网掩码。
- 子网划分。
- 网络地址转换协议 NAT(Network Address Translation)。
- 地址解析协议 ARP(Address Resolution Protocol)。
- Internet 控制报文协议 ICMP(Internet Control Message Protocol)。
- 路由器的功能与实现机制。
- 路由选择协议。

本章理论要求

- 了解 IPv6 技术、IPv4 向 IPv6 过渡的技术及网络地址转换 NAT 的实现机制。
- 理解地址解析协议 ARP 的工作原理、路由器的工作原理及路由选择协议 RIP 的工作机制。
- 掌握子网划分的方法和路由器的简单配置方法。

4.1 网络层概述

网络层介于传输层和数据链路层之间,在数据链路层提供两个相邻结点之间的数据帧传送的基础上,对网络中的数据通信进行进一步的处理,从而为传输层提供端到端的逻辑通信。

IP 是网络层最重要的协议,也是 TCP/IP 协议簇中的核心协议。它的基本任务是通过互联网传送数据包,各个 IP 数据包之间是相互独立的。IP 不保证服务的可靠性,比如在主机资源不足的情况下,它可能丢弃某些数据包,但 IP 采用一种"尽力而为"的方式来尽量确保数据包的正确传输。

网络层的协议除了 IP 之外,常用的协议还有以下三个,如图 4-1 所示。

①地址解析协议(Address Resolution Protocol, ARP)。

②反向地址解析协议(Reverse Address Resolution Protocol,RARP)

③因特网控制报文协议(Internet Control Message Protocol,ICMP)

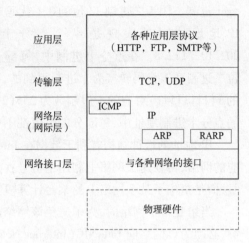

图 4-1　网际协议 IP 及其配套协议

图 4-1 反映了上述三个协议与 IP 的关系以及网络层协议与其他各层协议之间的关系。IP 处于网络层的中间位置,因为 IP 常要使用 ARP 为其提供服务,而 ICMP 要使用 IP 来实现数据的传输,RARP 协议主要用于无盘工作站中,允许终端设备从网关处获得 IP 地址等上网参数,它也是为 IP 提供服务的协议。由于 IP 是使互相连接的多个网络实现相互通信的一套规则,因此网络层也常被称为网际层(Internet Layer)。

4.2　IPv4 技术

IPv4 是互联网协议(Internet Protocol)的第 4 版本,也是第一个被广泛使用,构成现今互联网技术基石的协议,该协议的核心部分是 IP 地址及 IP 数据包的封装。

4.2.1　IP 地址简介

IP 地址是 Internet 中进行相互通信的计算机的一种标识,是 Internet 的基础,它目前有两个版本,一个是 IPv4,另一个是 IPv6。IPv4 的 IP 地址是 32 位的二进制 0、1 代码;IPv6 的 IP 地址是 128 位的二进制 0、1 代码。一个 IP 地址对应网络上的一个结点,该结点主要对应以太网的网卡或路由器的以太网接口,当一台计算机安装两块网卡时,该计算机可以拥有两个 IP 地址,即一块网卡对应一个 IP 地址。为了管理方便,IP 地址在设计时采用分层结构,左边是网络号,右边是主机号,对于不同的 IP 地址,网络号及主机号的位数不同,其结构如图 4-2 所示。

网络号用来标识一个网络,主机号用来标识这个网络上的某一台主机。这种结构和生活中的电话号码很相似,比如 010—61228450,010 表示北京这个"大网",而 61228450 则表示北京这个大网下面的某个电话号码。在 IPv4 中,IP 地址是 32 位的二进制 0、1 代码,但是其对外表现(也就是人们配置 IP 地址时使用的地址形式及查看 IP 地址时看到的形式)为点分十进制。因为二进制 32 位的 0、1 代码对应 4 个字节，所以 IP 地址的对外表现是 4 个点分十进制的数据，如 202.102.112.8。在点分十进制中，每部分的数据都是由 8 位二进制 0、1 代码转换为十进制得到的，又因为 8 位二进制的 1(11111111)对应的十进制数为 255($2^8 - 1$)，所以在 IPv4 的点分十进制地址中，每部分的数值都不可能大于 255。

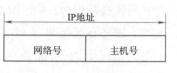

图 4-2　IP 地址结构

　　IP 地址的这种结构有利于数据在 Internet 上进行寻址，先按 IP 地址中的网络号找到相应的网络，再在这个网络上利用主机号找到相应的主机。IP 地址并不只是一个计算机的代号，而是指出了某个网络上的某台计算机上的某个网卡。

　　当组建一个网络时，为了避免该网络所分配的 IP 地址与其他网络上的 IP 地址发生冲突，必须为该网络向 InterNIC(Internet Network Information Center，Internet 网络信息中心)组织申请一个网络号。网络号标识一个网络，为了区别该网络上的每一台计算机，在网络号相同的情况下，再为每个主机设置一个唯一的主机号，这样网络上的每个主机都拥有一个唯一的 IP 地址。另外，国内用户可以通过中国互联网络中心(CNNIC)来申请 IP 地址。

4.2.2　IP 地址分类

1. 基本分类的 IP 地址

　　为了充分利用 IP 地址空间，Internet 委员会定义了五类 IP 地址，服务于不同容量的网络，即 A 类至 E 类，如图 4-3 所示。

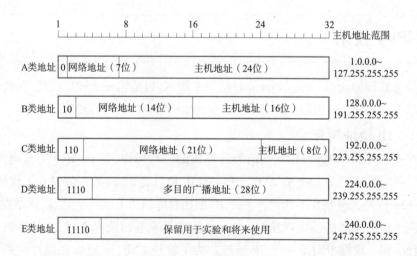

图 4-3　五类 IP 地址

　　其中 A、B、C 三类由 InterNIC 在全球范围内统一分配，D 类为组播地址，E 类为保留地址供实验所用。

　　(1)A 类地址

　　第一个字节最高位为 0，随后 7 位是网络号部分，剩下的 24 位表示网内主机号。A 类地址的首字节取值范围为 00 000 000 ~ 01 111 111(0 ~ 127),所以 A 类网络首字节对应的十进制数据的范围是 1 ~ 126(网络号为 0 和 127 的地址保留,有其他用途),因 IPv4 地址的总位数是 32 位,去掉 8 位(1 个字节)的网络地址,留给主机的位数是 24 位(32 - 8 = 24)。24位 0、1 代码的排列数为 2^{24},也就是一个确定的 A 类网络(也就是 IP 地址的前 8 位的值确定了),可以为 2^{24} 台计算机分配不同的 IP 地址,以彼此互相区分。但是在使用时,主机号部分全 0 的地址代表某个网络,又称网络地址,不能分配给某台具体的计算机,主机号部分全 1的地址为本网的广播地址,也不能分配给某台具体的计算机,所以一个 A 类网络能够分配的 IP 地址数为 16 777 214(2^{24} - 2)。

(2)B 类地址

第一个字节最高位为 1,次高位为 0,随后 14 位是网络号部分,剩下的 16 位表示网内主机号。B 类地址的首字节取值范围为 10 000 000 ~ 10 111 111(128 ~ 191),所以 B 类网络首字节十进制值的范围是 128 ~ 191,与 A 类网络的理解一样,每个 B 类网络能够容纳的主机的个数为 65 534(2^{16} - 2)。

(3)C 类地址

第一个字节最高位为 1,次高位为 1,第三位为 0,随后 21 位是网络号部分,剩下的 8 位表示网内主机号。C 类地址的首字节取值范围为 11 000 000 ~ 11 011 111(192 ~ 223),所以 C 类网络首字节的十进制范围是 192 ~ 223,每个 C 类网络能够容纳的主机数为 254(2^8 - 2)。

从以上介绍可以看出,A 类网络的特点是网络数少(2^7 - 2 个),每个网络能够容纳的主机数多(2^{24} - 2);C 类网络的特点是网络数多(2^{21} 个),每个网络能够容纳的主机数少(2^8 - 2 个);而 B 类网络的网络数及每个 B 类网络能够容纳的主机数介于 A 类网络与 C 类网络之间。

(4)D 类地址

D 类地址二进制的前四位是 1110,其第一字节对应的十进制的数值范围为 224 ~ 239,主要用于多播组编号,整个 D 类地址都不可分配给某台具体的主机。

(5)E 类地址

E 类地址二进制的前五位是 11110,目前主要用于实验室,整个 E 类地址都不可分配给某台具体的主机。

2. 特殊的 IP 地址

①本地回环地址:127. X. X. X,X 的取值为 0 ~ 255。功能:被保留用于环回测试。

②网络地址:主机号为全 0 的地址,例如,192. 168. 12. 0。功能:指某个具体的网络。

③广播地址:主机号为全 1 的地址,例如,192. 168. 12. 255。功能:指某个网络上的所有结点。

④受限广播地址:IP 地址的网络号和主机号全为 1,即 255. 255. 255. 255。功能:目的地址封装了该地址的数据包只能在本局域网内进行转发,实现局域网内的广播通信,又称为"全 1 广播"和"受限广播"。

⑤IP 地址的网络号和主机位号全为 0，即 0.0.0.0。功能：被路由器用来指向默认路由。

⑥ 私有地址：为了减缓 IPv4 网络地址的耗尽速度，Internet 地址分配管理局在 A、B、C 类地址中各划分出一段来作为私有地址，私有地址可以在机构内部分配给主机使用，但不可以在 Internet 中使用，具体如下：

- A 类：10.0.0.0 ~ 10.255.255.255（包括 1 个 A 类网络）。
- B 类：172.16.0.0 ~ 172.31.255.255（包括 16 个 B 类网络）。
- C 类：192.168.0.0 ~ 192.168.255.255（包括 256 个 C 类网络）。

3. IP 地址的特点

①IP 地址是一种非等级的地址结构，它们在功能上没有区别。

②当一个主机同时连接到两个网络上时（作为路由器用的主机就是这种情况），该主机就必须同时具有两个相应的 IP 地址，这两个 IP 地址的网络号是不同的。分别与其相连的子网的网络号一致，这样该计算机就像一座桥梁一样连接了两个不同的网段。

③用中继器或网桥连接起来的若干个局域网仍为一个网络，因此这些局域网都具有同样的网络号。

4. IPv4 地址紧缺的解决办法

从理论上讲，IPv4 可使用的 IP 地址有 2^{32}，约 43 亿个，其中北美约占 30 亿个，而亚洲只有不到 4 亿个。IPv4 地址的不足严重地制约了我国及其他国家互联网的应用和发展。

目前解决的办法主要有以下四种：

①利用子网掩码进行子网划分。

②利用网络地址转换 NAT（Network Address Translation）技术。

③利用动态主机配置协议 DHCP（Dynamic Host Configure Protocol）技术。

④采用 IPv6 技术。

第①种方法并没有增加可用 IP 地址的个数，反而可用 IP 地址数减少了，但该方法可增加可用网络的个数，便于管理和隔离广播域。第②种方法和第③种方法也并没有增加可用 IP 地址的个数，但提高了 IP 地址的利用率。第④种方法把 IP 地址从 32 位增加到了 128 位，真正做到了增加可用 IP 地址的个数，近年来，IPv6 技术得到了较快发展。

4.2.3　子网划分

1. 子网划分的概念

子网划分是指在一个标准分类 IP 地址的基础上，通过向主机号借位，把主机号分成子网号和主机号两部分，其中子网号用于标识一个划分后的子网，主机号部分用于标识一个子网中的具体主机。子网划分后 IP 地址的结构变成如图 4-4 所示的三层结构。

网络号	子网号	主机号

图 4-4　网络地址三层结构

网络号部分是本单位申请到的网络地址号;子网号部分是单位内部根据需要设计的,不能为全0或全1;主机号部分也是单位内部自己设计,也不能为全0或全1。这个结构和电话号码010—62789191的结构是类似的,010(网络号)是地区号,6278(子网号)是本地电话的交换局号码,9191(主机号)是用户编码。

2. 子网掩码的概念

在IP地址中,如何区别网络部分和主机部分,也就是在IP地址中左边多少位代表网络号,这就需要用到子网掩码。在IPv4标准的地址中,子网掩码由32位的1、0代码组成,代表网络及子网的部分全1,代表主机的部分全0,用于屏蔽IP地址的一部分以区别网络ID和主机ID。它既不能作为IP地址使用,也不可单独存在,必须结合IP地址一起使用,TCP/IP网络上的每一个网络结点都要配置子网掩码。子网掩码与IP地址做与运算,运算后的结果即为该IP地址所在网络的网络地址,以此判断数据包的转发路径。

表4-1所示为各类IP地址默认的子网掩码,其中值为1的位用来确定网络ID,值为0的位用来确定主机ID。

表4-1　各类IP地址默认的子网掩码

类	子 网 掩 码	子网掩码的二进制表示
A	255. 0. 0. 0	11111111 00000000 00000000 00000000
B	255. 255. 0. 0	11111111 11111111 00000000 00000000
C	255. 255. 255. 0	11111111 11111111 11111111 00000000

子网掩码主要有两个用途,一是用于子网的划分,通过借位来实现,二是用于判断数据转发的路径,通过IP地址与子网掩码做与运算求出要处理的数据包所在网络的网络地址,如果要处理的数据包的网络地址在本网络内,就直接进行交付,否则通过查找路由表确定转发路径。

在A类和B类网络的地址中用于子网号的位数可以超过8位,但是,用于子网号的位数越多,单个子网所能容纳的主机数目就越少。整个可用的IP地址数也是减少的,因为全0和全1的网络号或主机号都是不可用的。

3. 子网划分原因

子网划分可减少IP地址的浪费,提高IP地址的分配效率,有助于部分解决IPv4地址资源不足的问题。例如,某公司有4个独立的部门,每个部门大约有20台计算机,如果为每个部门申请一个C类网络地址,这显然非常浪费(因为C类网络可支持254个主机地址),而且还会增加路由器的负担,这时就可借助子网掩码,通过子网划分,将网络进一步划分成若干个子网来实现。

注意:

子网的划分属于一个单位内部的事情,从外部看,这个单位仍只有一个网络号。只有当外面的分组进入到本单位范围后,本单位的路由器再根据子网号进行选择和路由,才能找到目的主机。子网划分的关键是从主机号借位后子网掩码的确定。

4. 子网划分方法

①确定要借的位数。依据需要划分的子网数及每个子网的主机数来进行计算,具体要求是:$(2^x-2)\geqslant$子网络数,同时还需要满足,$2^{y-x}-2\geqslant$子网络内的主机数。其中,x 即为需要借的位数,y 因网络的部分而不同,对于一个标准的 A 类网络,y 的值为 24;对于一个标准的 B 类网络,y 的值为 16,对于一个标准的 C 类网络,y 的值为 8。

②确定子网掩码。根据第①步确定的 x 的值,即可知道 IP 地址中代表网络的位数,也就是可以知道子网掩码中 1 的个数,从而确定子网划分后各子网的子网掩码。如 x 为 3 表示主机号位中有 3 位被"子网号"占用,因网络号对应的子网掩码位应全为"1",所以在子网掩码中,"子网号"所在的字节对应的值为 11100000,转换成十进制后为 224。如果是 C 类网,则子网掩码为 255.255.255.224;如果是 B 类网,则子网掩码为 255.255.224.0;如果是 A 类网,则子网掩码为 255.224.0.0。

③计算各子网的子网 ID。根据第①步确定的借位位数,即可确定各子网的网络 ID。

④计算各子网的 IP 地址范围。根据第①步确定的借位位数,即可确定主机的位数,从而可确定各子网的主机 ID。

5. 子网划分举例

现在为某一网络中心规划 IP 地址,该中心有 6 个小部门,每个部门最多有 24 台主机(或网络设备),现该网络中心申请到一个 C 类地址 202.102.192.0/24,如何通过子网划分来满足该部门的要求,以完成网络规划。

①确定要借的位数。由于需要划分 6 个子网,所以需要满足 $(2^x-2)\geqslant6$,因为所申请到的地址为 C 类地址,所以主机位数是 $8-x$,因为每个部门的主机数不超过 24 台,所以还需要满足,$2^{8-x}-2\geqslant24$。当 x 的值为 3 时,可同时满足上述两个条件,即 $(2^3-2)\geqslant6$,$2^{8-3}-2\geqslant24$,所以要借的位数为 3。

②确定子网掩码。根据第①步计算的需要借位的位数,所以该网络中心所用 IP 地址的前 27 位为网络位,因为子网掩码是代表网络的位数部分其值为 1,代表主机的部分其值为 0,所以其子网掩码是 11111111 11111111 11111111 11100000,每 8 位一组,转换为十进制后即为:255.255.255.224,因此该网络中心所有主机(或网络设备)的子网掩码均为 255.255.255.224。

③计算新的子网网络 ID。由子网掩码 255.255.255.224 可以得到可能的子网 ID 有 8 个:000、001、010、011、100、101、110、111,在早期的路由器中,子网络号为全 0 及子网络号为全 1 的不可用,所以可用的子网络号是:001、010、011、100、101、110,再把各子网代表主机的 5 位设置为 0,再转换为相应的十进制,可用的子网 ID 分别是:202.102.192.32、202.102.192.64、202.102.192.96、202.102.192.128、202.102.192.160、202.102.192.192 这 6 个子网。

④计算各子网的 IP 地址范围。

根据第①步可知,各子网代表的主机的位数是 5 位,而 $(2^5-2)=30$,所以每个子网可用的 IP 地址数为 30 个,划分后的结果、各部门的可用 IP 地址信息如表 4-2 所示。

表 4-2　各部门 IP 地址及上网参数信息

序号	子网号	主机号范围	子网网络地址	子网广播地址	可用地址范围
1	001	00001～11110	202.102.192.32	202.102.192.63	202.102.192.33～ 202.102.192.62
2	010	00001～11110	202.102.192.64	202.102.192.95	202.102.192.65～ 202.102.192.94
3	011	00001～11110	202.102.192.96	202.102.192.127	202.102.192.97～ 202.102.192.126
4	100	00001～11110	202.102.192.128	202.102.192.159	202.102.192.129～ 202.102.192.158
5	101	00001～11110	202.102.192.160	202.102.192.191	202.102.192.161～ 202.102.192.190
6	110	00001～11110	202.102.192.192	202.102.192.223	202.102.192.193～ 202.102.192.222

从表 4-2 可以看出,各子网的主机号二进制范围一样,每个子网内,可用的 IP 地址数为 30,可用 IP 地址范围中的最小值比网络地址大 1,最大值均比广播地址小 1,各子网的默认网关地址可以从该子网中可用的 30 个 IP 地址中选择 1 个来使用,该网络中心所有主机需要配置的子网掩码均为 255.255.255.224。

4.2.4　网络地址转换 NAT

网络地址转换(Network Address Translation,NAT)是 1994 年提出的,是一个 IETF (Internet Engineering TaskForce,互联网工程任务组)标准。当局域网内的一些已经分配到私有 IP 地址的主机需要和互联网上的主机通信时,可以使用 NAT 方法进行网络地址转换,使局域网内使用私有 IP 地址的计算机也能访问互联网。在使用这种方法时需要在局域网连接到互联网的路由器上安装 NAT 软件,这样的路由器也称为 NAT 路由器,该路由器上需要配置一个公网 IP 地址池,该地址池中至少需要有一个有效的公网 IP 地址。这样,所有使用私有 IP 地址的主机在和外界通信时,NAT 路由器会根据一定的规则从地址池中取一个公网 IP 地址来替换数据包中的私有 IP 地址,以完成网络地址的转换。

1. NAT 工作原理

NAT 路由器的工作原理如图 4-5 所示,专用网 192.168.1.0 内所有主机的 IP 地址都是私有 IP 地址 192.168.1.x,NAT 路由器有一个公网 IP 地址 172.28.2.5(在实际应用中,NAT 路由器可以有多个公网 IP 地址)。

NAT 路由器收到从专用网内部的主机 A 发往因特网上主机 B 的 IP 数据包(源 IP 地址为 192.168.1.3,目的 IP 地址为 205.17.3.5)以后,把该数据包的源 IP 地址 192.168.1.3 转换为新的源 IP 地址(即 NAT 路由器的公网 IP 地址)172.28.2.5,然后转发出去。这样,主机 B 在收到这个 IP 数据包时,以为 A 的 IP 地址是 172.28.2.5。当主机 B 要给 A 发送应答时,IP 数据包的目的 IP 地址就是 NAT 路由器的 IP 地址 172.28.2.5。B 并不知道 A 的专用地址192.168.1.3(实际上,即使 B 知道 A 的专用地址,也不能使用,因为互联网上的路由器都不转发目的地址是专用网本地 IP 地址的 IP 数据包)。当 NAT 路由器收到主机 B 发来的 IP 数据包时,要根据 NAT 地址转换表进行一次 IP 地址的转换,即把 IP 数据包上旧的目的 IP 地址172.28.2.5,转换为新的目的 IP 地址192.168.1.3(主机 A 真正的 IP 地址)。上述 NAT 路由器进行 IP 地址转换所依据的 NAT 地址转换表如表4-3所示。

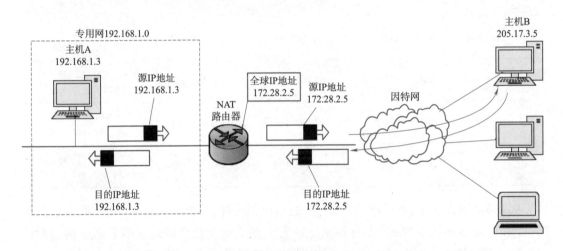

图4-5　NAT 路由器的工作原理

表4-3　NAT 地址转换表

方　向	字　段	旧的 IP 地址	新的 IP 地址
出	源 IP 地址	192.168.1.3	172.28.2.5
入	目的 IP 地址	172.28.2.5	192.168.1.3

2. NAT 的实现方式

NAT 的实现方式有以下三种:静态转换、动态转换、端口地址转换。

(1)静态转换

静态转换将专用网络的私有 IP 地址转换为公网合法的 IP 地址,IP 地址的对应关系是一对一的,而且是不变的。这种实现方式主要应用在专用网络中有对外提供服务的服务器。

静态转换的缺点是需要独占宝贵的合法 IP 地址。如果某个合法的 IP 地址已经被 NAT 静态转换定义,即使该 IP 地址当前没有被使用,也不能用作其他私有 IP 地址的转换。

(2)动态转换

动态转换是将专用网络的私有 IP 地址转换为公网合法的 IP 地址,而且是一对一的转换。但是,是从公网 IP 地址池中选择一个未使用的 IP 地址进行转换的。使用动态转换实现方式的 NAT 路由器的通信必须由专用网内的主机发起。而且,当 NAT 路由器具有 n 个公网 IP 地址时,专用网内最多可以同时有 n 台主机接入到互联网。

动态转换的优点是随机,缺点是 IP 地址的转换不固定。

(3)端口地址转换

端口地址转换 NAPT(Network Address and Port Translation)也被称为复用地址转换,也是一种动态的地址转换方式。不过在进行地址转换时,路由器除了对数据包的 IP 地址进行转换,还进行端口号(端口号是一个长度为 16 位的二进制数,将在第 5 章进行详细介绍)的转换。通过这种转换,可以使多个私有 IP 地址同时与同一个公网 IP 地址进行转换并对外部网络进行访问。

端口地址转换方式的优点是:节约公网 IP 地址;隐藏内部的所有主机,提高专用网络的安全性。

4.2.5　IPv4 数据包结构

IP 数据包的结构能够清晰说明 IP 协议所具有的功能,IPv4 数据包的结构如图 4-6 所示。

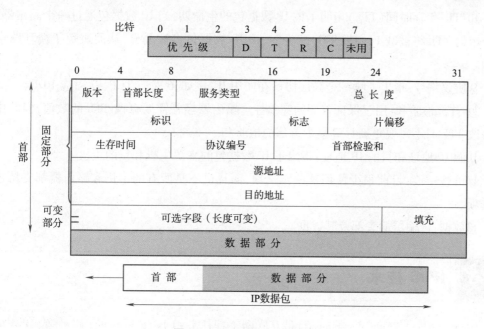

图 4-6　IPv4 数据包的格式

数据包的首部也称为数据包的头部,IPv4 数据包的首部信息说明如下:

①版本:4 位,表示 IP 的版本号,目前常用的是版本 4,即 IPv4。

②首部长度:4 位,表示 IP 首部的长度,以一个 32 位的字为基本单位,即该 IP 首部包含多少个 32 位的字。

③服务类型:(Type Of Service,TOS)包括 3 位的优先级字段(现在已忽略不用)、4 位的服务类型字段。

④总长度:总长度指明了整个 IP 数据包的长度,这个长度是以字节为单位的。IP 是一个网络层的协议,它需要考虑 IP 数据包穿越不同网络的情况。有些时候,一个 IP 数据包的长度可能无法满足某些高速网络中的最小数据帧长度的要求,此时需要 IP 数据包最后进行填充。如果没有总长度字段的指示,则处理程序将无法识别哪里是 IP 数据包的结束。

⑤标识字段:可以唯一地标识一个 IP 数据包。前面已经提到,IP 需要考虑分组在穿越不同网络时的情况。一个较大的 IP 数据包可能在其他的网络中被拆分成若干个小的分片,穿过这些网络后必须对这些分片进行重组,这时就需要标识字段来判断某个分片属于哪一个 IP 数据包。

⑥ 标志字段:3 位,第一位没有定义,必须为 0,第二位指明了该 IP 数据包是否可被分片,第三位指明了当前分片是否为最后一个分片。

⑦片偏移:13 位,既然 IP 数据包需要分片,那么必须有一个字段指明当前分片在原始 IP 数据包中的偏移地址。

⑧TTL:生存时间(TTL)指明了该 IP 数据包的生命期,当 IP 数据包通过一个路由器时,该分组的 TTL 将被减 1,如果 TTL 减为零,该 IP 数据包将被丢弃,从而避免了循环路由的问题。

⑨协议编号:指出了哪一个高层协议在使用 IP,例如,6 对应 TCP、17 对应 UDP。

⑩ 首部检验和:用于保证首部的完整性。路由器经常需要修改 TTL 的数值,但路由器在修改 TTL 时不需要重新计算整个首部的检验和。

⑪源 IP 地址和目的 IP 地址:指出了 IP 数据包的来源主机和目的主机。

⑫可选字段:目前很少使用这些定义项,而且也不是所有的主机和路由器都支持这些可选项。

⑬数据:传输层的头部及其数据。

4.3 IPv6 技术

IPv6(Internet Protocol version 6)是互联网工程任务组 IETF 设计的用于替代 IPv4 的下一代 IP 协议。

4.3.1 IPv6 地址简介

IPv6 主要在以下几个方面对 IPv4 进行了扩充和改进:

①IPv6 把原来 IPv4 地址由 32 bit 增大到了 128 bit,地址空间几乎是用不完的,曾有人形容,地球上的每一粒沙子都可以获得一个 IP 地址,这是个夸张的说法,不过人们家中的每个电器获得一个 IP 地址还是比较现实的,对其控制起来也就比较方便了。

②IPv6 并不是完全抛弃了原来的 IPv4,而是在若干年内将与 IPv4 共存。主要原因是

现有的很多软件不直接支持 IPv6，如 Windows XP 以前的版本都不支持 IPv6，要使用 IPv6 的客户机常需要安装 Linux 系统或 Windows Vista 及以后的版本。因此，使用 IPv6 协议意味着很多软件将面临要淘汰，很多硬件要重新升级和重新配置。完成同样功能的支持 IPv6 协议的软件开发需要一定的时间。

③IPv6 对 IP 数据包协议单元的头部与原来的 IPv4 相比进行了相应的简化，使头部长度变为固定，并取消了头部的检验和字段，加快了路由器的处理速度。

④IPv6 协议更加灵活，它将选项功能放在可选的扩展头部中，路由器不处理扩展头部，提高了路由器的处理效率。

⑤IPv6 另一个主要的改善方面是在其安全方面。

同时，IPv6 也给维护带来很多麻烦，主要体现在人们阅读和操纵这些地址上。例如，用原来 IPv4 的点分十进制来书写 IPv6 的 128 比特的 IP 地址为：255.254.0.12.0.0.0.0.12.0.0.0.0.0.0.12。

这样看起来非常复杂，为了使地址更简洁，IPv6 用冒号十六进制记法，从左到右每 16 位为一组，每组用四个十六进制数来表示，各组之间用冒号分隔。例如，如果前面所给的点分十进制数记法的值改为冒号十六进制记法，就变成：FFFE:000C:0000:0000:0C00:0000:0000:000C。

另外，IPv6 还允许对这种冒号分十六进制的地址记法进行压缩，如前导零可以忽略不写等。例如，上面这个 IPv6 地址中的第二组 000C 可以直接写成 C，则该地址可压缩为：FFFE:C:0:0:C00:0:0:C。

冒号十六进制记法还允许零压缩，即一串连续的零可以用一对冒号所取代，为了保证零压缩有一个清晰的解释，建议中还规定，在任一地址中，只能使用一次零压缩。例如，上面这个 IPv6 地址可压缩为：FFFE:C::C00:0:0:C。

其次，在 IPv4 向 IPv6 的转换阶段也采用冒号十六进制记法结合点分十进制记法的后缀。例如，0:0:0:0:0:0:0:192.168.101.5 是一个合法的冒号十六进制记法。注意，在这种记法中，冒号所分隔的每个值是一个 16 位的十六进制数，而每个点分十进制部分的值是一个字节的十进制值，再使用零压缩即可得出：192.168.101.5。

4.3.2 IPv6 数据包结构

IPv6 仍支持无连接的传送，但将协议数据单元 PDU 称为分组，而不是 IPv4 的数据包。为方便起见，本书仍采用数据包这一名词。IPv6 数据包由基本首部和有效载荷（也称为静载荷）两大部分组成。有效载荷允许有零个或多个扩展首部，再后面是数据部分，如图 4-7 所示。

注意：所有的扩展首部并不属于 IPv6 数据包的首部。

相比 IPv4，由于 IPv6 数据包把首部中不必要的功能取消了，使得 IPv6 数据包首部的字段数减少到只有 8 个，如图 4-8 所示。

①版本：4 位。表示 IP 的版本号，对 IPv6 该字段的值为 6。

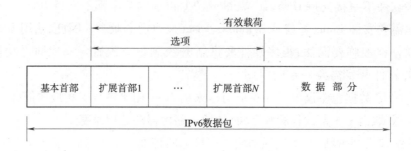

图 4-7 IPv6 数据包的格式

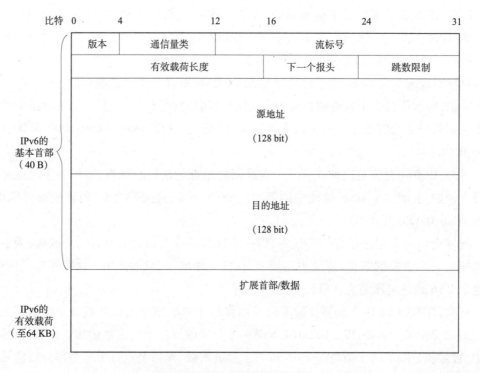

图 4-8 IPv6 数据包的基本首部

②通信量类:8 位。通信量类字段用来标识对应 IPv6 的通信流类别,或者说是优先级别,类似于 IPv4 中的 ToS(服务类型)字段。

③流标号:20 位。IPv6 提出流的抽象概念。所谓"流"就是互联网络上从特定源点到特定终点(单播或多播)的一系列数据报(如实时音频或视频),而在这个"流"所经过的路径上的路由器都保证指明的服务质量。流标号可用来标记报文的数据流类型,以便在网络层区分不同的报文。流标号字段有源结点分配,通过流标签、源地址、目的地址三元组方式就可以唯一标识一条通信流,而不用像 IPv4 那样需要使用五元组方式(源地址、目的地址、源端口、目的端口和传输层协议号)。

④有效载荷长度:16 位。它指明 IPv6 数据包除基本首部以外的字节数,这个字段的最大值是 65 535。

⑤下一个报头:8 位。它相当于 IPv4 的协议字段或可选字段。

● 当 IPv6 数据包没有扩展首部时,"下一个报头"字段的作用和 IPv4 的协议字段一样,它的值指出了基本首部后面的数据应该交付网络层上面的哪一个高层协议。

● 当出现扩展首部时,"下一个报头"字段的值就标识"有效载荷"部分第一个扩展首部的类型。

⑥ 跳数限制:8 位。用来防止数据包在网络中无限期存在。发送端在每个数据包发出时即设定某个跳数限制的数值(最大为 255)。每个路由器在转发数据包时,要先把跳数限制字段中的值减 1。当该字段的值为 0 时,就要把这个数据报丢弃。

⑦源地址:128 位。表示数据包的发送端的 IP 地址。

⑧目的地址:128 位。表示数据包的接收端的 IP 地址。

下面简单介绍 IPv6 的扩展首部部分。

IPv6 把 IPv4 首部中的"选项"的功能都放在"扩展首部"中,并把扩展首部留给通信的源端和目的端的主机来处理,而数据报传输途中经过的路由器都不处理这些扩展首部(除逐跳选项扩展首部),这样就大大提高了路由器的处理效率。

在 RFC 2460 中定义了以下六种扩展首部:逐跳选项;路由选择;分片;鉴别;封装安全有效载荷;目的站选项。

每一个扩展首部都由若干字段组成,它们的长度不一。但所有扩展首部的第一个字段都是 8 位的"下一个报头"字段,此字段的值指出了在该扩展首部后面的字段是什么。当使用多个扩展首部时,应该按照以上的先后顺序出现,高层首部总是放在最后面。

4.3.3 IPv4 向 IPv6 的过渡技术

IPv6 技术从 1992 年提出至今,发展已经很成熟,但向 IPv6 过渡只能采用逐步演进的办法,同时,还必须使新安装的 IPv6 系统能够向下兼容。即 IPv6 系统必须能够接收和转发 IPv4 数据包,并且能够为 IPv4 数据包选择路由。

下面介绍三种从 IPv4 向 IPv6 过渡的技术,即双协议栈、隧道技术和翻译技术。

1. 双协议栈

双协议栈技术是指在网络结点上同时运行 IPv4 和 IPv6 两种协议。网络中的结点同时支持 IPv4 和 IPv6 协议栈,源结点根据目的结点的不同选用不同的协议栈,而网络设备根据数据包的协议类型选择不同的协议栈进行处理和转发,如图 4-9 所示。

采用双协议栈技术部署 IPv6,不存在 IPv4 和 IPv6 网络部署

图 4-9 双协议栈结点示意图

时的相互影响,可以按需部署。因此,双协议栈技术目前被认为是部署 IPv6 网络最简单的方法,也被国内外运营商广泛采用。双协议栈技术可以实现 IPv4 和 IPv6 网络的共存,但是不能解决 IPv4 和 IPv6 网络之间的互通问题。而且双协议栈技术不会节省 IPv4 地址,不能解决 IPv4 的地址用尽问题。

2. 隧道技术

隧道技术是通过将一种 IP 数据包嵌套在另一种 IP 数据包中进行网络传递的技术,只要求隧道两端的设备支持两种协议。按照隧道协议的不同分为 IPv4 overIPv6 隧道(见图 4-10)和 IPv6 over IPv4 隧道(见图 4-11)。隧道技术本质上只是提供一个点到点的透明传送通道,无法实现 IPv4 结点和 IPv6 结点之间的通信,适用于同协议类型网络孤岛之间的互连。

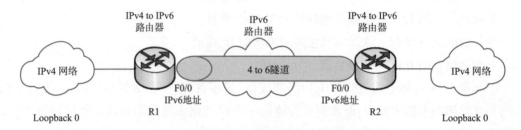

图 4-10　IPv4 overIPv6 隧道示意图

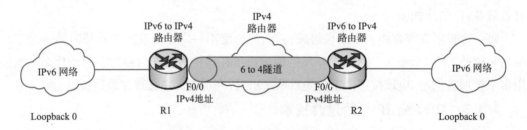

图 4-11　IPv6 overIPv4 隧道示意图

这种技术的优点是,不用把所有的设备都升级为双协议栈,只要求 IPv4/IPv6 网络的边缘设备实现双协议栈和隧道功能。除边缘结点外,其他结点不需要支持双协议栈。

3. 翻译技术

在过渡期间,IPv4 和 IPv6 共存的过程中,面临的一个主要问题是 IPv6 与 IPv4 之间如何互通。由于二者的不兼容性,因此无法实现两种不兼容网络之间的互访。为了解决这个难题,IETF 在早期设计了 NAT-PT 的解决方案:RFC2766,NAT-PT 通过 IPv6 与 IPv4 的网络地址与协议转换,实现了 IPv6 网络与 IPv4 网络的双向互访。但 NAT-PT 在实际网络应用中存在各种缺陷,IETF 推荐不再使用。

为了解决 NAT-PT 中的各种缺陷,同时实现 IPv6 与 IPv4 之间的网络地址与协议转换技术,IETF 重新设计一项新的解决方案:NAT64 与 DNS64 技术。

NAT64 是一种有状态的网络地址与协议转换技术,一般只支持通过 IPv6 网络侧用户发起连接访问 IPv4 网络资源。但 NAT64 也支持通过手工配置静态映射关系,实现 IPv4 网络主动发起连接访问 IPv6 网络。NAT64 可实现 TCP、UDP、ICMP 协议下的 IPv6 与 IPv4 网络地址和协议转换。DNS64 则主要是配合 NAT64 工作,主要是将 DNS 查询信息中的 A 记录(IPv4 地址)合成到 AAAA 记录(IPv6 地址)中,返回合成的 AAAA 记录给 IPv6 用户。

4.4 地 址 解 析

地址解析(Address Resolution)是指将网络层的逻辑地址(一般指 IP 地址)翻译成数据链路层物理地址(一般指 MAC 地址)的过程。地址解析通常采用 ARP(Address Resolution Protocol)协议来实现。

4.4.1 地址解析协议 ARP

ARP 是根据 IP 地址获取物理地址的 TCP/IP 协议家族的一个重要成员,其基本功能就是通过目标主机的 IP 地址,查询目标主机的 MAC 地址,以保证通信的顺利进行。

1. ARP 的工作原理

当目的主机与源主机在同一子网中时,发送方主机先检查其 ARP 高速缓存,若地址不包含在表中,就发送广播来寻找,具有该 IP 地址的目的主机用其 MAC 地址作为响应。ARP 只能用于具有广播能力的网络。其工作过程如图 4-12 所示。

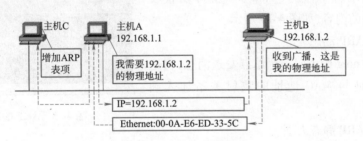

图 4-12 ARP 的工作原理

①主机 A 以主机 B 的 IP 地址为目标 IP 地址,以自己的 IP 地址为源 IP 地址封装了一个 IP 数据包;在数据包发送之前,主机 A 通过将子网掩码和源 IP 地址及目标 IP 地址进行“与”运算判断源和目标是否在同一网络中;主机 A 查询本地的 ARP 缓存,以确定在缓存中是否有关于主机 B 的 IP 地址与 MAC 地址的映射信息;若在缓存中存在主机 B 的 IP 地址和 MAC 地址的映射信息,则完成 ARP 地址解析,此后主机 A 的网卡立即以主机 B 的 MAC 地址为目标 MAC 地址,以自己的 MAC 地址为源 MAC 地址进行帧的封装并启动帧的发送;主机 B 收到该帧后,确认是给自己的帧,进行帧的拆封并取出其中的 IP 数据包交给网络层去处理。若在缓存中不存在主机 B 的 IP 地址和 MAC 地址的映射信息,则转至下一步。

②主机 A 以广播帧形式向同一网络中的所有结点发送一个 ARP 请求报文（ARP Request），请求 IP 地址为 192.168.1.2 的主机 B 回答其物理地址，在该广播帧中 48 位的目标 MAC 地址以全"1"，即"ffffffffffff"表示，源 MAC 地址为主机 A 的地址。

③网络中的所有主机都会收到该 ARP 请求帧，并且所有收到该广播帧的主机都会检查自己的 IP 地址，但只有主机 B 的 IP 地址匹配成功，然后返回一个响应报文，回答自己的物理地址。响应报文的目的 MAC 地址为主机 A 的 MAC 地址，源 MAC 地址是主机 B 的 MAC 地址。

④主机 A 收到主机 B 的响应信息，首先将其中的 MAC 地址信息加入到本地 ARP 缓存中，从而完成主机 B 的地址解析，然后启动相应帧的封装和发送过程，完成与主机 B 的通信。

在整个 ARP 工作期间，不但主机 A 得到了主机 B 的 IP 地址和 MAC 地址的映射关系，而且主机 B 和 C 也得到了主机 A 的 IP 地址和 MAC 地址的映射关系。如果主机 B 需要给主机 A 通信，那么，主机 B 就不必再次执行上面的 ARP 请求过程了。

2. ARP 命令的使用

（1）ARP 命令的格式

```
arp[-a [InetAddr] [-N IfaceAddr]] [-g [InetAddr] [-N IfaceAddr]] [-d InetAddr
[IfaceAddr]] [-s InetAddr EtherAddr [IfaceAddr]]
```

（2）显示高速缓存中的 ARP 表

在命令提示符下，输入"arp -a"就可以查看 ARP 缓存表中的内容，如图 4-13 所示。

（3）添加 ARP 动态表项

可以利用 ping 命令向一个站点发送消息，将这个站点 IP 地址与 MAC 地址的映射关系加入到 ARP 表中。

图 4-13　ARP 的缓存表

（4）添加 ARP 静态表项

通过"arp -s inet_addr eth_addr"命令，可以将 IP 地址与 MAC 地址的映射关系手工加入到 ARP 表中。

（5）删除 ARP 表项

无论是动态表项还是静态表项，都可以通过命令"arp -d inet_addr"删除。在每台安装有 TCP/IP 协议的计算机里都有一张 ARP 的缓存表，它是 IP 地址与 MAC 地址的对应表，该表的内容是动态的。

3. ARP 欺骗

地址解析协议 ARP 是建立在网络中各个主机互相信任的基础上的，局域网上的主机可以自主发送 ARP 应答报文，其他主机收到应答报文时不会检测该报文的真实性就会将其记入本机 ARP 缓存；因此攻击者就可以向某一主机发送伪 ARP 应答报文，使其发送的信息无法到达预期的主机或到达错误的主机，这就构成了一个 ARP 欺骗。常见的 ARP

欺骗过程是,一个主机向网络内广播发送 ARP 请求包,作为攻击源的主机(黑客用计算机)伪造一个 ARP 响应包,此 ARP 响应包中的 IP 与 MAC 地址与真实的 IP 与 MAC 对应关系不同,此伪造的 ARP 响应包发送出去后,该主机的 ARP 缓存被更新,被欺骗主机的 ARP 缓存中的特定 IP 关联到错误的 MAC 地址,被欺骗主机访问特定 IP 的数据报将不能被发送到真实的目的主机,目的主机不能被正常访问。有些破坏性较强的病毒就是基于 ARP 协议的漏洞进行开发的,例如,Autorun 病毒、AV 终结者病毒及"磁碟机"病毒等。

(1) ARP 欺骗的症状

- 频繁地出现 IP 地址冲突,这是由攻击者频繁发送 ARP 欺骗数据包造成的。
- 网络时断时续,有时候无法正常上网,没做任何处理,有时候又能上网。
- 局域网内的 ARP 包急剧增加,使用 ARP 查询的时候会发现不正常的 MAC 地址,或者是错误的 MAC 地址对应,甚至是一个 MAC 地址对应多个 IP。
- 特定 IP 网络不通,更换 IP 地址,网络正常。
- 硬件设备正常,局域网不通。
- 网页被重定向,例如,本来打开的是新浪的网页,结果可能跳转到搜狐网页上去。

(2) ARP 欺骗病毒的防范

对于普通用户,最常用的是安装和定期更新杀毒软件来实现,网关可通过绑定 IP 地址与 MAC 地址来实现对 ARP 欺骗病毒的防范:

①使用杀毒软件,并且定期更新杀毒软件,这是最有效的方式,也是目前使用最多、最方便的方式,特别是随着 360 杀毒软件的免费使用和免费升级,更是推动了该方式的广泛应用,但是该方式往往不能查杀不明代码和不明原理的最新病毒。

②使用 ARP 防火墙,目前 ARP 防火墙常常集成到杀毒软件中,只要杀毒软件定期更新,定期对计算机进行检测,基本都可以免受 ARP 病毒的攻击。

③在计算机上静态绑定默认网关 IP 地址与默认网关 MAC 地址的对应条目,具体绑定命令是:arp　-s　默认网关 IP 地址　默认网关 MAC 地址。

④在默认网关上静态绑定主机 IP 地址与主机 MAC 地址的对应条目,具体绑定命令是:arp　-s　主机 IP 地址　主机 MAC 地址。

第三种方式和第四种方式操作起来有一定难度及压力,特别是第四种方式工作量比较大,对网络管理者会造成较大工作量,但是该方法是比较彻底的方式,能够防范未知的 ARP 欺骗病毒,特殊情况及对安全性要求特别高的情况下可以使用该方式进行防范。

4.4.2　逆向地址解析协议 RARP

RARP(Reverse Address Resolution Protocol,逆向地址解析协议)常应用于无盘工作站网络中,实现 MAC 地址到 IP 地址的转换。允许局域网内的计算机从网关服务器的 ARP 表或缓存上请求其 IP 地址。该协议的应用场景较少,在此不详细赘述。

4.5 因特网控制报文协议 ICMP

Internet 控制报文协议(Internet Control Message Protocol,ICMP)是 TCP/IP 协议家族网络层的一个较重要的成员。

4.5.1 ICMP 报文简介

ICMP 主要在主机及路由器之间传递控制消息,其主要功能体现在两个方面:一是确认 IP 数据包是否成功到达目标地址;二是通知在发送过程中 IP 数据包被丢弃的原因。虽然是网络层的协议,但要将 ICMP 报文放入 IP 数据包中进行发送,也就是需要封装在 IP 数据包里面,以向数据通信中的源主机报告错误,如图 4-14 所示。

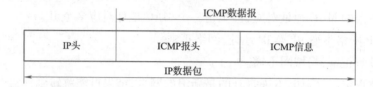

图 4-14　ICMP 报文的封装

ICMP 是基于 IP 协议工作的,但是它并不是传输层的功能,因此仍然把它归结为网络层协议。

4.5.2 ICMP 报文种类

ICMP 报文有两种:一是 ICMP 差错报告报文;二是 ICMP 询问报文。ICMP 报文的头部有 4 个字节,分别是类型、代码和检验和,其中,类型占 1 字节,代码占 1 字节,检验和占 2 字节。ICMP 报文数据部分的长度与 ICMP 报文的类型有关。常用的 ICMP 报文的具体信息如表 4-4 所示。

表 4-4　常用 ICMP 报文类型

ICMP 报文种类	类型 的 值	ICMP 报文类型
差错报告报文	3	终点不可到达
	4	源站抑制
	11	时间超过
	12	参数问题
	5	改变路由
询问报文	8 或 0	回送请求或回送应答
	13 或 14	时间戳请求或时间戳应答
	17 或 18	地址掩码请求或回答
	10 或 9	路由器询问或通告

ICMP 差错报告报文只能报告差错,不能纠正差错,差错的纠正留给高层协议去做,它

根据源 IP 地址将差错报告报文发送给 IP 数据包的源发送站点。ICMP 差错报告报文共有 5 种：

①终点不可达：当路由器找不到路由或者主机不能交付 IP 数据包时，就丢弃 IP 数据包，路由器或者主机向 IP 数据包的源站点发送"目的不可达"的 ICMP 报文。主要包括：主机不可达、网络不可达、协议不可达和端口不可达这 4 种不可达情况。

②源站抑制(Source quench)：IP 没有流量控制机制。路由器和主机的缓冲区有限，如果发送方发送数据的速率过快，将会导致缓冲区产生溢出。这时路由器或主机只能把某些 IP 数据包丢弃。

③时间超过：第一种情况是 TTL = 0：当 IP 数据包通过路由器时，IP 首部的 TTL 字段减 1，当路由器发现收到 IP 数据包的 TTL = 0 时，就丢弃该报文，同时该路由器向源站点发送 ICMP 超时报文。第二种情况是分片不能重组：如果组成 IP 数据包的所有分片未能在规定的时限内达到目的主机，就不能进行分片的重组，则目的主机会丢弃已经收到的分片，并向源站点发送 ICMP 超时报文。

④参数问题：如果路由器或目的主机发现 IP 数据包首部的某个字段不正确时，就丢弃该数据包并向源站发送 ICMP 参数问题报文。

⑤改变路由(重定向)(Redirect)：在特定情况下，当路由器检测到一台机器使用非优化路由的时候，它会向该主机发送一个 ICMP 重定向报文，请求主机改变路由。

ICMP 询问报文主要有两种：一是回送请求和回送应答报文；二是时间戳请求和时间戳应答报文。ICMP 回送请求报文是由主机或路由器向一个特定的目的主机发出的询问。收到此报文的机器必须给源主机发送 ICMP 回送应答报文。这种询问报文用来测试目的站是否可达以及了解其有关状态。ICMP 时间戳请求允许系统向另一个系统查询当前的时间。该 ICMP 报文的好处是它提供了毫秒级的分辨率，而利用其他方法从别的主机获取的时间只能提供秒级的分辨率。请求端填写发起时间，然后发送报文。应答系统收到请求报文时填写接收时间戳，在发送应答时填写发送时间戳。

网络层的 IP 协议是一个无连接的协议，它不处理网络层传输中的故障，而位于网络层的 ICMP 协议却恰好弥补了 IP 协议的这个缺陷，它使用 IP 协议进行信息传递，向数据报中的源端节点提供发生在网络层的错误信息反馈。

4.5.3　ICMP 应用举例

ping 命令，是用来测试两台主机之间连通性的常用命令，该命令就是基于 ICMP 协议的一个重要应用。ping 命令使用了 ICMP 的回送请求报文与回送应答报文，它没有通过传输层的 TCP 或 UDP，是应用层直接使用网络层 ICMP 的一个例子。

图 4-15 给出了北京的一台 PC 到百度的 Web 服务器(www. baidu. com)连通性的测试结果。PC 一连发出 4 个 ICMP 回送请求报文。如果服务器 www. baidu. com 正常工作而且响应这个 ICMP 回送请求报文，那么它就会发回 4 个 ICMP 回送应答报文。

ICMP 的另一个重要应用是 Tracert，该命令用来跟踪一个数据包从源点到终点的路径。图 4-16 为从北京一台 PC 向新浪网的 Web 服务器(www. sina. com)发出 Tracert 命令后所获得的结果。

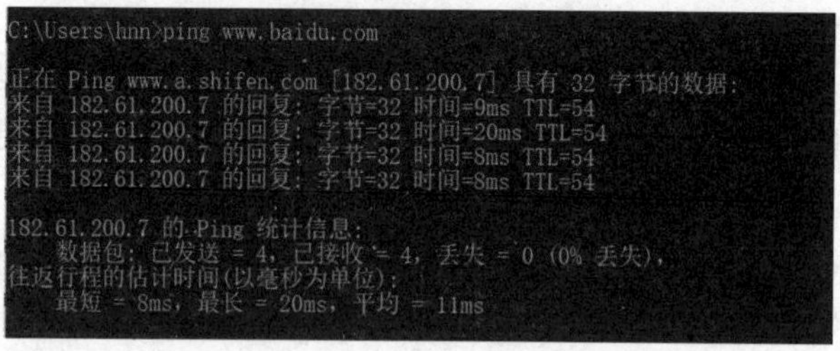

```
C:\Users\hnn>ping www.baidu.com

正在 Ping www.a.shifen.com [182.61.200.7] 具有 32 字节的数据:
来自 182.61.200.7 的回复: 字节=32 时间=9ms TTL=54
来自 182.61.200.7 的回复: 字节=32 时间=20ms TTL=54
来自 182.61.200.7 的回复: 字节=32 时间=8ms TTL=54
来自 182.61.200.7 的回复: 字节=32 时间=8ms TTL=54

182.61.200.7 的 Ping 统计信息:
    数据包: 已发送 = 4, 已接收 = 4, 丢失 = 0 (0% 丢失),
往返行程的估计时间(以毫秒为单位):
    最短 = 8ms, 最长 = 20ms, 平均 = 11ms
```

图 4-15　用 ping 命令测试主机的连通性

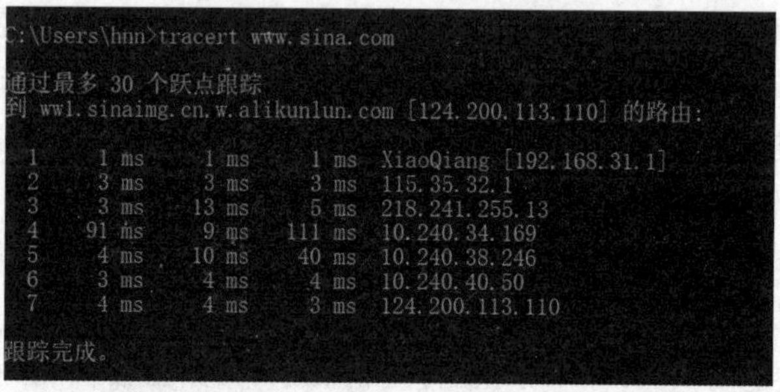

```
C:\Users\hnn>tracert www.sina.com

通过最多 30 个跃点跟踪
到 ww1.sinaimg.cn.w.alikunlun.com [124.200.113.110] 的路由:

  1     1 ms     1 ms     1 ms  XiaoQiang [192.168.31.1]
  2     3 ms     3 ms     3 ms  115.35.32.1
  3     3 ms    13 ms     5 ms  218.241.255.13
  4    91 ms     9 ms   111 ms  10.240.34.169
  5     4 ms    10 ms    40 ms  10.240.38.246
  6     3 ms     4 ms     4 ms  10.240.40.50
  7     4 ms     4 ms     3 ms  124.200.113.110

跟踪完成。
```

图 4-16　用 tracert 命令获得目的主机的路由信息

图 4-16 中每一行有 3 个时间出现,是因为对应每一个 TTL 值,源主机要发送 3 次同样的 IP 数据包。

4.6 路由器及路由选择协议

路由器是网络层的核心设备,可以看成是一种具有多个输入端口和多个输出端口的专用计算机,其主要功能是网络互连与路由选择。路由选择是根据路由表来确定最佳路径,那么路由表是如何建立的以及路由表中的内容应该如何进行更新,都要根据网络采用的路由选择协议来实现。

4.6.1 路由器简介

路由器(Router)是在网络层实现网络互连的核心设备,是能够将数据包转发到正确的目的地,并在转发过程中选择最佳路径的网络设备。路由器属于三层网络设备,可以隔离广播域及冲突域,拥有多种网络接口,以完成异构网络的互联。路由器的核心作用有 2 个:一个是实现网络互连,另一个是实现路由选择。每个路由器均维护一个路由表,根据路由表所存放的信息进行路由选择。路由器符合冯·诺依曼体系结构,可以把其看成一种专用计算机,主要由 ROM、RAM、NVRAM、Flash、Console 口和其他接口等组成。Bootstrap 和 POST 存储在路由器 ROM(Read-Only Memory)中,Bootstrap 主要用于初始化时启动路由器,POST 用来检查路由器硬件是否正常,然后决定哪些接口可用。RAM(Random-Access

Memory)用来缓存数据包、ARP 表、路由表和 running-config 配置文件。Flash memory(闪存)用来存放 IOS,当路由器重新启动时闪存中的内容是不会被擦除的。NVRAM(nonvolatile RAM)类似于计算机硬盘的特点,主要用来存储 startup-config 配置文件;configuration register 用来控制路由器的启动方式,这个值可以使用 show version 来查看,一般为 0x2102(十六进制),含义是告诉路由器从闪存里加载 IOS 和从 NVRAM 里加载配置文件。

路由器的主要工作是为经过路由器的每个数据包寻找一条最佳的传输路径,并将该数据包有效地传送到目的计算机。为了完成这项工作,在路由器中保存着一张路由表(Routing Table),该表中存放着目的网络与"下一跳"的对应关系,供路由选择时使用,路由器就是依据该表来进行路由的选择与数据的转发,所以路由表是路由器工作的核心和关键,路由表的形成过程也是路由协议工作的关键,是路由技术要解决的关键问题。

1. 路由表的结构

路由器依据路由表转发数据包的过程就叫作路由,表 4-5 是一台典型路由器所拥有的路由表的结构示例。

表 4-5　路由表的结构示例

获得方式	目的网络地址	子网掩码	下一跳	发送接口	代价
C	2. 2. 2. 0	255. 255. 255. 0	0. 0. 0. 0	vlan2	0
C	4. 4. 4. 0	255. 255. 255. 0	0. 0. 0. 0	vlan4	0
S	0. 0. 0. 0	0. 0. 0. 0	30. 1. 1. 1	vlan30	1
S	6. 6. 6. 0	255. 255. 255. 0	9. 9. 9. 9	vlan9	1
O	5. 5. 0. 0	255. 255. 0. 0	10. 1. 1. 1	vlan10	110
R	7. 7. 7. 0	255. 255. 255. 0	8. 8. 8. 8	vlan8	120
R	5. 5. 5. 0	255. 255. 255. 0	20. 1. 1. 1	vlan20	120

"获得方式"是指该条路由信息获得方式的代码,其中 C 代表直连网络,S 代表静态方式获得,O 代表通过 OSPF 路由协议动态获得,R 代表通过 RIP 路由协议动态获得。"目的网络地址"是指要转发的数据包封装的目的 IP 地址所在网络的网络地址,也就是数据包要发送到的目的计算机所在网络的网络地址。"子网掩码"用于确定网络地址。"下一跳"给出该数据包下一步要转发到的接口 IP 地址。"发送接口"指出该接口所属 VLAN 号。"代价"给出该路径优劣的评判标准,其值越小,说明该路径越优。直连网络的代价为 0,静态路由的代价为 1,OSPF 方式获得的代价为 110,而 RIP 方式获得的代价为 120。

2. 路由表的含义

路由器刚启动时,其路由表的信息为空,路由信息的得到有两种方式:

①静态获得:这需要网络管理员配置相应的路由条目,优点是安全稳定,缺点是给网络管理员增加了工作量,并且网络管理员要对网络的结构比较了解。

②通过路由协议动态获得:优点是简单方便,缺点是由于路由协议本身的算法等,可能会给网络带来不稳定性,采用这种方式要注意选择合适的路由协议。

表 4-6 是依据图 4-17 的拓扑学习完成后得到的示意路由表,路由表存储在路由器的内存中,大型的路由器最怕瞬时断电,一旦断电,学习的路由条目都将丢失,又需重新学习。

表 4-6　各路由器的示意路由表

R1 路由表		R2 路由表		R3 路由表		R4 路由表	
目的地址	下一跳地址	目的地址	下一跳地址	目的地址	下一跳地址	目的地址	下一跳地址
net1	R1	net1	R1	net1	R1	net1	R3
net2	R2	net2	R2	net2	R2	net2	R3
net3	R3	net3	R3	net3	R3	net3	R3
net4	R3	net4	R3	net4	R4	net4	R4
net5	R3	net5	R3	net5	R4	net5	R4

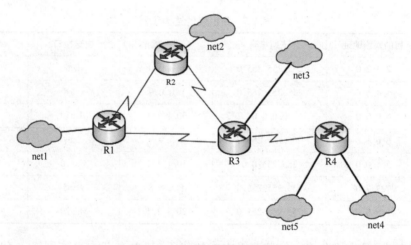

图 4-17　多路由器组成的网络

对于路由器 R1,当其接收了目的网络是 net1 的数据包时,把该数据包发送到的下一站是 R1;当其接收了目的网络是 net2 的数据包时,把该数据包发送到的下一站是 R2;当其接收了目的网络是 net3 的数据包时,把该数据包发送到的下一站是 R3;当其接收了目的网络是 net4 的数据包时,把该数据包发送到的下一站依然是 R3;当其接收了目的网络是 net5 的数据包时,把该数据包发送到的下一站仍然是 R3。

对于路由器 R2、路由器 R3 和路由器 R4 路由过程的理解同路由器 R1,在此不再赘述。

假设当 R1 收到一个目的地址是到 net5 网络的数据包,通过查找 R1 的路由表将该数据包转发至 R3;R3 查自己的路由表,将该数据包转发至 R4;R4 查找自己的路由表,发现 net5

网络就连接在本路由器上,于是把该数据包从对应的接口送入 net5 网络。

可以看出,网络中的路由器以"接力"的方式把数据包在网络中进行传递,每个路由器都需要在路由表中记录到达各个网络的"下一跳"走法。

为了理解的方便及表的简化,表 4-6 中所表达的不是真正的路由表,在实际的路由表中,目的地址可以是网络地址或全 0 的默认地址,下一跳地址可以是本路由器的接口标识(如 fa0/1 等),也可以是对端路由器对应接口的 IP 地址(如 202.102.112.6)。

由此可见,路由表中的路由条目可以由系统管理员手工配置,也可以由路由协议动态学习得到。路由协议不同,路由表的学习过程也不同,常用的路由协议有两大类:内部网关协议和外部网关协议。

3. 静态路由

静态路由是网络管理员通过手工方式配置路由器得到的路由条目,一般使用在末节网络(stub network)中。手工输入的静态路由的管理距离通常值很小(默认是 1),默认静态路由是静态路由的一个特例,也就是没有其他路由信息匹配时,通过默认静态路由的配置信息把数据包转发出去。静态路由的配置命令是:

```
ip route [dest-network] [mask] [next-hop address 或 exit interface]
[administrative distance] [permanent]
```

ip route:创建静态路由;dest-network:决定放入路由表的路由条目;mask:掩码;next-hop address:下一跳的路由器地址;exit interface:可以替换 next-hop address,这个参数不会用在局域网的配置上;administrative distance:默认情况下,静态路由的管理距离是 1,如果用 exit interface 代替 next-hop address,那么管理距离是 0;permanent:如果接口被 shutdown 了或者路由器不能和下一跳路由器通信,这条路由条目将自动从路由表中被删除,使用这个参数保证即使出现上述情况,这条路由条目仍然保存在路由表中,而不会被删除。

例如:

```
ip route   192.168.11.254   255.255.255.0 S1
```

该配置命令常应用于对末节网络的配置中,可以保护末节网络信息不暴露在外网中。

配置默认静态路由的命令格式:

```
ip route   0.0.0.0   0.0.0.0 {ip_address|interface}
```

例如:

```
ip route   0.0.0.0   0.0.0.0 S1
```

默认静态路由的功能类似于默认路由,但优先于默认路由的使用。

4. 动态路由

动态路由也就是通过路由协议使得路由器之间彼此互换路由信息,以完善各自的路由表。

动态路由信息条目是通过路由协议获得的,路由协议作为 TCP/IP 协议族中重要成员之一,其选路过程实现的好坏会影响整个 Internet 网络的效率。按应用范围的不同,路由协议可分为两类:内部网关协议(Interior Gateway Protocol, IGP)和外部网关协议(Exterior Gateway Protocol,EGP),这里网关是路由器的别称。IGP 应用在一个自治域范围内,EGP 应用在多个自治域之间,常见的具体的 EGP 是 BGP(Border Gateway Protocol,边界网关协议)。现在正在使用的 IGP 有以下几种:RIP-1、RIP-2、IGRP、EIGRP、IS-IS 和 OSPF。其中,前 4 种路由协议采用的是距离向量算法,IS-IS 和 OSPF 采用的是链路状态算法。对于小型网络,采用基于距离向量算法的路由协议易于配置和管理,且应用较为广泛,但在面对大型网络时,不但其固有的环路问题变得更难解决,所占用的带宽也迅速增长,以至于网络无法承受。因此对于大型网络,采用链路状态算法的 IS-IS 和 OSPF 较为有效,并且得到了广泛的应用。IS-IS 与 OSPF 在质量和性能上的差别并不大,但 OSPF 更适用于 IP 网络,较 IS-IS 更具有活力。IGRP 和 EIGRP 是思科(Cisco)公司开发的路由选择协议,只运行在思科的网络设备上。

5. 路由器的工作原理

路由器的主要工作是对数据包进行路由选择和存储转发,具体过程如下:

①当数据包到达路由器,根据网络物理接口的类型,路由器调用相应的数据链路层功能模块,以解释处理此数据包的数据链路层协议报头。主要是对数据的完整性进行验证,如 CRC 校验、帧长度检查等。

②数据在链路层完成对数据帧的完整性验证后,路由器开始处理此数据帧的 IP 层。根据数据帧中 IP 数据包头部的目的 IP 地址,路由器在路由表中查找下一跳 IP 地址。同时,IP 数据包头的 TTL(Time To Live)的值,并重新计算校验和(checksum)。

③根据路由表中所查到的下一跳 IP 地址,将 IP 数据包送往相应的数据链路层,被封装上相应的数据链路层帧头,最后经输出网络物理接口发送出去。

简单地说,路由器的主要工作就是为经过路由器的每个数据包寻找一条最佳传输路径,并将该数据包有效地传送到目的站点。由此可见,选择最佳路径策略或叫选择最佳路由算法是路由器的关键所在。为了完成这项工作,在路由器中维护一张路由表,供路由选择时使用。为了更好地理解路由器的工作原理,下面以 2 台路由器连接的 3 个局域网内的 2 台计算机进行通信为例来介绍路由器的具体工作过程及路由器转发数据包时的封装过程。该示例的拓扑结构及各网络设备的接口信息如图 4-18 所示。

假设路由器 A 和路由器 B 的路由表均已达到收敛状态,即路由器 A 和路由器 B 均已学习到 3 条路由信息。则路由器 A 路由表的核心部分信息如表 4-7 所示,路由器 B 路由表的核心部分信息如表 4-8 所示。

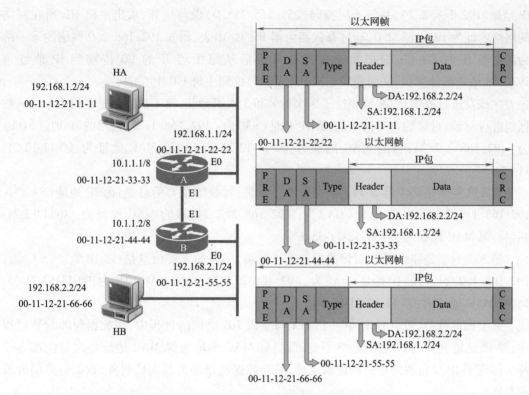

图 4-18　路由器工作过程示例信息 1

表 4-7　路由器 A 路由表信息

网　　段	本路由器接口
192. 168. 1. 0	E0
10. 0. 0. 0	E1
192. 168. 2. 0	E1

表 4-8　路由器 B 路由表信息

网　　段	本路由器接口
192. 168. 1. 0	E1
10. 0. 0. 0	E1
192. 168. 2. 0	E0

　　当主机 HA 发送数据到主机 HB 时,路由器 A 的 E0 口接收到该数据包,对该数据包解封装到网络层,取出该数据包的目的 IP 地址（192.168.2.2）,并与子网掩码（255.255.255.0）做与运算,求出主机 HB 所在网络的网络地址为 192.168.2.0,通过查找路由器 A 的路由表,得知 192.168.2.0 网络的下一跳为路由器 A 的 E1 口,则把数据包进行封装后从路由器 A 的 E1 口传输到路由器 B 的 E1 口。

　　路由器 B 的 E1 口接收到该数据包,对该数据包解封装到网络层,取出该数据包的目的

IP 地址(192.168.2.2),并与子网掩码(255.255.255.0)做与运算,求出主机 HB 所在网络的网络地址为 192.168.2.0,通过查找路由器 B 的路由表,得知 192.168.2.0 网络的下一跳为路由器 B 的 E0 口,则把数据包进行封装后从路由器 B 的 E0 传输到 IP 地址为192.168.2.2 的计算机,从而完成主机 HA 发送数据到主机 HB 上。

在该发送过程中,数据包经过了 3 次封装和 3 次解封装,第 1 次封装是主机 HA 对该数据包进行封装,封装的主要信息是:源 IP 地址(SA)为:192.168.1.2/24,目的 IP 地址(DA)为:192.168.2.2/24;目的 MAC 地址为:00-11-12-21-22-22,源 MAC 地址为:00-11-12-21-11-11。

第 2 次封装是路由器 A 对该数据包进行封装,封装的主要信息是:源 IP 地址(SA)为:192.168.1.2/24,目的 IP 地址(DA)为:192.168.2.2/24;目的 MAC 地址为:00-11-12-21-44-44,源 MAC 地址为:00-11-12-21-33-33。

第 3 次封装是路由器 B 对该数据包进行封装,封装的主要信息是:源 IP 地址(SA)为:192.168.1.2/24,目的 IP 地址(DA)为:192.168.2.2/24;目的 MAC 地址为:00-11-12-21-55-55,源 MAC 地址为:00-11-12-21-66-66。

从上面的分析,可以看出,在主机 HA 与主机 HB 通信的过程中,在数据包的封装过程中,源 IP 地址和目的 IP 地址始终不变,而目标 MAC 地址与源 MAC 地址每次封装都不一样。体现了 IP 层实现的是一种逻辑通信,需要数据链路层为其提供服务,数据链路层分段进行转发。

4.6.2 路由选择协议 RIP

RIP(Routing Information Protocol)是一种基于距离向量的路由选择协议。RIP 协议要求网络中的每一个路由器都要维护从它自己到其他每一个目的网络的距离记录。

1. "距离"的定义

RIP 协议中的"距离"也称为"跳数"(Hop Count),从路由器到其直接连接的网络的距离定义为 1,从一个路由器到非直连网络,每经过一个路由器,跳数就加 1。

2. RIP 协议的特点

①RIP 使用距离来衡量一个路由条目的好坏,取值为 1~16,16 表示无穷大,该路径不可达,RIP 允许一条路径最多只能包含 15 个路由器,所以,RIP 协议只适合小型网络。

②RIP 协议每隔 30 s 就和相邻路由器交换路由信息。

③相邻路由器之间交换的信息是当前本路由器所知道的全部信息,即自己的路由表。

④当各路由器达到收敛状态(也就是各路由器都学习到了现有的所有路径信息),其中某条链路出现断路后,该信息传播得比较慢,也就是利用该协议路由器的收敛速度比较慢,即该协议具有"坏消息传得慢"的特点。

⑤RIP 协议最大的优点就是实现简单,开销较小。但当网络规模增大时,其开销会有较大的增加,因各路由器互相交换的是各自的路由表。

3. RIP 协议的基本配置

RIP 协议的基本配置主要是配置各个接口的 IP 地址、各个接口的开启及其直连网络的宣告。

在路由器的全局配置模式下配置 RIP 协议,具体配置如下:

```
Router(config)#router rip
```

在路由配置模式下宣告直连网络,具体配置如下:

```
Router(config-router)#network network-number
```

network_number 为路由器的直连网络的网络地址,路由器所连接的每一个直连网络均需要宣告。RIP 协议配置的核心是配置路由器各个接口的 IP 地址并且开启各个接口,配置路由协议,再宣告与路由器相连的各个直连网络。路由器的完整配置将在第 9 章的实训九中详细介绍。

RIP 协议不支持子网的划分,而 RIP 协议的第二个版本,即 RIP V2 支持子网的划分,所以在使用时,往往使用 RIP V2 协议,其配置过程与 RIP 协议基本相似,运行完 Router(config)#router rip 命令后,再执行一条 Router(config)# Version 2 即可。

4.6.3　开放式最短路径优先协议 OSPF

为了解决 RIP 协议的缺陷,1988 年 RFC 成立了 OSPF 工作组,开始着手于 OSPF 的研究与制定,并于 1998 年 4 月发布了 OSPFv2 版,该协议得到了广泛的应用。OSPF 全称为开放式最短路径优先协议(Open Shortest-Path First),是基于链路状态的路由协议,使用 Cost(开销)作为度量。运行 OSPF 协议的路由器根据拓扑表通过最短路径优先算法 SPF(Shortest-Path First)获得以自己为根的到达目标的最优路径,路由信息的发送是由事件触发,并且发送的不是整个路由表,而是变化的链路状态。

1. OSPF 的术语

①Link(链路):指在发送方和接收方之间所组成的网络通信信道。

②Link-State(链路状态):指两路由器之间的线路状态,也指一个路由器的接口和它邻居路由器之间的关系。

③Link-State Database(链路状态数据库):关于网络中其他路由器的信息列表,链路状态数据库体现整个网络的拓扑结构。

④Area(区域):有相同区域标识的路由器和网络的集合,在同一个区域内的所有路由器共享相同的链路状态信息,在同一区域内的路由器叫做内部路由器。

⑤Cost(开销):在 OSPF 中使用这个值作为路由度量值,缺省情况下 Cost 是基于介质的带宽,Cost 值随链路速率的增大而减小,Cost 值越小,OSPF 就认为该路径比较好,也就是带宽越宽,OSPF 就认为该路由越好,OSPF 不使用跳数做度量,当然也就没有跳数的限制,OSPF 适合于大型网络。

⑥Routing Table(路由表):OSPF 协议的目的就是最终生成路由表,为通过该路由器的数据包提供转发路径。

⑦Adjacencies Database(毗邻关系数据库):存储的是已建立双向连接的邻居路由器的列表。

⑧DR(Designated Router,指定路由器):收集路由信息,主要有两个功能:一是与该网络上的所有其他路由器建立毗邻关系;二是担任该网络的"发言人",向其他路由器发送所有

本地路由器的链路状态。

⑨BDR(Backup DR,备用指定路由器):DR 的一个备份,存储和 DR 相同的信息,当 DR 失效时,担任 DR 角色。

注意:

DR 和 BDR 只在多路访问型网络中使用,每个多路访问型网络中各有一个 DR(BDR)。

2. OSPF 的五种数据报

①问候(Hello)数据报:用于建立和维护相邻的两个 OSPF 路由器的关系,该数据报周期性地发送。

②数据库描述(Database Description)数据报:用于描述整个链路状态数据库,该数据报仅在 OSPF 初始化时发送。

③链路状态请求(Link State Request)数据报:用于向相邻的 OSPF 路由器请求部分或全部的链路状态数据,这种数据报是在当路由器发现其数据已经过期时才发送的。

④链路状态更新(Link State Update)数据报:它是对链路状态请求数据报的响应。

⑤链路状态确认(Link State Acknowledgment)数据报:是对链路状态更新数据报的响应。

3. 基于 OSPF 协议的路由更新过程

①运行 OSPF 的路由器从它所有启用了 OSPF 的接口向外发送 Hello 包。如果 2 台路由器共享某条数据链路,并能够使 Hello 包中所定义的某些参数协商成功,那么这 2 台路由器就可以成为邻居(Neighbor)。

②每个路由器都发送链路状态宣告(Link State Advertisement,LSA)给它的邻居,LSA 描述了所有的路由器的链路状态信息。

③当路由器收到从邻居发来的 LSA,就把这个 LSA 记录在自己的链路状态数据库(Link State Database,LSDB)里,然后拷贝该 LSA,继续发送给别的邻居。

④通过在整个区域洪泛(flood)LSA,所有的路由器将建立一致的 LSDB,当所有路由器的 LSDB 的信息同步完成以后,路由器就各自使用 SPF(Shortest Path First,最短路径优先)算法计算到达目标地址的最短路径。

⑤路由器根据 SPF 算法的结果构建自己的路由表,路由器依据路由表来进行路由选择与数据转发,完成网络的通信。

4. 距离矢量路由协议和链路状态路由协议的比较(见表4-9)

表4-9　内部网关协议比较

距离矢量路由选择	链路状态路由选择
从网络邻居的角度观察网络拓扑结构	得到整个网络的拓扑结构图
路由器转换时增加距离矢量	计算出通往其他路由器的最短路径
频繁、周期地更新;慢速收敛	由事件触发来更新;快速收敛
把整个路由表发送到相邻路由器	只把链路状态路由选择的更新传送到其他路由器上

4.6.4 外部网关协议 BGP

随着 IP 网络的发展,想要对所有网络进行统一管理是不可能的事。因此,人们根据路由控制的范围将路由协议分为内部网关协议 IGP(Interior Gateway Protocol)和外部网关协议 EGP(Exterior Gateway Protocol)两大类。

内部网关协议 IGP,又称域内路由协议,工作在自治系统 AS(Autonomous System)(制定自己的路由策略,并以此为标准在一个或多个网络群体内部采用的小型单位叫做自治系统 AS,在实际的网络中,每个 AS 会有一个 16 位的 AS 编号)内部,比如 RIP 和 OSPF 就属于在 AS 内部采用的内部网关协议。而 AS 之间的路由控制采用的是域间路由协议,即 EGP。没有 IGP,一个机构内部就不可能进行通信,同样的,没有 EGP 就不可能实现世界上各个不同组织机构之间的通信。目前,广泛使用的外部网关协议是边界网关协议的第 4 个版本,即 BGP4(Border Gateway Protocol 4)。

1. BGP 概述

边界网关协议 BGP 是一个增强的距离向量协议,BGP 用于多个自治系统之间,它的主要功能是与其他自治系统的 BGP 交换网络可达性信息,用以构建自己的路由表。

BGP 使用 TCP 作为其传输层协议,端口号为 179。BGP 只在首次连接时交换整个路由表,它具有丰富的路由过滤和路由策略,不接收包含其自身所在 AS 编号的路由更新,确保不会形成路由环路。

2. BGP 相关术语

①邻居关系表:包含与当前运行 BGP 的路由器建立 BGP 连接的邻居,可以使用命令 show ip bgp summary 查看。

②转发表:从邻居那里获取的所有路由都会被加入到 BGP 的转发表中,可以使用命令 show ip bgp 查看。

③路由表:BGP 路由选择进程从 BGP 转发表中选出前往每个网络的最佳路由,并加入到路由表中,可以使用命令 show ip route bgp 查看。

3. BGP 的报文类型

BGP 有四种数据报:

①Open 报文:用于与其他路由器建立邻居关系。

②Update 报文:用于邻居之间交换网络可达性信息。Update 报文可以同时撤销多条路由,但一个 Update 报文中只能更新一条路由。

③Keepalive 报文:用于邻居之间周期性地交换这些信息以保持邻居关系。

④Notification 报文:当检测到错误时,用该报文来通知。

4. BGP 建立邻居的过程

每个 AS 都会设置一台与其他 AS 交换路由信息的路由器,这种路由器叫做 BGP 发言人,两个 BGP 发言人在交换信息之前,BGP 要求它们要建立邻居关系。

BGP 不是动态地发现所感兴趣的运行着 BGP 的路由器,而是发送 Open 报文给对方,如果能收到对方的回应,就说明对方同意建立邻居关系。然后 BGP 会使用周期性的 Keepalive

报文来确认 BGP 邻居的可访问性：BGP 在发出 Keepalive 报文后，会设置一个计时器（一般设置为保持时间计时器的三分之一），如果发给某一个 BGP 发言人三个连续的 Keepalive 报文都丢失的话，保持时间计时器就会超时，那么这个 BGP 发言人就视为不可达，也就是这两台运行着 BGP 的路由器当前没有邻居关系；如果能收到对方的 Keepalive 报文，就说明邻居关系保持，接下来可以交换信息。

5. BGP 的工作过程

在 BGP 刚开始运行时，运行 BGP 的边界路由器与其相邻的路由器交换整个的 BGP 路由表，在以后只需要在网络状态发生变化时更新有变化的部分。当两台边界路由器位于两个不同的 AS 时，它们之间定期地交换路由信息，维持其相邻关系。当某台路由器或链路出现故障时，BGP 发言人可以从不止一台相邻边界路由器获得当前的路由信息。

4.6.5 网络互连

网络互连是将分布在不同地理位置的网络通过路由器、交换机等网络互连设备连接起来，以构成更大规模的互连网络系统，实现更大范围内互连网络资源的共享。网络互连类型主要有局域网—局域网互连、局域网—广域网互连、局域网—广域网—局域网互连和广域网—广域网互连四种。详细的配置过程将在第 9 章的综合实训一中详细介绍。

 本章小结

本章主要介绍了网络层功能、IPv4 地址及其分类、子网划分方法、NAT 的原理、IPv4 数据包结构、地址解析协议和路由协议，此外，还简单介绍了 IPv6 地址、IPv6 数据包结构及 IPv4 向 IPv6 的过渡技术。通过本章的学习，读者应该了解 IPv6 地址及 IPv4 向 IPv6 的过渡技术，理解子网划分原理、NAT 的工作原理、地址解析协议的原理及路由选择协议的工作原理，掌握子网划分的方法和路由器的工作原理及简单配置方法。本章的主要知识要点有：

1. 子网是指在一个物理局域网的基础上，通过把主机号（主机 ID）分成两个部分，为每个子网生成唯一网络 ID 的逻辑网络。

2. 子网掩码是一个 32 位地址，用于屏蔽 IP 地址的一部分，以区别网络 ID 和主机 ID。它既不能作为 IP 地址使用，也不可单独存在，必须结合 IP 地址一起使用。

3. NAT 的实现方式有静态转换、动态转换和端口地址转换三种。

4. ARP（Address Resolution Protocol，地址解析协议）负责将某个 IP 地址解析成对应的 MAC 地址。

5. ICMP（Internet Control Message Protocol，因特网控制报文协议），它工作在 TCP/IP 协议的网络层，可用来检测网络，包括路由、拥塞、服务质量等问题。虽然 ICMP 是网络层的协议，但要将 ICMP 报文放入 IP 中发送，也就是封装在 IP 数据包里面，以向数据通信中的源主机报告错误。

6. 路由器是在网络层上实现网络互连的设备。在一个大型互联网中，经常用多个路由器将多个局域网与局域网、局域网与广域网互连。路由器能为不同子网的计算机之间的数据交换选择适当的路径。

7. 路由器中维护着一张路由表,路由表是路由器工作的核心,路由器依据路由表来转发数据,路由表是目的网络地址与"下一跳"的对照表,下一跳可以是路由器的接口号,也可以是对端路由器接口的 IP 地址,路由表刚开始也是空的,它的获得有两种方式,一是通过管理员手工配置获得,二是通过路由协议学习获得。

8. 常用的内部网关协议有两大类,一是基于距离矢量的路由协议,典型代表是 RIP 协议;二是基于链路状态的路由协议,典型代表是 OSPF 协议。RIP 依据距离作为度量标准,最大有效距离是 15,所以 RIP 协议只适合较小型的网络;OSPF 主要基于带宽作为度量标准,适合较大型网络。但是 RIP 协议配置简单,运行的开销小,OSPF 配置复杂,运行开销较大。

9. 边界网关协议 BGP 是一个增强的距离向量协议,BGP 用于多个自治系统之间,它的主要功能是与其他自治系统的 BGP 交换网络可达性信息,用以构建自己的路由表。

10. 网络互连是将分布在不同地理位置的网络连接起来,以构成更大规模的互连网络系统,实现更大范围内互连网络资源的共享。

习　题

一、选择题

1. 网络层上的 RARP 协议的功能是(　　)。

A. 用于传输 IP 数据包　　　　　　　　B. 实现物理地址到 IP 地址的映射

C. 实现 IP 地址到物理地址的映射　　　D. 用于该层上控制信息产生

2. IP 地址是(　　)。

A. 接入 Internet 计算机的地址编号　　　B. Internet 中网络资源的地理位置

C. Internet 中的子网地址　　　　　　　D. 接入 Internet 的局域网编号

3. IPv6 地址是由(　　)位二进制数组成。

A. 128　　　　　B. 16　　　　　C. 32　　　　　D. 64

4. 地址解析协议 ARP 是用来解析(　　)。

A. IP 地址与 MAC 地址的对应关系　　　B. MAC 地址与端口号的对应关系

C. IP 地址与端口号的对应关系　　　　　D. 端口号与主机名的对应关系

5. 如果借用一个 C 类 IP 地址的 3 位主机号部分划分子网,那么子网掩码应该是(　　)。

A. 255. 255. 255. 192　　　　　　　　B. 255. 255. 255. 224

C. 255. 255. 255. 240　　　　　　　　D. 255. 255. 255. 248

6. 因特网上某主机的 IP 地址为 128. 200. 68. 101,子网掩码为 255. 255. 255. 240,则该主机的 IP 地址中表示主机部分的十进制值为(　　)。

A. 255　　　　　B. 240　　　　　C. 101　　　　　D. 5

7. 190. 168. 2. 56 属于以下(　　)IP 地址。

A. A 类　　　　　B. B 类　　　　　C. C 类　　　　　D. D 类

8. 局域网要与 Internet 连接,必需的互连设备是(   )。

A. 中继器   B. 调制解调器   C. 交换机   D. 路由器

9. 在 Internet 上对每一台计算机的区分是通过(   )来区别的。

A. 计算机的登录名   B. 计算机的域名

C. 计算机所分配的 IP 地址   D. 计算机的用户名

10. 如果接收数据的计算机和发送数据的计算机不在同一个局域网内,则数据要经过(   )进行转发。

A. 路由器   B. 交换机   C. 集线器   D. 调制解调器

11. 如果有多个局域网需要互连,并且希望将局域网的广播信息很好地隔离,则最简单的方法是采用(   )。

A. 集线器   B. 网桥   C. 路由器   D. 网关

12. 在因特网中,路由器通常利用数据包的(   )进行路由选择。

A. 源 IP 地址   B. 目的 IP 地址   C. 源 MAC 地址   D. 目的 MAC 地址

二、填空题

1. 网络层包括的协议主要有 IP、IMCP、_____和_____。

2. 最具代表性的内部网关协议有_____和_____。

三、简答题

1. 某人在 C 类网络上确定了一个子网地址并确定子网掩码为 251.240.100.0,但在使用时该网络却不工作,请说明原因。

2. 某网络上连接的所有主机,都得到"Request time out"的显示输出,检查本地主机配置,其 IP 地址为 202.117.34.35,子网掩码为 255.255.0.0,默认网关为 202.117.34.1,请问问题可能出在哪里?

3. 路由协议如何分类?

4. 简述路由表的结构及基于 RIP 协议的学习过程。

四、应用题

1. 某公司申请了一个 C 类地址 200.200.200.0,公司有生产部门和市场部门需要划分为单独的网络,即需要划分 2 个子网,每个子网至少支持 40 台主机。请问该如何进行划分?

2. 对于如图 4-19 所示网络,各路由器上配置 RIP V2 协议,写出各路由器的主要配置命令,使得 PC1 能够 ping 通 PC2,并写出 PC1 和 PC2 的可能 IP 地址、子网掩码和默认网关。

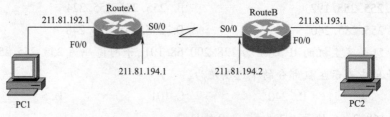

图 4-19　应用题网络拓扑图

第5章

传 输 层

 本章主要内容

- 传输层的主要功能。
- 传输控制协议 TCP 的特点。
- 用户数据报协议 UDP 的特点。
- TCP 的连接管理。
- TCP 的流量控制机制。
- TCP 的拥塞控制机制。

 本章理论要求

- 了解 TCP 拥塞控制的实现机制。
- 理解 TCP 连接管理的实现机制和流量控制的实现方法。
- 掌握传输层的功能、UDP 和 TCP 的特点及 UDP 和 TCP 的一些默认端口号。

5.1 传输层概述

　　传输层在网络体系结构中是承上启下的一层,起着屏蔽通信子网的细节,向上提供通用进程通信服务的作用。它属于面向通信部分的最高层,同时也是用户功能中的最低层。

5.1.1 传输层功能

　　传输层主要实现通信的主机应用进程间端到端的逻辑通信,在网络中只有主机的协议栈才有传输层,而网络设备交换机和路由器的协议栈中是没有传输层的,因为在 TCP/IP 协议中,传输层在路由器工作的网络层之上,更在交换机工作的数据链路层之上。传输层主要实现五个功能:一是端到端的逻辑通信;二是分片数据包和重组数据包;三是对接收到的数据包进行差错检验;四是对网络进行流量控制;五是对网络进行拥塞控制。

5.1.2 传输层协议

传输层提供了两个主要的协议,传输控制协议(Transmission Control Protocol,TCP)和用户数据报协议(User Datagram Protocol,UDP)。它们使用 IP 路由功能把数据报发送到目的地,从而为应用程序及应用层协议提供网络服务,包括 HTTP(Hyper Text Transfer Protocol,超文本传输协议)、SMTP(Simple Mail Transfer Protocol,简单邮件传输协议)、SNMP(Simple Network Management Protocol,简单网络管理协议)、FTP(File Transfer Protocol,文件传输协议)和 Telnet(Telecommunications Network,远程登录)。TCP 提供的是面向连接的、可靠的数据流传输,而 UDP 提供的是非面向连接的、不可靠的数据流传输。在数据传输时,传输层把应用层数据包装到数据段中,以便传送到接收方设备。远程接收站负责从这些数据段接收数据,并转发到恰当的应用程序。

5.1.3 传输层端口号

端口的作用就是标识应用层的各种应用进程。发送方主机将其应用层的数据向下交付给传输层的时候,会加上不同的端口号,接收方主机的传输层通过端口号就可以知道应该将该报文中的数据向上交付给哪个应用层的进程。也就是当发送方主机发一条 QQ 聊天信息时,接收方主机把该信息交给 QQ 的客户端程序去处理。从这个意义上来讲,端口就是应用层的各应用进程的身份标志。

计算机中的不同进程可能同时进行通信,这时它们会用端口号进行区别,通过 IP 地址和端口号的组合达到唯一标识的目的,即套接字(Socket),所以套接字就是一个 IP 地址加上一个端口号。每个端口都拥有一个叫端口号的整数描述符,用来标识不同的端口或进程。发送套接字 = 源 IP 地址 + 源端口号;接收套接字 = 目的 IP 地址 + 目的端口号。

1. 保留端口

这种端口号一般都小于 1 024。它们基本上都被分配给了已知的应用协议。这些端口由于已经有了固定的使用者,不能被动态地分配给其他应用程序。TCP 协议和 UDP 协议的一些常用保留端口如表 5-1 所示。

表 5-1 TCP 协议和 UDP 协议的一些常用保留端口

	端口号	关键字	应用协议
UDP 保留端口举例	53	DNS	域名服务
	69	TFTP	简单文件传输协议
	161	SNMP	简单网络管理协议
	520	RIP	RIP 路由选择协议
TCP 保留端口举例	21	FTP	文件传输协议
	23	Telnet	虚拟终端协议
	25	SMTP	简单邮件传输协议
	53	DNS	域名服务
	80	HTTP	超文本传输协议
	119	NNTP	网络新闻传输协议

DNS 服务器在工作过程中往往用到 TCP 协议,又用到 UDP 协议,当 DNS 服务器之间传输时使用 TCP 协议,当客户端与 DNS 服务器之间传输信息时用的是 UDP 协议。无论是使用 TCP 协议实现 DNS 服务器之间传输信息时,还是使用 UDP 协议实现客户端与 DNS 服务器之间传输信息时,其使用的端口号都是 53。

2. 动态分配的端口

这种端口号一般都大于 1 024,这一类的端口没有固定的使用者,它们可以被动态地分配给应用程序使用。也就是说,在使用应用软件访问网络的时候,应用软件可以向系统申请一个大于 1 024 的端口号临时代表这个软件与传输层交换数据,并且使用这个临时的端口号与网络上的其他主机通信。

3. 注册端口

某些软件厂商通过使用注册端口,使它的特定软件享有固定的端口号,而不用向系统申请动态分配的端口号。一般,这些特定的软件要使用注册端口,其厂商必须向端口的管理机构注册。大多数注册端口的端口号大于 1 024。

TCP 和 UDP 都允许 16 位的端口值,分别能够提供 65 536 个端口。端口的作用就是让应用层的各种应用进程都能将其数据通过端口向下交付给传输层,以及让传输层知道应当将其报文中的数据向上通过端口交付给应用层相应的进程。从这个意义上讲,端口是用来标志应用层的进程。端口号只具有本地意义,即端口号只是为了标志本计算机应用层中的各进程。在因特网中不同计算机的相同端口号是没有联系的。

5.2 用户数据报协议 UDP

5.2.1 UDP 简介

UDP(User Datagram Protocol,用户数据报协议)属于传输层协议,是一个无连接协议。日常用的 QQ 软件在传输层上使用的就是这个协议。它主要用来支持那些需要在计算机之间传输大量数据并且对可靠性要求不高的网络应用,比如网络视频会议等。

UDP 只在 IP 的数据包服务之上增加很少的功能,即端口的功能和差错检测的功能。虽然 UDP 用户数据报只能提供不可靠的交付,但 UDP 在某些方面有其特殊的优点。

UDP 的主要特点是:

①UDP 是无连接的协议,也就是发送数据之前不需要建立连接,UDP 是面向报文的协议,不合并也不拆分报文,所以减少了开销和发送数据的时延。

②UDP 尽最大努力交付,也不保证可靠交付,因此主机不需要维持具有许多参数的、复杂的连接状态表。

③UDP 首部开销小,用户数据报的首部只有 8 字节。

④由于 UDP 没有拥塞控制,因此网络出现的拥塞不会使源主机的发送速率降低。

5.2.2 UDP 数据报结构

用户数据报 UDP 报文由首部字段和数据字段两部分组成,首部字段很简单,仅包含 4

个字段,每个字段的长度都是 2 字节,如图 5-1 所示。

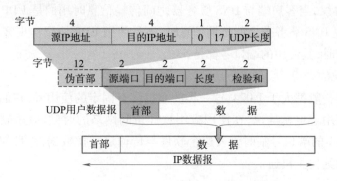

图 5-1　UDP 数据报的结构

①UDP 报文的伪首部是指其信息仅在在计算报文检验和时有用,也就是计算检验和时,临时把伪首部和 UDP 用户数据报连接在一起进行计算。

②源端口号和目的端口号指明了这个 UDP 数据报的发送者和接收者。

③UDP 长度值是 UDP 首部和用户数据的总长度,因此 UDP 长度最小为 8 字节。

④检验和是一个可选字段。如果首部和数据的总长度是奇数字节,需要在后面补 0 进行计算。

在发送数据时,UDP 实体构造好 UDP 报文后,交付给 IP,IP 将整个 UDP 报文封装在 IP 数据包中,形成 IP 数据包发送到网络中。

在接收数据时,UDP 实体判断 UDP 报文的目的端口是否与当前使用的某个端口匹配。若匹配,则将报文存入接收队列;若不匹配,则向源端发送一个端口不可达的 ICMP 报文,同时丢弃 UDP 报文。

5.3　传输控制协议 TCP

TCP 能提供端到端的可靠通信,协议比较复杂,主要解决三个问题:连接管理、流量控制和拥塞控制。

5.3.1　TCP 简介

TCP(Transmission Control Protocol)是面向连接的协议,是可靠的协议,所以有连接的建立过程、数据的传输过程及连接的关闭过程。TCP 与 UDP 虽然都是传输层的传输协议,但是它们之间存在明显的区别,主要表现在以下几个方面:

①对于可靠性要求高的应用需要采用 TCP 协议,因为 UDP 不能够提供可靠的数据传输服务,所以在需要保证数据传输的可靠性时,通常使用 TCP。

②对于网络传输质量要求不高及不太关心数据传输的可靠性时,采用 UDP 协议比较好,使用时的开销小,传输效率高。

③TCP 提供可靠的、面向连接的传输服务;UDP 提供不可靠的、无连接的传输服务。

④TCP 适用于一次传送大批量的数据,以减少建立连接和释放连接的次数;UDP 适用于多次少量数据的传输,以及实时性要求高的业务。

⑤TCP 是面向数据流的协议,传输时可以对数据分片与组装;UDP 是基于数据报的协议,对于要传输的报文不会进行分片处理,一次传输整个报文。

⑥ 使用 TCP 传输的应用程序和协议包括 FTP、Telnet、SMTP 等;使用 UDP 传输的应用程序和协议包括 RIP(Routing Information Protocol,路由信息协议)、TFTP(Trivial File Transfer Protocol,简单文件传输协议)、SNMP 等。

5.3.2 TCP 数据报结构

TCP 数据报由首部和数据两部分组成,其中,数据部分是可变的。比如,在一个连接建立和连接终止时,双方交换的报文并不包含数据。TCP 数据报首部的最小长度为 20 字节,TCP 数据报的结构如图 5-2 所示。

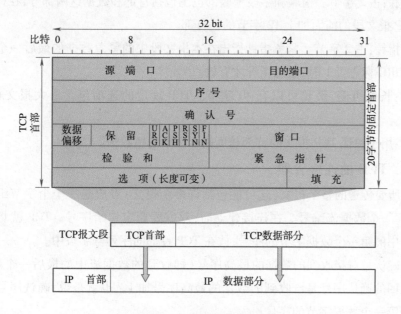

图 5-2 TCP 数据报的结构

①源端口:占 2 字节,指发送端的端口号。

②目的端口:占 2 字节,指接收端的端口号。

③序号:占 4 字节,指本报文段所发送的数据的第一个字节的序号。

④确认号:占 4 字节,是期望收到对方的下一个报文段的数据的第一个字节的序号。

⑤数据偏移:占 4 bit,指出 TCP 报文段的数据起始处距离 TCP 报文段的起始处有多远。"数据偏移"的单位不是字节而是 32 bit 字(4 字节为计算单位)。

⑥保留:占 6 bit,保留为今后使用,但目前应置为 0。

⑦标志:共有 SYN、ACK、PSH、RST、URG 和 FIN6 个标志信息。其中,URG 表示紧急指

计算机网络技术与应用

针,当 URG = 1 时,表明紧急指针字段有效。它告诉系统此报文段中有紧急数据,应尽快传送(相当于高优先级的数据)。ACK 表示确认,只有当 ACK = 1 时确认号字段才有效;当 ACK = 0 时,确认号无效。PSH 表示尽快将数据送往接收进程,接收 TCP 收到推送比特置 1 的报文段,就尽快地交付给接收应用进程,而不再等到整个缓存都填满了后再向上交付。RST 表示复位连接,当 RST = 1 时,表明 TCP 连接中出现严重差错(如由于主机崩溃或其他原因),必须释放连接,再重新建立传输连接。SYN 表示同步,同步比特 SYN 置为 1,就表示这是一个连接请求或连接接收报文;FIN 表示终止,用来释放一个连接,当 FIN = 1 时,表明此报文段的发送端的数据已发送完毕,并要求释放传输连接。

⑧窗口:占 2 字节。窗口字段用来控制对方发送的数据量,单位为字节。TCP 连接的一端根据设置的缓存空间大小确定自己的接收窗口大小,然后通知对方,以确定对方的发送窗口的上限,主要用来进行流量控制。

⑨检验和:占 2 字节。检验和字段检验的范围包括首部和数据这两部分,在计算检验和时,要在 TCP 报文段的前面加上 12 字节的伪首部。

⑩紧急指针:占 2 字节。紧急指针指出在本报文段中的紧急数据的最后一个字节的序号,只有当 URG 标志置 1 时,紧急指针才有效。

⑪选项:长度可变,最长可以有 40 字节。TCP 规定的选项包含最大报文长度、时间戳等。

⑫填充:用于保证 TCP 报文的首部长度是 4 字节的整数倍。

5.3.3 TCP 的连接管理

TCP 将所要传送的整个报文(这可能包括许多个报文)看成是一个个字节组成的数据流,然后对每一个数据流编号。在连接建立时,双方要商定初始序号。TCP 就将每一次所传送的报文中的第一个数据字节的序号,放在 TCP 首部的序列号字段中。

TCP 的确认是对接收到的数据的最高序号(即收到的数据流中的最后一个序号)表示确认。但返回的确认序号是已收到的数据的最高序号加 1。也就是说,确认序号表示期望下次收到的第一个数据字节的序号。

TCP 连接的建立过程较复杂,常简称为建立连接的"三握手"过程,TCP 连接的关闭过程也较复杂,常简称为释放连接的"四挥手"过程。

1. TCP 建立连接的"三握手"过程

三次握手的简单过程是:客户机 A 向服务器 B 发出连接请求数据包"我想给你发数据,可以吗?",这是第一次握手;服务器 B 服务器 A 发送同意连接和要求同步(同步就是两台主机一个在发送,一个在接收,协调工作)的数据包"可以,你什么时候发?",这是第二次握手;客户机 A 再发出一个数据包确认服务器 B 的要求同步"我现在就发,你接吧!",这是第三次握手。三次"对话"的目的是使数据包的发送和接收同步,经过三次"对话"之后,客户机 A 才向服务器 B 正式发送数据,具体过程如图 5-3 所示。

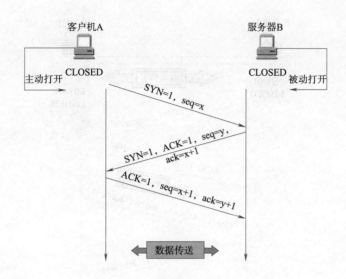

图 5-3　TCP 建立连接的"三握手"的过程

①客户机 A 向服务器 B 发出 TCP 连接请求报文,其首部中的同步位 SYN = 1,并选择序号 seq = x,表明传送数据时的第一个数据字节的序号是 x。TCP 的标准规定,SYN 置 1 的报文不能携带数据,但要消耗一个序号。

②服务器 B 收到客户机 A 发的 TCP 连接请求报文后,如同意连接,则向客户机 A 发送连接同意报文。服务器 B 在连接同意报文中设置 SYN = 1,同时设置 ACK = 1,并设置确认号 ack = x + 1,自己选择的序号 seq = y。

③客户机 A 收到服务器 B 返回的确认报文后,又向服务器 B 发送确认报文,并设置 ACK = 1,确认号 ack = y + 1,seq = x + 1,该报文中不含数据,序号 x + 1 不被消耗。这时客户机 A 的 TCP 协议就通知上层应用程序进程可靠的 TCP 连接已经建立,服务器 B 的 TCP 协议收到客户机 A 的确认后,也通知其上层应用程序进程 TCP 连接已经建立。

至此,客户机 A 和服务器 B 通过三次协商过程,就建立了可靠的连接,为应用层数据的传输奠定了基础。在连接建立时,客户机主动发起连接请求,服务器被动等待连接建立。

TCP 协议能为应用程序提供可靠的通信连接,使一台计算机发出的字节流无差错地发往网络上的其他计算机,对可靠性要求高的数据通信系统往往使用 TCP 传输数据,如应用层的 HTTP、FTP、SMTP、POP3(Post Office Protocol3,邮局协议第 3 版)等都是基于 TCP 的协议。

2. TCP 释放连接的"四挥手"的过程

客户机和服务器之间的 TCP 连接建立起来后,就可以进行信息的双向传递,数据传输结束,双方都可以发出释放连接,释放连接的过程往往经过 4 个步骤,具体过程如图 5-4 所示。

假设客户机 A 向服务器 B 已经发送完数据,以客户机 A 发起释放连接信息为例,来介绍具体释放连接的过程。

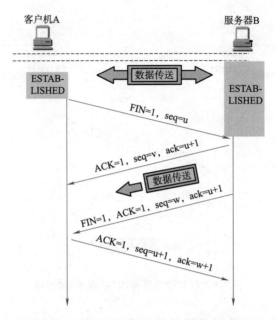

图 5-4 TCP 释放连接的"四挥手"的过程

①客户机 A 向服务器 B 发出连接释放报文,并停止再发送数据,主动关闭 TCP 连接。客户机 A 设置连接释放报文首部的 FIN = 1,其序号 seq = u,等待服务器 B 的确认。u 为客户机 A 已传送的数据的最后一个字节的序号加 1,TCP 的标准规定,FIN 报文即使不携带数据,也要消耗一个序号。

②服务器 B 接收到客户机 A 连接释放请求报文后,服务器 B 就向客户机 A 发出确认报文,确认号 ack = u + 1,本确认报文自己的序号 seq = v。至此,从客户机 A 到服务器 B 这个方向的连接就释放了,TCP 连接处于半关闭状态,此时,服务器 B 若向客户机 A 发送数据,客户机 A 仍可接收。

③若服务器 B 已经没有需要向客户机 A 发送的数据,服务器 B 就可以释放连接。服务器 B 设置发出的连接释放报文的 FIN = 1,ACK = 1,ack = u + 1,seq = w(w 为服务器 B 在这之前发送的数据的最后一个字节的序号加 1)。

④客户机 A 收到服务器 B 发的连接释放报文后,必须发出确认报文。需要设置确认报文的 ACK = 1,确认号 ack = w + 1,序号 seq = u + 1。

至此,客户机 A 和服务器 B 通过 4 次协商过程,就释放了 TCP 的可靠连接,双方不可以再进行通信,若想通信,必须再进行连接建立的三握手过程。

5.3.4 TCP 的流量控制

TCP 采用窗口机制来进行流量的控制。因为数据到达对方后,不是直接就被处理,而是放在缓冲区,然后再处理。如果缓冲区太小,就会出现超出或溢出现象。流量控制的目的是保证接收端来得及处理发送端发送的数据,进而减少重传,提高网络的利用率和吞吐量。在通信的过程中,接收端设备可根据自己的资源情况,随时动态地调整对方的发送窗口上限值(可增大或减小)。TCP 的滑动窗口是以字节为单位的,其实现机制如图 5-5 所示。

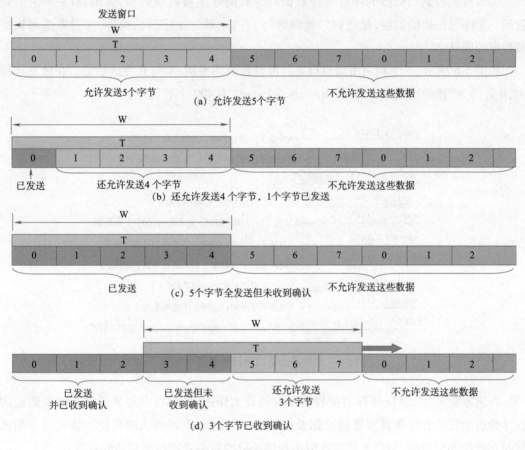

图 5-5 滑动窗口的实现机制

发送端设备和接收端设备分别设定发送窗口和接收窗口。发送窗口用来对发送端进行流量控制;发送窗口的大小代表在还没有收到对方确认信息的情况下发送端设备最多可以发送多少字节的数据。

1. 发送窗口的规则

①发送窗口内的数据是允许发送的,而不考虑有没有收到确认。

②每发送完一个字节数据,允许发送的字节数就减1。

③如果所允许发送的 5 个字节都发送完了,但还没有收到任何确认,就不能再发送任何数据。

④每收到一个字节的确认,发送窗口就向前(向右)滑动一个字节的位置。

2. 接收窗口的规则

①在接收端只有当收到的数据的发送序号落入接收窗口内才允许将该数据收下。

②若接收到的数据落在接收窗口之外,则一律将其丢弃。

③只有当收到的数据的序号与接收窗口一致时才能接收该数据;否则,就丢弃它。每收到一个序号正确的数据,接收窗口就向前(向右)滑动一个字节的位置,同时发送对该字节数据的确认。

如图 5-6 所示,一个利用滑动窗口进行流量控制的案例:A 向 B 发送数据。在建立连接时,B 告诉 A"我的接收窗口 rwnd(Receive Window)为 400 字节"。

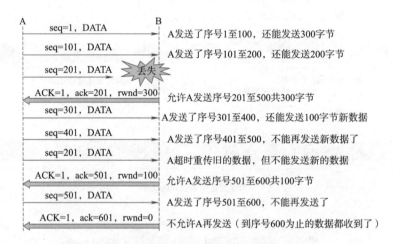

图 5-6 利用滑动窗口进行流量控制举例

在流量控制中,发送缓存与接收缓存起到较大作用,发送缓存用来暂时存放发送应用程序传送给发送方准备要发送的数据及已发出的但尚未收到确认的数据。接收缓存用来暂时存放按序到达的,但尚未被接收应用程序读取的数据及不按序到达的数据。

5.3.5 TCP 的拥塞控制

1. 拥塞的定义

在计算机网络中,带宽、中间交换结点中的缓存和处理机等都是网络的资源。若在某段时间内,对网络中某一资源的需求超过了该资源所能提供的可用部分,那么网络的性能就会变坏,这种情况就称为拥塞。

2. 拥塞控制的一般原理

通常情况下,网络拥塞是由许多因素引起的。例如,当某个结点缓存的容量太小时,到达该结点的分组会因为没有存储空间而不得不被丢弃。假设将该结点的缓存扩容到非常大,那么凡是到达该结点的分组均可在结点的缓存队列中排队,不受空间的限制。但是,由于输出链路的容量和处理机的处理速度并未提高,因此在这个队列中的绝大多数分组的排队等待时间将会大大增加,结果上层应用程序只好把它们进行重传(因为排队等待时间过长导致了超时)。由此可见,简单地扩大缓存空间的容量同样会造成网络资源的严重浪费,因而不能解决网络拥塞的问题。

又如,假设网络拥塞是由于处理机的处理速度慢导致的,简单地将处理机的速率提高,可能会使拥塞的情况缓解一些,但往往又会将瓶颈转移到其他地方。所以,问题的实质通常是整个系统的各个部分不匹配,只有各个部分都达到了平衡,问题才会真正得到解决。

如果网络出现拥塞,将会导致分组丢失,然后发送方就会继续重传分组,这无疑会导致网络更加拥塞。因此,当出现拥塞时,应该控制发送方的速率。这点和流量控制很像,但是出发点不同。流量控制是为了让接收方来得及接收,而拥塞控制是为了降低整个网络的拥塞程度。下面从两个方面来介绍流量控制与拥塞控制的区别:

①拥塞控制是防止过多的数据注入到网络中,这样可以使网络中的路由器或链路不致过载;而流量控制所要做的是抑制发送端发送数据的速率,以便接收端来得及接收。

②拥塞控制是一个全局性的过程,涉及到所有的主机、所有的路由器,以及与降低网络传输性能有关的所有因素;而流量控制是指点对点通信量的控制,是个端到端的问题(接收端控制发送端)。

3. 拥塞控制方法

TCP 采用基于窗口的方法进行拥塞控制:

①TCP 发送方维持一个拥塞窗口 cwnd(Congestion Window),窗口值的大小取决于网络的拥塞程度,并且动态地变化。

②发送端利用 cwnd 调整发送的数据量。所以,在实际的通信中,发送窗口的大小不仅取决于接收方公告的接收窗口,还取决于网络的拥塞状况,所以真正的发送窗口值 = Min(接收端公告的窗口值,拥塞窗口值)。

③控制拥塞窗口的原则为:只要网络没有出现拥塞,cwnd 就再增大一些;但只要网络出现拥塞,那 cwnd 就要减小一些。

④判断网络出现拥塞的依据为:发送方的重传定时器超时;收到三个重复的 ACK 报文(预示可能会出现拥塞,实际未发生拥塞)。

TCP 进行拥塞控制的算法有以下四种:慢开始、拥塞避免、快重传和快恢复。慢开始算法和拥塞避免算法是 1988 年提出的 TCP 拥塞控制算法(TCP Tahoe 版本),为了改进 TCP 的性能,1990 年又增加了两个新的拥塞控制算法:快重传和快恢复(TCP Reno 版本)。下面简单介绍这些算法的原理。为了讨论方便,这里假定:

①数据是单方向传送的,另一个方向只传送确认报文。

②接收端总是有足够大的缓存空间,因而发送窗口的大小由网络的拥塞程度来决定。

③以 TCP 报文的个数为讨论问题的单位,而不是以字节为单位。

(1)慢开始和拥塞避免

慢开始的算法思路为:由小到大逐渐增大拥塞窗口的数值。这里的"慢"并不是指 cwnd 值增长速率慢,应该这样理解:一开始就将 cwnd 值设置为一个很大的数值,那就会一下向网络中注入很多报文;而如果将 cwnd 值先设置为 1,然后逐渐增大,那么,要实现把很多报文段注入到网络中就显然会比前者"慢"。这样做是为了防止出现网络拥塞。

如图 5-7 所示,慢开始算法的具体实现机制为:

①设置初始 cwnd 的值为 1,设置一个慢开始门限 ssthresh(Slow Start Threshold)。

②在每收到一个对新的报文段的确认后,可以把 cwnd 增加最多一个最大报文的数值(可称为指数级增长)。

注意:图 5-7 中的"传输轮次"是指发送端把 cwnd 允许发送的报文段连续发送出去,并且收到了接收端对已发送数据的最后一个字节的确认的整个过程。

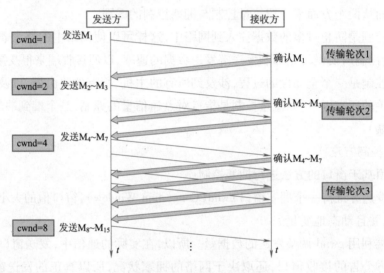

图 5-7　慢开始算法的实现机制

慢开始门限 ssthresh 的用法如下:

● 当 cwnd < ssthresh 时,执行慢开始算法。

● 当 cwnd > ssthresh 时,停止慢开始算法,改用拥塞避免算法。

● 当 cwnd = ssthresh 时,既可以执行慢开始算法,也可以执行拥塞避免算法。

拥塞避免算法的思路为:让拥塞窗口 cwnd 缓慢地增大,即每经过一个传输轮次就把 cwnd 的值加 1,使 cwnd 的值按照线性规律缓慢增长(又称做"加法增大")。

如图 5-8 所示,在执行拥塞避免算法的过程中,只要发送方判断出网络出现拥塞,即重传定时器超时,就会依次执行以下操作(注意执行慢开始算法的过程中,亦会如此处理):

①ssthresh=cwnd/2。

②cwnd = 1。

③执行慢开始算法。

(2)快重传和快恢复

有时,个别报文段会在网络中丢失,但是网络并没有发生拥塞,这将会导致发送端超时重传,并误以为网络发生了拥塞,接下来发送端就会启动慢开始算法,也就是会把 cwnd 的值设置为1,这将会降低网络的传输效率。而快重传与快恢复算法就是为解决上述问题而提出来的。

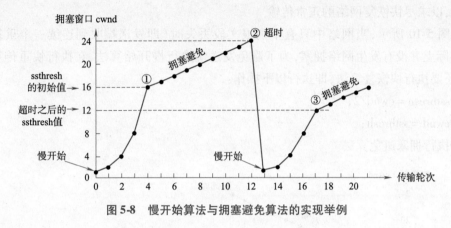

图 5-8　慢开始算法与拥塞避免算法的实现举例

快重传的算法思路为:使发送端尽快进行重传,而不需要等重传计时器超时才重传。

如图 5-9 所示,快重传的具体实现机制为:

①要求接收端不要等待发送数据时才进行确认,而是要立即发送确认。

②即使接收端收到了失序的报文段也要立即发出对已接收到的按序到达报文段的重复确认。

③发送方一旦收到三个连续的重复确认,就将相应的报文段立即重传(即快重传),而不是等该报文段的重传计时器超时才重传。这样,发送端就不会出现超时重传,也就不会误以为出现了拥塞。

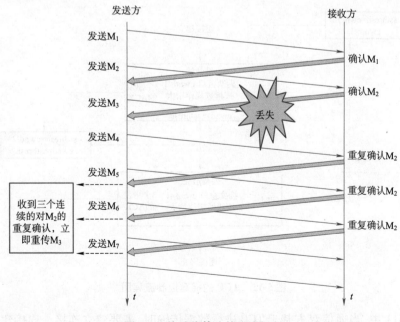

图 5-9　快重传算法的实现机制

快恢复的算法思路为:为了在出现个别报文段丢失的情况下(即发送端收到连续三个重复的确认)尽可能保证网络的传输性能,不将 cwnd 的值改为1,而是调整为慢开始门限值的一半,以求尽快恢复网络的正常传输。

如图 5-10 所示,当网络中只有个别报文段丢失时(即发送端收到连续三个重复的确认),实际上并没有发生网络拥塞,为了避免发送端执行慢开始算法,在执行快重传算法的同时,还要执行快恢复算法,即执行以下操作:

①ssthresh = cwnd/2;

②cwnd = ssthresh;

③执行拥塞避免算法。

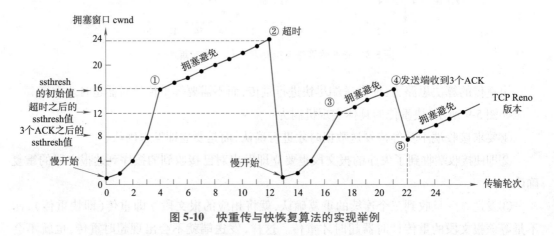

图 5-10　快重传与快恢复算法的实现举例

综上所述,TCP 进行拥塞控制的流程大致如图 5-11 所示。

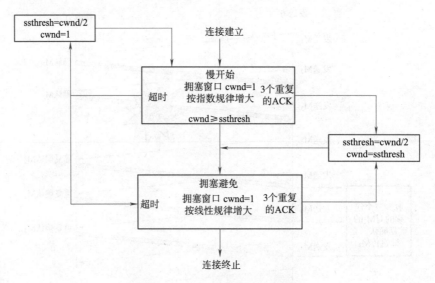

图 5-11　TCP 的拥塞控制流程图

在图 5-11 中,当通信双方基于 TCP 进行数据传输时,需要建立连接。连接建立以后,开始数据传输。为了避免出现网络拥塞,发送端首先将 cwnd 的值设置为1,并设置慢开始门限值 ssthresh,然后根据收到的确认报文段按照指数规律逐渐增大 cwnd 的值(即执行慢开始算法);当 cwnd≥ssthresh 时,就要开始控制 cwnd 的增长速率,调整为线性增长(即执行拥塞避免算法)。在执行慢开始算法和拥塞避免算法的过程中,如果出现超时计时器重传的情况,发送端就会将当前的 cwnd 的值修改为1,ssthresh 的值修改为当前 cwnd 的一半,接着执行慢开始算法;如果出现个别报文段丢失的情况(即发送端收到3个连续的重复确认报文),就会立即重传丢失的报文,同时将当前的 cwnd 的值修改为 ssthresh,ssthresh 的值修改为当前 cwnd 的一半,接着执行拥塞避免算法(即执行快重传和快恢复算法)。当数据传输结束以后,需要终止连接。

TCP 在一个连接初始化或超时后使用一种"慢启动"机制来增加拥塞窗口的大小,拥塞窗口的起始值一般为最大分段大小(Maximum segment size,MSS)的两倍,虽然名为"慢启动",初始值也相当低,但其增长却很快:当每个分段得到确认时,拥塞窗口会增加一个MSS,使得在每次往返时间(round-trip time,RTT)内拥塞窗口能高效地双倍增长。当拥塞窗口超过慢启动阈值(ssthresh)时,算法就会进入一个名为"拥塞避免"的阶段。在拥塞避免阶段,只要未收到重复确认,拥塞窗口则在每次往返时间内线性增加一个 MSS 大小,这种机制的应用使得网络拥塞现象能够得到较好的解决。

本章小结

本章主要介绍了传输层的功能、传输层的两大协议 UDP 和 TCP、TCP 的连接管理机制、TCP 的流量控制机制和 TCP 的拥塞控制机制。通过本章的学习,读者应该能理解传输层的功能、TCP 和 UDP 的特点,掌握 TCP 的连接管理机制、流量控制机制和拥塞控制机制。本章的主要知识要点是:

1. 传输层是网络体系结构中承上启下的一层,起着屏蔽通信子网细节,向上提供通信服务的作用。

2. UDP(User Datagram Protocol,用户数据报协议)属于传输层协议,是一个无连接协议。

3. TCP(Transmission Control Protocol,传输控制协议)能提供端到端的可靠通信,协议比较复杂,主要解决三个问题:连接管理、流量控制和拥塞控制。

4. TCP 通信包括建立连接、数据传输和拆除连接三个过程。TCP 使用三次握手协议来建立连接,TCP 使用四次挥手协议来拆除连接。

5. TCP 采用滑动窗口机制来进行流量的控制。流量控制的目的是保证接收端来得及处理发送端发送的数据,进而减少重传,提高网络的利用率和吞吐量。

6. TCP 采用基于窗口的方法进行拥塞控制。拥塞控制是防止过多的数据注入到网络中,以避免路由器或链路过载。

7. TCP 进行拥塞控制的算法有以下四种:慢开始、拥塞避免、快重传和快恢复。

习 题

一、选择题

1. 下列关于 TCP 和 UDP 的说法正确的是(　　)。

A. 两者都是面向无连接的

B. 两者都是面向连接的

C. TCP 是面向连接而 UDP 是面向无连接的

D. TCP 是面向无连接而 UDP 是面向连接的

2. TCP 协议的三握手过程用于(　　)。

A. 传输层的流量控制　　　　　　B. 网络层的路由选择

C. 传输层连接的建立　　　　　　D. 数据链路层的差错控制

3. TCP 滑动窗口内序号对应的数据是(　　)。

A. 已发送　　　　B. 可发送　　　　C. 未发送　　　　D. 不可发送

4. 慢开始算法的拥塞窗口呈(　　)。

A. 指数规律增长　　　　　　　　B. 乘法减小

C. 线性规律增长　　　　　　　　D. 加法增大

5. TCP 协议四挥手过程用于(　　)。

A. 传输层的流量控制　　　　　　B. 传输层的拥塞控制

C. 传输层连接的拆除　　　　　　D. 传输层连接的建立

二、填空题

1. TCP 的协议数据单元称为_____。

2. TCP 的流量控制采用_____机制,流量控制实际上是对_____的控制。

3. 套接字由_____和_____两部分组成。

4. TCP 在进行流量控制和拥塞控制时,发送端的发送窗口上限值应取接收端通告的窗口值和_____中较小的那一个。

5. TCP 的拥塞控制采用了四种算法,即_____、_____、_____和_____。

三、问答题

1. 简述 TCP 与 UDP 的区别。

2. 简述 TCP 的流量控制与拥塞控制的区别。

3. 什么是拥塞?

4. 简述四种拥塞控制算法的原理,并分别说明四种算法在什么情况下会被执行。

第 **6** 章

应 用 层

6.1 域名解析系统

域名解析系统(Domain Name System,DNS)的作用是进行域名解析,域名解析的含义是把易于记忆但网络设备不能直接识别的域名地址转换为不易记忆但网络设备可以识别的 IP 地址的过程。例如, 在浏览器中输入 www.chinaitlab.com 会自动转换成为 202.104.237.103。域名到 IP 地址的解析是由若干个域名服务器程序完成的。域名服务器程序在专设的结点上运行,运行该程序的机器称为域名服务器(也称 DNS 服务器)。要想成功配置 DNS 服务器,该计算机必须拥有一个静态 IP 地址,以便 DNS 客户端能够方便地找到 DNS 服务器。另外如果希望该 DNS 服务器能够解析 Internet 上的域名,还需保证该 DNS 服务器能正常连接 Internet,并且要拥有一个静态的公网 IP 地址。

6.1.1 域名空间

早在 ARPANET 时代,整个网络上只有数百台计算机。因此只需用一个叫做 Hosts 的文件列出所有主机名字与相应的 IP 地址即可。1983 年 Internet 开始采用层次结构的命名树作为主机的名字,并使用域名系统 DNS。Internet 的域名系统 DNS 被设计成一个联机分布式数据库系统,并采用客户机/服务器的工作模式。

1. 域名空间的层次结构

一个服务器所负责管辖的(或有权限的)范围叫做区(Zone),DNS 服务器的管辖范围不是以"域"为单位,而是以"区"为单位,区的范围可以与域的范围相同也可以小于域,各单位根据具体情况来划分自己管辖范围的区。

Internet 采用层次结构来表示域名空间,如图 6-1 所示。任何一个连接在 Internet 上的主机或路由器都有一个唯一的层次结构的名字,即域名(Domain Name)。域(Domain)可以继续划分为子域,如二级域、三级域和四级域等。

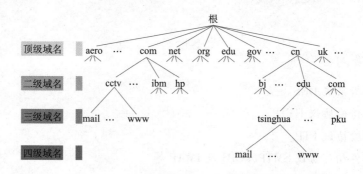

图 6-1 域名空间

域名只是一个逻辑概念,不反应计算机所在的物理地点,域名的结构由若干个分量组成,各分量之间用点隔开。例如,三级域名 . 二级域名 . 顶级域名。

每一级的域名都由英文字母和数字组成(不超过 63 个字符,且不区分大小写)。一个完整的域名可多至 5 个子域名,且一个完整的域名不超过 255 个字符。

2. 域名组织模式

在因特网上,有两种不同的域名组织模式。第一种是按部门机构组织的,称为"组织模式";第二种是按地理位置组织的,称为"地理模式"。

在因特网上看到的绝大部分主机都是按组织模式命名域名的,而且域名中的高层部分都已经国际标准化了。表 6-1 为按部门机构组织的顶级域,表 6-2 为按地域组织的顶级域。

表 6-1 按部门机构组织的顶级域

域　名	网 络 属 性	域　名	网 络 属 性	域　名	表示的网络属性
com	营利的商业实体	mil	军事机构或组织	store	商场

续表

域　名	网 络 属 性	域　名	网 络 属 性	域　名	表示的网络属性
edu	教育机构或设施	net	网络资源或组织	wb	和 WWW 相关实体
gov	非军事性政府或组织	org	非营利性组织机构	arts	文化娱乐
int	国际性机构	firm	商业或公司	arc	消遣性娱乐

表 6-2　按地域组织的顶级域

域　名	国家或地区	域　名	国家或地区	域　名	国家或地区
au	澳大利亚	ca	加拿大	ch	瑞士
cn	中国	cu	古巴	de	德国
dk	丹麦	es	西班牙	fr	法国
sg	新加坡	in	印度	It	意大利
jp	日本	us	美国	se	瑞典

6.1.2　DNS 服务器及域名解析

DNS 服务器又称域名服务器,主要提供把域名解析为 IP 地址的服务。当网络上的一台客户机访问某一服务器上的资源时,用户在浏览器地址栏中输入的是便于记忆的域名。而网络上的计算机之间实现连接却是通过每台计算机在网络中拥有的唯一的 IP 地址来完成的,这就需要在用户容易记忆的地址和计算机能够识别的地址之间有一个解析,DNS 服务器便充当了地址解析的重要角色,它可以将域名解析为与其相关的 IP 地址。

1. 域名服务器的分类

域名服务器根据其功能及管辖范围不同,可以分为 4 种类型,分别是:根域名服务器 、顶级域名服务器 、权限域名服务器和本地域名服务器,各类域服务器之间的关系如图 6-2 所示。

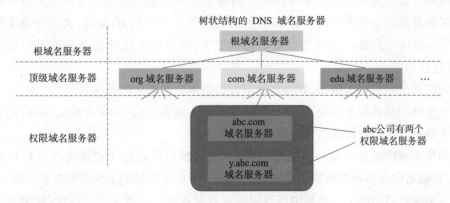

图 6-2　各类域名服务器之间的关系

①根域名服务器:根域名服务器是最高层次的域名服务器,也是最重要的域名服务器,主要用来管理互联网的主目录。所有的根域名服务器都知道所有的顶级域名服务器的域

名和 IP 地址。本地域名服务器,若要对互联网上任何一个域名进行解析,首先求助于根域名服务器。根域名服务器的域名用一个英文字母命名,从 a 到 m,其域名分别是 a. rootservers. net、b. rootservers. net、…、m. rootservers. net 共 13 个。

目前全世界有 13 台 IPv4 根域名服务器(Root Name Server),其中 1 台为主根服务器,放置在美国,其余 12 台均为辅根服务器,其中 9 台放置在美国,欧洲 2 台,位于英国和瑞典、亚洲 1 台,位于日本。在与现有 IPv4 根服务器体系结构充分兼容的基础上,由中国主导,并联合国际互联网 WIDE 机构的"雪人计划"于 2016 年在全球 16 个国家完成 25 台 IPv6 根服务器架设,事实上形成了 13 台原有根域名服务器加 25 台 IPv6 根域名服务器的新格局。

②顶级域名服务器:负责管理在该顶级域名服务器注册的所有二级域名,当收到 DNS 查询请求时,就给出相应的回答(可能是最后的结果,也可能是下一步应当找的域名服务器的 IP 地址)。

③权限域名服务器:负责一个区的域名服务器,当一个权限域名服务器还不能给出最后的查询回答时,就会告诉发出查询请求的 DNS 客户,下一步应当找哪一个权限域名服务器。

④本地域名服务器:也称默认域名服务器,当一个主机发出 DNS 查询报文时,这个报文首先被送往该主机的本地域名服务器。在用户计算机网卡的"Internet 协议(TCP/IP)属性"对话框中设置的首选 DNS 服务器即为本地域名服务器。每一个互联网服务提供者,或一个大学,甚至一个大学里的系,都可以拥有一个本地域名服务器。

2. 域名解析过程

主机向本地域名服务器的查询一般都是采用递归查询。如果主机所询问的本地域名服务器不知道被查询域名的 IP 地址,那么本地域名服务器就以 DNS 客户的身份,向其他根域名服务器继续发出查询请求报文。

本地域名服务器向根域名服务器的查询通常是采用迭代查询。当根域名服务器收到本地域名服务器的迭代查询请求报文时,要么给出所要查询的 IP 地址,要么告诉本地域名服务器下一步应当向哪一个域名服务器进行查询,然后让本地域名服务器进行后续的查询,具体过程如下:

①用户提出域名解析请求,并将该请求发送给本地的域名服务器。

②当本地的域名服务器收到请求后,就先查询本地的缓存,如果有该记录项,则本地的域名服务器就直接把查询的结果返回。

③如果本地的缓存中没有该记录,则本地域名服务器就直接把请求发给根域名服务器,然后根域名服务器再返回给本地域名服务器一个所查询域的主域名服务器的地址。

④本地服务器再向上一步骤中所返回的域名服务器发送请求,然后收到该请求的服务器查询其缓存,返回与此请求所对应的记录或相关的下级的域名服务器的地址。本地域名服务器将返回的结果保存到缓存。

⑤重复④,直到找到正确的记录。

⑥本地域名服务器把返回的结果保存到缓存,以备下次使用,同时还将结果返回给客户机。

假设一台计算机想获得域名"www. sina. com. cn"的服务器的 IP 地址,该计算机的本地域名服务器的地址设置为 202. 106. 0. 20,则其域名解析的过程如图 6-3 所示。

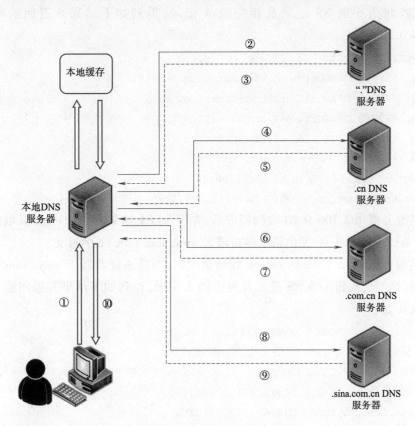

图 6-3 域名的解析过程

具体过程是:

①计算机发出请求解析域名 www. sina. com. cn 的报文。

②本地的域名服务器收到请求后,查询本地缓存,假设没有该记录,则本地域名服务器 202. 106. 0. 20 则向根域名服务发出请求解析域名 www. sina. com. cn。

③根域名服务器收到请求后,判断该域名属于 . cn 域,查询到 6 条 NS 记录及相应的 A 记录,得到如下结果并返回给本地服务器 202. 106. 0. 20:

```
cn. 172800 IN NS NS.CNC.AC.cn.
cn. 172800 IN NS DNS2.CNNIC.NET.cn.
cn. 172800 IN NS NS.CERNET.NET.
cn. 172800 IN NS DNS3.CNNIC.NET.cn.
cn. 172800 IN NS DNS4.CNNIC.NET.cn.
cn. 172800 IN NS DNS5.CNNIC.NET.cn.
```

```
NS.CNC.AC.cn.        172800 IN A 159.226.1.1
```

④域名服务器 202.106.0.20 收到回应后,先缓存以上结果,再向 .cn 域的服务器之一如 NS.CNC.AC.cn 发出请求解析域名 www.sina.com.cn 的报文。

⑤域名服务器 NS.CNC.AC.cn 收到请求后,判断该域名属于 .com.cn 域,开始查询本地的记录,查询到 6 条 NS 记录及相应的 A 记录,得到如下结果并返回给本地服务器 202.106.0.20:

```
com.cn. 172800 IN NS sld-ns1.cnnic.net.cn.
com.cn. 172800 IN NS sld-ns2.cnnic.net.cn.
com.cn. 172800 IN NS sld-ns3.cnnic.net.cn.
com.cn. 172800 IN NS sld-ns4.cnnic.net.cn.
com.cn. 172800 IN NS sld-ns5.cnnic.net.cn.
com.cn. 172800 IN NS cns.cernet.net.
cns.cernet.net. 68025 IN A 202.112.0.24
sld-ns1.cnnic.net.cn. 172800 IN A 159.226.1.3
```

⑥域名服务器 202.106.0.20 收到回应后,先缓存以上结果,再向 .com.cn 域的服务器之一如 sld-ns1.cnnic.net.cn 发出请求解析域名 www.sina.com.cn 的报文。

⑦域名服务器 sld-ns1.cnnic.net.cn 收到请求后,判断该域名属于 .sina.com.cn 域,开始查询本地的记录,找到 3 条 NS 记录及对应的 A 记录,得到如下结果并返回给本地服务器 202.106.0.20:

```
sina.com.cn.    43200 IN NS ns1.sina.com.cn.
sina.com.cn.    43200 IN NS ns2.sina.com.cn.
sina.com.cn.    43200 IN NS ns3.sina.com.cn.
ns1.sina.com.cn. 43200 IN A 202.106.184.166
ns2.sina.com.cn. 43200 IN A 61.172.201.254
ns3.sina.com.cn. 43200 IN A 202.108.44.55
```

⑧服务器 202.106.0.20 收到回应后,先缓存以上结果,再向 sina.com.cn 域的域名服务器之一如 ns1.sina.com.cn 发出请求解析域名 www.sina.com.cn 的报文。

⑨域名服务器 ns1.sina.com.cn 收到请求后,开始查询本地的记录,找到如下 CNAME 记录及相应的 A 记录,附加的 NS 记录及相应的 A 记录,得到如下结果并返回给本地服务器 202.106.0.20。

```
www.sina.com.cn. 60 IN CNAME jupiter.sina.com.cn.
jupiter.sina.com.cn. 60 IN CNAME libra.sina.com.cn.
libra.sina.com.cn. 60 IN A 202.106.185.242
libra.sina.com.cn. 60 IN A 202.106.185.243
libra.sina.com.cn. 60 IN A 202.106.185.244
libra.sina.com.cn. 60 IN A 61.135.152.74
sina.com.cn.    86400 IN NS ns1.sina.com.cn.
sina.com.cn.    86400 IN NS ns2.sina.com.cn.
```

sina.com.cn.　　86400 IN NS ns3.sina.com.cn.

ns1.sina.com.cn. 86400 IN A 202.106.184.166

ns2.sina.com.cn. 86400 IN A 61.172.201.254

ns3.sina.com.cn. 86400 IN A 202.108.44.55

⑩服务器 202.106.0.20 将得到的结果保存到本地缓存,同时将结果返回给客户机。至此,整个域名解析过程完成。

3. DNS 服务器的安装

默认情况下,Windows Server 系统不安装 DNS 服务,需要安装时,要通过添加 Windows 组件的方式来进行安装。其具体安装步骤参照本书第 9 章实训五 DNS 服务器的安装与配置,在此不再赘述。

4. DNS 客户端的设置

尽管 DNS 服务器已经创建成功,并且创建了合适的域名,也有可能在客户机的浏览器中却无法使用 www.yesky.com 这样的域名访问网站。这是因为虽然已经有了 DNS 服务器,但客户机并不知道 DNS 服务器在哪里,因此不能识别用户输入的域名。用户必须手动设置 DNS 服务器的 IP 地址才行。在客户机"Internet 协议(TCP/IP)属性"对话框中的"首选 DNS 服务器"文本框中设置刚刚部署的 DNS 服务器的 IP 地址。然后再次使用域名访问网站,就可以正常访问了。具体配置见本书第 9 章的实训五 DNS 服务器的安装与配置。

6.1.3 中文域名系统

经信息产业部批准,我国域名注册管理机构中国互联网络中心(CNNIC)于 2000 年推出了中文域名系统,中文域名是含有中文文字的域名,是符合国际标准的一种域名体系,使用方法和英文域名类似。

通用网址是一种新兴的网络名称访问技术,通过建立通用网址与网站地址的对应关系,实现浏览器的便捷访问,它是基于 DNS 之上的一种访问技术。

1. 注册中文域名的优点

①中国人自己的域名,使用方便,便于记忆。

②中文域名资源丰富,可以获得满意的域名。注册一个中文 . 中国域名,将自动获得中文 . cn 这样的域名。

③注册一个简体中文域名,自动获赠繁体中文域名,域名注册手续简便、快捷。

④显著的标识作用,体现自身的价值和定位。

⑤全中文服务,保障用户知情权。

⑥ 适用中国法律,全面保障用户利益。

⑦保障国家域名系统的安全。

2. 中文域名结构

中文域名系统原则上遵照国际惯例，采用树状分级结构，系统的根不被命名，其下一级称为"中文顶级域"，顶级域一般由"地理域"组成，二级域为"类别/行业/市地域"，三级域为"名称/字号"。格式如下：

地理域．类别/行业/市地域．名称/字号

中文域名的结构符合中文语序，例如，北京邮电大学的中文域名是北京．教育．北京邮电大学。北京邮电大学域下的子域名由其自行定义，例如，北京．教育．北京邮电大学．世纪学院。

3. 中文域名类型

根据信息产业部《关于中国因特网络域名体系的公告》，中文域名分为以下四种类型：中文．cn、中文．中国、中文．公司和中文．网络。也就是注册的中文域名至少需要含有一个中文文字，可以选择中文、字母(A~Z 或 a~z，大小写等价)、数字(0~9)或符号(—)命名中文域名，但最多不超过 20 个字符。例如：

①中国因特网络信息中心．中国。

②中国因特网络信息中心．cn。

③中国因特网络信息中心．公司。

④中国因特网络信息中心．网络。

4. 中文域名使用

使用中文域名时，用户只需在 IE 浏览器地址栏中直接输入中文域名即可访问相应网站。例如，输入"http://北京大学．cn"，即可访问北京大学的网站。如果用户觉得输入 http 的引导符比较麻烦，并且不愿意切换输入法，希望用"。"来代替"．"，那么只需到中国因特网络信息中心网站安装中文域名的软件就可以实现，例如，输入"北京大学。cn"即可访问北京大学的网站。

6.2 万维网 WWW

万维网 WWW(World Wide Web)也称环球信息资源网，它并非某种特殊的计算机网络，而是一个大规模的、联机式的信息储藏所。万维网用超级链接的方法把互联网上需要链接的资源链接起来，从而使网络的使用者能非常方便地从互联网上的一个站点访问另一个站点，从而主动地按需获取丰富的信息资源。WWW 服务是 Internet 提供的最重要的服务之一，Web 服务器是实现信息发布的平台，Internet 中各类网站都是通过 Web 服务器实现的，Web 客户端可以访问、浏览 Web 服务器上的网页。

6.2.1 万维网概述

WWW 服务是特殊的客户机/服务器(C/S)模式的系统，即它是基于浏览器/服务器(B/S)模式的系统。客户机是指安装有 Web 浏览器软件的计算机，服务器是指安装了 Web 服务器程序的计算机。客户机通过浏览器将请求发送到服务器,服务器响应这一请求,将其指定的 Web 页面或文档传送给客户机,每个 Web 页面或文档由全球资源定位器 URL(Uniform Resource Locator)来标识。

Web 客户机通过 HTTP(Hyper Text Transfer Protocol,超文本传输协议)与服务器建立连接、传输信息和终止连接,因此 Web 服务器也称为 HTTP 服务器。万维网的工作原理如图 6-4 所示。

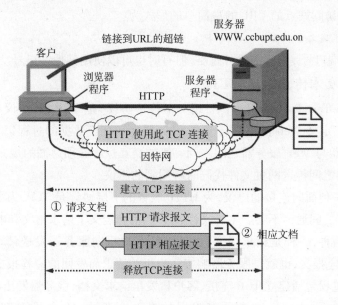

图6-4 万维网工作原理示意

客户端浏览器向 DNS 服务器请求 www. ccbupt. edu. cn 的 IP 地址,浏览器获得 IP 地址,向 Web 服务器建立 TCP 连接,不断发送页面对象请求,服务器收到请求,向客户端提供所需的网页,客户端获得页面对象后断开 TCP 连接。

6.2.2 统一资源定位符 URL

URL 是对从因特网上资源的位置和访问方法的一种简洁表示。URL 给资源的位置提供一种抽象的识别方法,并用这种方法给资源定位。

①URL 的一般形式为:

<URL 的访问方式>://<主机域名>:<端口>/<路径>

②HTTP 的 URL 的一般形式为:

HTTP://<主机域名>:<端口>/<路径>

HTTP 的默认端口号是80,通常可以省略。若再省略文件的<路径>项,则 URL 就指到因特网上的某个主页。例如:http://www. baidu. com/china/index. htm,是一个 URL,其各部分的含义如下:

• http://:代表超文本传输协议,通知 baidu. com 服务器显示 Web 页,通常不用输入。

- www. baidu. com:代表要访问的 Web 服务器的域名。
- /China:为该服务器上的子目录,类似于文件夹。
- Index. htm:是文件夹中的一个 HTML 文件(网页)。

访问百度最简洁的形式是:http://www. baidu. com,这种访问方法有两个前提,一是该服务器应用的 HTTP 的默认端口号 80,二是该服务器配置的开启默认文档,并把主页文件定义为了默认文档之一。

③使用 FTP 访问站点的 URL 的最简单的形式为:

Ftp:// <主机域名 >:<端口 >/<路径 >

FTP 的默认端口号是 21,一般可省略,但有时也可以使用其他端口号。

6.2.3 超文本传输协议 HTTP

HTTP(Hyper Text Transfer Protocol,超文本传输协议)是 TCP/IP 协议集中的一个重要应用层协议,用于定义 Web 浏览器与 Web 服务器之间交换数据的过程以及数据本身的格式,是 Web 浏览器与 Web 服务器之间一问一答的交互过程必须遵循的规则,是客户机浏览器和 Web 服务器之间传送网页文件代码时所用到的协议。

HTTP 也是一种面向连接的协议,为 HTTP 服务的下层协议是 TCP,为了保证 Web 客户机与 Web 服务器之间通信不会产生二义性,HTTP 精确定义了请求报文和响应报文的格式。HTTP 的报文有两种,一种是请求报文,也就是从客户机向服务器发送请求时所形成的报文。另一种是响应报文,也就是服务器响应客户机的请求而发回的应答报文。

HTTP 会话过程包括建立 TCP 连接、客户机发出请求文档、服务器发出响应文档和释放 TCP 连接 4 个步骤。HTTP 协议目前常用的有两个版本、一个是 HTTP1.0,另一个是 HTTP1.1。这两个版本的主要区别是:在 HTTP1.0 协议中,客户端与 Web 服务器建立连接后,只能获得一个 Web 资源,而 HTTP1.1 协议,允许客户端与 Web 服务器建立连接后,在一个连接上获取多个 Web 资源。

在 HTTP 的请求报文中,常用的请求方式是 GET 方式和 POST 方式。用户如果没有设置,默认情况下浏览器向服务器发送的都是 GET 请求,例如,在浏览器直接输入 URL 访问,或单击超级链接等方式访问,默认使用的都是 GET 请求,用户如想把请求方式修改为 POST 方式,网页的制作者可通过更改表单的提交方式来实现,网站的使用者是没办法进行修改请求方式的。无论是 POST 请求方式还是 GET 请求方式 ,都是用于客户机通过浏览器向服务器请求 Web 网页资源,这两种方式的区别主要表现在数据传递上:如请求方式为 GET 方式,则可以在请求的 URL 地址后以？的形式附带交给服务器的数据,多个数据之间以 & 进行分隔,例如:GET /mail/index. html? name = lisa&password = 666666。但是 GET 请求方式在 URL 地址后附带的参数是有限制的,其数据容量通常不能超过 1K。如果请求方式为 POST 方式,则可以在请求的实体内容中向服务器发送数据,并且传送的数据量无限制。

在 HTTP 的回应报文中,有一个重要的信息是状态码,用于表示服务器对请求的处理结果,它是一个三位的十进制数。典型状态码的含义如下:

①200(正常):表示一切正常,返回的是正常请求结果。

②302/307(临时重定向):指出被请求的文档已被临时移动到别处,此文档的新的 URL 在 Location 响应头中给出。

③304(未修改):表示客户机缓存的版本是最新的,客户机应该继续使用它。

④403(禁止):服务器理解客户端请求,但拒绝处理它。通常由于服务器上文件或目录的权限设置所致。

⑤404(找不到):服务器上不存在客户机所请求的资源。

⑥500(内部服务器错误):服务器端的 CGI 、ASP 、JSP 等程序发生错误。

6.2.4　超文本标记语言 HTML

HTML 是超文本标记语言(HTML,Hypertext Markup Language)的简称,是标准通用标识语言 SGML(Standard Generalized Markup Language)在万维网上的应用。存在于 Web 服务器上的网页,就是由 HTML 描述的,它是网页的组成部分。它使用一些约定的标记对 WWW 上各种信息(包括文字、声音、图形、图像、视频等)、格式以及超链接进行描述。当用户浏览 WWW 服务器上的信息时,浏览器会自动解释这些标记的含义,并将其显示为用户在屏幕上所看到的网页。基于 HTML 语言制作的简单网页的代码如下:

```
<html >
  <head >
    <title >简单网页代码示例 </title >
  </head >
  <body >
  <h1 >html 语言的特点 </h1 >
  <p >html 语言是一种标记语言,其标记常成对出现. </p >
  </body >
</html >
```

仅当 HTML 文档是以 .html 或 .htm 为扩展名时,浏览器才对此文档的各种标签进行解释。如果把 HTML 文档的扩展名修改为 .txt,则 HTML 解释程序就不对标签进行解释,而浏览器只能看见原来的文本文件。

客户机向 Web 服务器发出 Web 请求,以及 Web 服务器响应客户机的请求,都是基于 HTTP 协议的。也就是基于 HTML 的规范所写的 Web 页,传向客户端的过程中所要基于的协议就是 HTTP 协议。即 HTML 是一种语言,HTTP 是一种协议,用 HTML 开发的网页,需要在 HTTP 的要求和规范下传输。使用 HTML 语言描述的文件,需要发布(即配置 Web 服务器)后,才能被客户端访问到,客户端需要通过浏览器来访问 Web 服务器。

6.2.5　Web 服务器的配置与管理

一台计算机安装 Web 版操作系统,添加 Web 服务器组件,即可成为一台 Web 服务器,一台 Web 服务器上可以建立多个网站,各网站的拥有者只需要把做好的网页和相关文件放置在 Web 服务器的网站中,其他用户就可以用浏览器访问网站中的网页。配置 Web 服务器,就是在服务器上建立网站。具体配置见本书第 9 章的实训三 Web 服务器的安装、配置与管理。

6.3 文件传输协议 FTP

文件传输协议 FTP(File Transfer Protocol)是在客户机与 FTP 服务器之间传递文件时所应遵循的一个标准,是 Internet 文件传送的基础。

6.3.1 FTP 概述

文件传输(File Transfer)是将一个文件或其中一部分从一个计算机系统传到另一个计算机系统。它可能把文件传输至另一台计算机中去存储,或访问远程计算机上的文件,或把文件传输至另一台计算机上去运行(作为一个程序)或处理(作为数据),或把文件传输至打印机去打印。由于网络中计算机的文件系统各不相同,因此要建立全网公用的文件传输规则,称之为文件传输协议 FTP。

FTP 用于在 Internet 上实现文件的双向传输,其主要功能是在主机间高速可靠地传输文件,最大的用处是把网站从本地端传输到服务器上,比如阿里云等空间。

6.3.2 FTP 的工作原理

FTP 服务采用典型的客户机/服务器工作模式,一个 FTP 服务器进程可同时为多个客户进程提供服务。为 FTP 提供服务的也是传输层的 TCP,所以 FTP 也可以实现可靠的传输。

1. FTP 的两个连接

FTP 的客户机与服务器之间需要建立双重连接,一个是控制连接,另一个是数据连接。控制连接用于传输 FTP 控制命令以及服务器的回送信息,数据连接用于数据传输,完成文件内容的传输。如图 6-5 所示为 FTP 实现文件传输的过程。

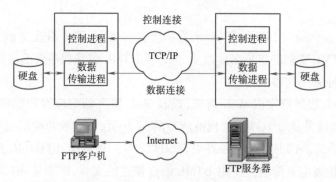

图 6-5　FTP 的实现文件传输的过程

①打开熟知端口(端口号为 21),使客户进程能够连接上。

②等待客户进程发出连接请求。

③启动从属进程来处理客户进程发来的请求。从属进程对客户进程的请求处理完毕后即终止,但从属进程在运行期间根据需要还可能创建其他一些子进程。

④回到等待状态,继续接受其他客户进程发来的请求。

控制连接在整个会话期间一直保持打开,FTP 客户机发出的传送请求通过控制连接发送给服务器端的控制进程,但控制连接不用来传送文件。实际用于传输文件的是"数据连接"。服务器端的控制进程在接收到 FTP 客户发送来的文件传输请求后,就创建"数据传送进程"和"数据连接",用来连接客户端和服务器端的数据传送进程。数据传送进程实际完成文件的传送,在传送完毕后关闭"数据连接"并结束运行。

2. FTP 的两个不同的端口号

当客户进程向服务器进程发出建立连接请求时,要寻找连接服务器进程的熟知端口(21),同时还要告诉服务器进程自己的另一个端口号码,用于建立数据传送连接。接着,服务器进程用自己传送数据的熟知端口(20)与客户进程所提供的端口号建立数据连接。由于 FTP 使用了两个不同的端口号,所以数据连接与控制连接不会发生混乱。

使用两个独立的连接的主要好处是:

①使协议更加简单和更容易实现。

②在传输文件时还可以利用控制连接(例如,客户发送请求终止传输)。

3. FTP 服务器的配置与管理

FTP 服务器的具体配置与管理,见本书第 9 章的实训四 FTP 服务器的安装、配置与管理。

6.3.3　简单文件传输协议 TFTP

简单文件传输协议 TFTP(Trivial File Transfer Protocol)是一种基于 UDP 的文件传输协议,能够在客户端和服务器端之间进行简单文件的传输。它提供不复杂、开销不大、可靠性要求不高的文件传输服务。

与 FTP 相比,TFTP 提供的服务简单,可以当作是 FTP 的简化版本。具有以下特点:

①TFTP 只能从文件服务器上获得或写入文件,不能遍历目录。

②TFTP 不进行认证,在安全性方面弱于 FTP,但是对于可靠性要求不高的文件传输请求,就能减少无谓的系统和网络带宽消耗。

③TFTP 在传输文件时,采用的是传输层的 UDP,占用端口号为 69,因此,传输过程并不保证可靠传输。

综上所述,TFTP 适用于传输简单的小文件,在这样的应用场合效率更高。

6.4　电子邮件

电子邮件服务是一种通过计算机网络与其他用户进行联系的快速、简便、高效、廉价的现代化通信手段,是因特网早期使用较广泛和受用户欢迎的一种应用。

6.4.1　电子邮件概述

1. 电子邮件的格式

电子邮件的格式由邮件头(Header)和邮件主体(Body)两部分组成。邮件头包括收信人 E-mail 地址、发信人 E-mail 地址、发送日期、标题和发送优先级等,其中,前两项是必选的。邮件主体才是发件人和收件人要处理的内容。

E-mail 地址的标准格式为: <收信人信箱名>@ 主机域名。收信人信箱名指用户在某个邮件服务器上注册的用户标识,相当于是用户的一个私人邮箱,收信人信箱名通常用收信人姓名的缩写来表示;@ 为分隔符,一般把它读为英文的 at,主机域名是指信箱所在邮件服务器的域名。

2. 电子邮件系统的组成

一个电子邮件系统由三部分组成,分别是:用户代理、邮件服务器和邮件协议,邮件协议又分为发送邮件的协议和读取邮件的协议,发送邮件的协议是 SMTP(Simple Mail Transfer Protocol)协议和 MIME (Multipurpose Internet Mail Extensions)协议,读取邮件协议常用的是 POP3(Post Office Protocol 3)协议和 IMAP((Internet Message Access Protocol)协议,它们之间的关系如图 6-6 所示。

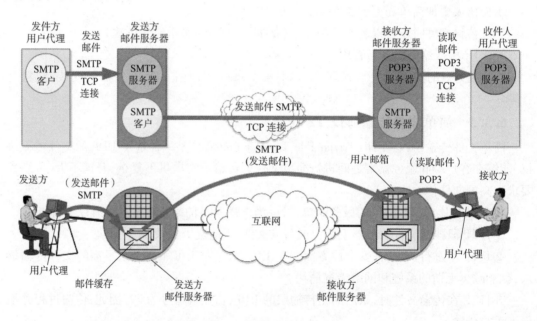

图 6-6　邮件系统的组成

(1)用户代理

用户代理(User Agent,UA)就是用户与电子邮件系统的接口,在大多数情况下就是用户计算机中运行的程序。用户代理使用户能够通过一个友好的接口与电子邮件系统交互,目前主要是窗口界面,允许人们读取和发送电子邮件,如 Outlook Express、Hotmail、Foxmail 以及基于 Web 界面的用户代理程序等。用户代理至少应当具有撰写、显示、处理三个基本功能。

(2)邮件服务器

邮件服务器是电子邮件系统的核心构件,包括邮件发送服务器和邮件接收服务器,邮件服务器按照客户/服务器模式工作。顾名思义,所谓邮件发送服务器是指为用户提供邮件发送功能的邮件服务器;而邮件接收服务器是指为用户提供邮件接收功能的邮件服务器。

（3）邮件协议

用户在发送邮件时,要使用邮件发送协议;邮件到达收件人所在邮件服务器以后,当收件人要读取邮件的时候,要使用邮件读取协议。

6.4.2　邮件发送协议

常见的邮件发送协议有简单邮件传输协议（SMTP）和多用途互联网邮件扩展协议（MIME）。前者只能传输文本信息,而后者则可以传输包括文本、声音、图像等在内的多媒体信息。

1. SMTP

SMTP 是电子邮件系统中的一个重要协议,它负责将邮件从一个"邮局"传送给另一个"邮局"。SMTP 不规定邮件的接收程序如何存储邮件,也不规定邮件发送程序多长时间发送一次邮件,它只规定发送程序和接收程序之间的命令和应答。

SMTP 邮件传输采用客户/服务器模式,邮件的接收程序作为 SMTP 服务器在 TCP 的 25端口守候,邮件的发送程序作为 SMTP 客户在发送前需要与 SMTP 服务器建立连接。一旦连接成功,收发双方就可以传递命令、响应和传送邮件内容。

SMTP 的通信经过三个阶段,一是连接建立,也就是在发送主机的 SMTP 客户和接收主机的 SMTP 服务器之间建立连接。二是邮件传送,经历两个阶段,首先是客户机到发送方的邮件服务器,再就是发送方的邮件服务器到接收方的邮件服务器。三是释放连接,邮件发送完毕后,SMTP 应释放 TCP 连接。

2. MIME

多用途互联网邮件扩展协议 MIME 并没有改变 SMTP 或取代它。MIME 继续使用目前的 RFC 822 格式,但增加了邮件主体的结构,并定义了传输非 ASCII 码的编码规则。MIME邮件可在现有的电子邮件程序和协议下传送。

6.4.3　邮件读取协议

常见的邮件读取协议有邮局协议（Post Office Protocol 3,POP3）和因特网报文存取协议（Internet Message Access Protocol,IMAP）两种。

邮局协议 POP3 本身采用客户/服务器模式,其客户程序运行在接收邮件的用户计算机上,POP3 服务器程序运行在邮件服务器上。当邮件到来后,首先存储在邮件服务器的电子信箱中。如果用户希望查看和管理这些邮件,可以通过 POP3 将邮件下载到用户所在的主机。

因特网报文存取协议 IMAP 同样采用客户/服务器模式。IMAP 是一个联机协议,当用户计算机上的 IAMP 客户程序打开 IAMP 服务器的邮箱时,用户就可看到邮件的首部。若用户需要打开某个邮件,则该邮件才传到用户的计算机上。电子邮件的传输过程如图 6-7 所示。

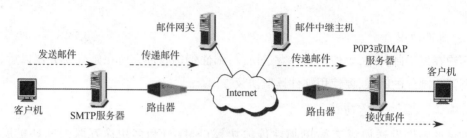

图 6-7　电子邮件的传输过程示意图

发信方先登录自己的邮箱系统,然后编辑电子邮件,再把编辑好的电子邮件发送到接收方的邮件服务器上,接收方再登录接收方的邮箱系统,收取电子邮件并进行阅读或转发等处理。

6.5　动态主机配置协议 DHCP

动态主机配置协议 DHCP(Dynamic Host Configuration Protocol)是 TCP/IP 协议家族中的一个较重要的成员,该协议能够简化对计算机上网参数的配置。IP 地址有两种配置方法,一种是手工添加,即静态 IP 地址;另一种是通过 DHCP 服务器自动分配,即动态 IP 地址。利用 DHCP 服务器能够减轻在网络上添加、移动和配置计算机的管理负担,能使对 IP 地址等上网参数的配置和管理自动化。此外,DHCP 服务器还可以解决一定的 IPv4 地址紧缺的问题。

6.5.1　DHCP 简介

DHCP 的前身是 BOOTP,BOOTP 原本是用于由无盘工作站组成的网络上的协议,网络上的工作站使用 BOOT ROM 而不是磁盘启动并连接网络,BOOTP 可以自动地为那些工作站主机设定 TCP/IP 环境。但 BOOTP 的缺点是在设定上网参数前须先获得工作站主机的硬件地址,并与 IP 地址静态绑定,不能节省 IP 地址。DHCP 可以说是 BOOTP 的增强版本,能够动态地分配 IP 地址,整体上它由两部分组成,一个是 DHCP 服务器,另一个是 DHCP 客户机,服务器上设有 IP 地址池及计算机上网所需的其他参数,它以 IP 租约的形式向 DHCP 客户机提供 IP 地址等上网参数的服务。

1. DHCP 的设计目标

DHCP 设计的主要目标是使 TCP/IP 网络的管理易于实现和维护,主要体现在以下三方面:

①自动分配和配置 IP 地址,用户无须手工配置。

②所有 IP 地址资源都由 DHCP 服务器统一存放、控制,集中 IP 子网的管理。

③对不使用的 IP 地址资源回收,提高利用率。

2. DHCP 的优点

①可避免手工设置所产生的错误。

②可避免多个用户使用相同 IP 地址而产生的冲突。

③无须网络管理员干涉,减少网络管理工作量。

3. DHCP 的缺点

①每个用户的 IP 地址是不固定的、随机的,不利于管理和监控。

②服务器故障可能会导致全网瘫痪,需要在网内做相应的冗余备份,网络组建成本
　增加。

6.5.2　DHCP 工作原理

　　DHCP 协议采用客户端/服务器模式工作,并采用 UDP 作为传输协议,客户端主机为主
叫方,首先发送请求消息到 DHCP 服务器的 68 号端口,DHCP 服务器回应应答消息给主机
的 67 号端口,主要过程是四步:DHCP client 广播 DHCPdiscover(IP 租约请求)→DHCP
servers 广播 DHCPoffer(IP 租约提供)→DHCP client 广播 DHCPrequest(IP 租约选择)→
DHCP Server1 广播 DHCPack(IP 租约确认),具体如图 6-8 所示。

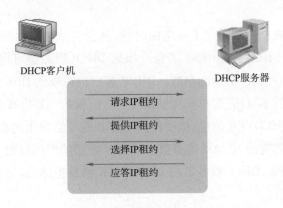

图 6-8　获得租约的四个步骤

　　1. 请求 IP 租约

　　当 DHCP 客户机设置为自动获取 IP 地址,那么在它开机或初始化 IP 时,就会在网络上
发一个 DHCP DISCOVER 广播包,由于该计算机并不知道 DHCP 服务器的地址,所以会用
255.255.255.255 作为目的地址,又由于该计算机还没有 IP 地址,并且不知道自己属于哪个
网络,所以使用 0.0.0.0 作为源地址,该广播包还包含发出 DHCP 请求的计算机的 MAC 地
址(网卡的物理地址)等信息,这样 DHCP 服务器可以确定是哪个客户机发来的请求。

　　2. 提供 IP 租约

　　当 DHCP 服务器接收到一个 DHCP DISCOVER 广播包时,它会从为其配置的地址池中
取出一个 IP 地址并且也在网络上发一个 DHCP OFFER 数据包给发出请求的客户机,该数
据包包含请求 DHCP 服务的客户机的 MAC 地址、DHCP 服务器为其所提供的 IP 地址、子网

掩码、租用期限,以及提供该租用信息的 DHCP 服务器本身的 IP 地址。DHCP 服务器发送 DHCP OFFER 数据包后仍暂时保留发送给客户机的地址,并等待客户机的确认信息。如果在 1s 内 DHCP 客户机没有收到 IP 地址,就将 DHCP DISCOVER 消息重复广播四次,四次重试的间隔时间为 2、4、8、16s。在四次请求之后,如果仍没有收到 DHCP 服务器的回应,就会从 169.254.0.1～169.254.255.254 保留范围中取一个 IP 地址;客户机仍将每隔 5 min 发一次 DHCP DISCOVER 广播包,尝试发现 DHCP 服务器。

3. 选择 IP 租约

如果子网还存在其他 DHCP 服务器,那么客户机在接受了某个 DHCP 服务器的 DHCP OFFER 数据包后,也会再发一个 DHCP REQUEST 广播包,目的是让网内的其他 DHCP 服务器知道它已获得了 IP 地址服务,其他 DHCP 服务器在接收到这条 DHCP REQUEST 广播包后,就会撤销为该客户机提供的租用信息。然后把为该客户机分配的租用地址返回到地址池中,该地址可以重新作为一个有效地址提供给其他计算机使用。

4. 确认 IP 租约

当提供租用信息的 DHCP 服务器接收到来自客户机的 DHCP REQUEST 广播包后,该服务器会发送一个 DHCP ACK 数据包给客户机,该数据包包括一个租用期限和客户所请求的其他配置信息。

当 DHCP 客户机在租约期限过了一半的时候,就会尝试更新租约。DHCP 客户机直接给 DHCP 服务器发送 DHCP REQUEST 消息。如果 DHCP 服务器可用,将发回 DHCP ACK 消息,其中包含新的租约和已更新的参数。DHCP 客户机在收到 DHCP ACK 消息后更新配置。如果 DHCP 服务器不可用,客户机将继续使用它的租约。然后在租约期限过了 87.5% 的时候,广播 DHCP DISCOVER 消息,接受任何 DHCP 服务器发出的租约。如果租约到期,客户机必须停止使用当前的 IP 地址等参数。然后开始新的租约过程。在客户机请求一个非法的或重复的 IP 地址,DHCP 服务器用 DHCP NAK 消息拒绝,迫使客户机重新获得一个新的合法的 IP 地址。

6.5.3 DHCP 的基本术语

1. 作用域

作用域是用于网络的 IP 地址的完整连续范围。作用域通常定义提供 DHCP 服务的网络上的单独物理子网。作用域还为服务器提供管理 IP 地址的分配以及与网上客户相关的任何配置参数的主要方法。

2. 排除范围

排除范围是作用域内从 DHCP 服务中排除的有限 IP 地址序列。排除范围确保在这些范围中的任何地址都不是由网络上的服务器提供给 DHCP 客户机的。

3. 地址池

在定义了 DHCP 作用域并应用排除范围之后,剩余的地址在作用域内形成可用的"地址池"。服务器可将池内地址动态地指派给网络上的 DHCP 客户端。

4. 租约

"租约"是由 DHCP 服务器指定的一段时间,在此时间内客户端计算机可使用指派的 IP 地址。当向客户端提供租约时,租约是"活动"的。在租约过期之前,客户端通常需要向服务器更新指派给它的地址租约。当租约过期或在服务器上被删除时,它将变成"非活动"的。租约期限决定租约何时期满以及客户端需要向服务器对它进行更新的频率。

5. 租期

租期指 DHCP 客户端从 DHCP 服务器获得的完整的 TCP/IP 配置后对该 TCP/IP 配置的使用时间。

6. 保留

可使用"保留"创建 DHCP 服务器指派的永久地址租约。保留可确保子网上指定的硬件设备始终可使用相同的 IP 地址。

7. 选项类型

DHCP 服务器在向 DHCP 客户机提供租约服务时分配的其他客户机配置参数。例如,某些公用选项包含用于默认网关(路由器)、WINS 服务器和 DNS 服务器的 IP 地址。

6.5.4　DHCP 服务器的安装与配置

1. 安装 DHCP 服务器的注意事项

①DHCP 服务器本身的 IP 地址必须是固定的,也就是其 IP 地址、子网掩码、默认网关等数据必须是静态分配的。

②事先规划好可提供给 DHCP 客户端使用的 IP 地址范围,也就是所要建立的 IP 作用域。

2. DHCP 服务器的安装与配置

DHCP 服务器的具体安装与配置过程见本书第 9 章实训七 DHCP 服务器的安装、配置与管理,在此不再赘述。

3. DHCP 数据库的维护

在安装 DHCP 服务器组件时会在该计算机的% SystemRoot% \ System32\Dhcp 目录下自动创建 DHCP 服务器对应的数据库文件,如图 6-9 所示。其中 dhcp. mdb 是其存储数据的文件,而其他的则是辅助性文件,注意,不要随意删除这些文件。

4. DHCP 数据库的备份

DHCP 服务器数据库是一个动态数据库,在向客户端提供租约或客户端释放租约时它会自动更新,从图 6-9 中还可以发现一个文件夹 backup,该文件夹中保存着 DHCP 数据库及注册表中的相关参数,可供修复时使用。DHCP 服务器默认每隔 60 min 自动将 DHCP 数据库文件备份到此处。如果想要修改这个时间间隔,可以通过修改 Backup Interval 注册表参数实现,它位于下面的注册表项中:

HKEY_LOCAL_MACHINE\SYSTEM\CurrentControlSet\Services\DHCPserver\Parameters

图 6-9　DHCP 数据库的维护

5．DHCP 数据库的还原

DHCP 服务器在启动时,会自动检查 DHCP 数据库是否损坏,并自动恢复故障,还原损坏的数据库。也可以利用手动的方式来还原 DHCP 数据库,其方法是将注册表中 HKEY_LOCAL_MACHINE \ SYSTEM \ CurrentControlSet \ Services \ DHCPserver \ Parameters 下参数 RestoreFlag 设为 1,然后重新启动 DHCP 服务器即可。也可以直接将 backup 文件夹中备份的数据复制到 DHCP 文件夹中,需要先停止 DHCP 服务,再进行复制。

6．IP 作用域的协调

如果发现 DHCP 数据库中的设置与注册表中的相应设置不一致时,例如,DHCP 客户端所租用的 IP 数据不正确或丢失时,可用协调的功能让二者数据一致。因为在注册表数据库内也存储着一份在 IP 作用域内租用数据的备份,协调时,利用存储在注册表数据库内的数据来恢复 DHCP 服务器数据库内的数据。方法是右击相应的作用域,选择"协调"命令。为确保数据库的正确性,定期执行协调操作是良好的习惯。

7．DHCP 数据库的重整

DHCP 服务器使用一段时间后,数据库内部数据必然会分布凌乱,因此为了提高 DHCP 服务器的运行效率,最好定期整理数据库。Windows Server 2003 系统会自动定期在后台运行重整操作,不过也可以通过手动的方式整理数据库,其效率要比自动重整更高,方法如下:进入到\winnt\system32\dhcp 目录下,停止 DHCP 服务器,运行 Jetpack.exe 程序完成重整数据库,之后重新运行 DHCP 服务器即可,其命令操作过程如图 6-10 所示。

8．DHCP 数据库的迁移

要将旧的 DHCP 服务器内的数据迁移到新的 DHCP 服务器内,并由新的 DHCP 服务器提供服务,具体操作步骤如下:

①备份旧的 DHCP 服务器内的数据:首先停止 DHCP 服务器,在 DHCP 管理器中右键单

击服务器,选择"所有任务"→"停止"命令,或者在命令行方式下运行 net stop dhcpserver 命令,将 DHCP 服务器停止。然后将% SystemRoot% \ system32\dhcp 下整个文件夹复制到新的 DHCP 服务器内任何一个临时文件夹中。运行 Regedt32. exe,选择注册表选项 HKEY_LOCAL_MACHINE\SYSTEM \CurrentControlSet \Services\ DHCPserver,选择"注册表"→"保存项"命令,将所有设置值保存到文件中。最后删除旧 DHCP 服务器内的数据库文件夹,删除 DHCP 服务。

图 6-10　DHCP 数据库的重整

②将备份数据还原到新的 DHCP 服务器:安装新的 DHCP 服务器,停止 DHCP 服务器。将存储在临时文件内的所有数据(由旧的 DHCP 服务器复制来的数据),整个复制到% SystemRoot% \system32\dhcp 文件夹中。运行 Regedt32. exe,选择注册表选项 HKEY_LOCAL _MACHINE\SYSTEM \CurrentControlSet \ Services\DHCPserver,选择"注册表"→"还原"命令,将上步中保存的旧 DHCP 服务器的设置还原到新的 DHCP 服务器。重启 DHCP 服务器,协调所有作用域即可。

6.5.5　DHCP 客户机的配置与测试

1. DHCP 客户机的配置

配置 DHCP 服务器的目的就是为了简化客户机的配置,如果安装的是微软较流行的操作系统,可以不需要配置。如果想配置,其操作也非常简单,具体操作步骤如下。选中桌面上的"网络邻居"后右击,选择"属性"命令,打开"网络连接"窗口,选中"本地连接"后右击,选择"属性"命令,弹出"本地连接属性"对话框,在该对话框中选中"Internet 协议(TCP/IP)"复选框,单击"属性"按钮,弹出"Internet 协议(TCP/IP)属性"对话框,在该对话框中选择"自动获得 IP 地址"单选按钮即可,如果配置 DHCP 服务器时指定了相应的 DNS 服务器,则继续选择"自动获得 DNS 服务器地址"单选按钮。这样计算机不仅能够使用 IP 地址上网,而且也可以使用容易记忆的域名上网,如图 6-11 所示。

2. DHCP 客户机的测试

在命令行提示符下:

图 6-11   DHCP 客户机的配置

利用 ipconfig 命令可查看该客户机获得的具体 IP 地址、子网掩码和默认网关。

利用 ipconfig/all 命令可查看详细的 IP 设置(包括网卡的物理地址)。

利用 ipconfig/release 命令可释放获得的 IP 地址。

利用 ipconfig/renew 命令可重新获得 IP 地址,也就是利用该命令可以对客户机获得的 IP 地址进行刷新。

客户机与服务器建立通信关系是客户首先发起连接建立请求,而服务器接受连接建立请求。客户与服务器的通信关系一旦建立,通信就可以是双向的,客户和服务器都可以发送和接收信息。

应用层是 TCP/IP 体系结构及 OSI 参考模型的最高层,因此应用层的任务不是为上层提供服务,而是为最终用户提供服务。应用层协议的主要功能就是规范客户机与服务器相互通信的行为。

应用层的许多协议都是基于客户机/服务器模式(C/S)或者浏览器/服务器模式(B/S),客户机是服务的请求方,而服务器是服务提供方,其主要特征是:客户是主叫方,服务器是被叫方。具体过程如图 6-12 所示。

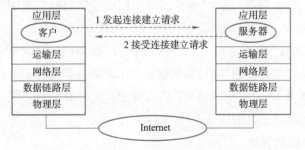

图 6-12   客户进程和服务器进程使用 TCP/IP 协议进行通信

本章小结

本章主要介绍了域名系统 DNS、动态主机配置协议 DHCP、万维网 WWW、文件传输协议 FTP、电子邮件协议 SMTP 和 POP3 等应用层协议的工作原理和配置方法。DNS 部分重点介绍了域名空间和域名解析过程,DHCP 部分重点介绍其功能及配置方法,WWW 部分重点介绍了 URL、HTTP 和 HTML,FTP 重点介绍其工作原理,电子邮件部分重点介绍了电子邮件的格式及邮件协议的工作原理。通过本章的学习,读者应该能够理解应用层常用协议的工作原理。本章的主要知识要点是:

1. 域名系统 DNS 在网络中的作用是把域名转换成为网络可以识别的 IP 地址。

2. Internet 上的主机或路由器都可以有一个唯一的层次结构的名字,即域名(Domain Name)。

3. 统一资源定位符 URL 是对从因特网上资源的位置和访问方法的一种简洁表示,是给资源的位置提供一种抽象的识别方法,并用这种方法给资源定位。

4. 超文本传输协议 HTTP 是用来在浏览器和 Web 服务器之间传送网页文件代码时所用到的协议。

5. FTP(File Transfer Protocol)是在客户机与 FTP 服务器之间传递文件时所应遵循的一个标准,是 Internet 文件传送的基础。

6. 电子邮件的格式由邮件头(Header)和邮件主体(Body)两部分组成。邮件头包括收信人 E-mail 地址、发信人 E-mail 地址、发送日期、标题和发送优先级等,其中,前两项是必选的。邮件主体是发件人和收件人要处理的内容。

7. 常见的邮件发送协议有简单邮件传输协议 SMTP 和多用途互联网邮件扩展协议 MIME,前者只能传输文本信息,而后者则可以传输包括文本、声音、图像等在内的多媒体信息。

8. 常见的邮件读取协议有邮局协议 POP3 和因特网报文存取协议 IMAP 两种。

9. 动态主机配置协议 DHCP 是 TCP/IP 标准协议家族中的一个成员,该协议能够简化对计算机上网参数的配置,能够动态配置主机的 IP 地址。

习 题

一、选择题

1. DNS 是指( )。

A. 域名服务器　　　B. 发信服务器　　　C. 收信服务器　　　D. 邮箱服务器

2. DHCP 服务器的主要功能是为上网主机( )。

A. 动态配置物理地址　　　　　　B. 动态配置 IP 地址

C. 动态配置域名地址　　　　　　D. 动态配置网卡地址

3. 将文件从 FTP 服务器传输到客户机的过程称为（   ）。

A. 浏览   B. 下载   C. 邮寄   D. 上载

4. 关于 FTP 服务，以下哪种说法是错误的（   ）。

A. FTP 采用了客户机/服务器模式   B. FTP 利用 UDP 进行信息传输

C. 用户使用 FTP 的主要目的是下载文件 D. FTP 的默认端口号是 21

5. 关于因特网，以下哪种说法是错误的（   ）。

A. 用户利用 HTTP 协议使用 Web 服务   B. 用户利用 NNTP 协议使用电子邮件服务

C. 用户利用 FTP 协议使用文件传输服务 D. 用户利用 DNS 协议使用域名解析服务

6. 下面协议中，用于 WWW 传输控制的是（   ）。

A. URL   B. SMTP   C. HTTP   D. HTML

7. 下面协议中，用于电子邮件传输控制的是（   ）。

A. SNMP   B. SMTP   C. HTTP   D. HTML

8. 在 http://www.sohu.com/index.htm 中，index.htm 是（   ）。

A. 访问类型   B. 主机域名   C. 文件名   D. 访问方式

9. 在 Internet 上，实现超文本传输的协议是指（   ）。

A. HTTP   B. FTP   C. WWW   D. Hypertext

10. 下列哪个 URL 是错误的（   ）。

A. html://www.ccbupt.edu.cn   B. http:// www.ccbupt.edu.cn

ftp://192.168.1.156   D. telnet://bbs.pku.edu.cn

二、填空题

1. 在 WWW 中，使用统一资源定位器来唯一地标识和定位因特网中的资源，它由三部分组成，分别为：_____、_____、_____。

2. 在域名解析中，gov 代表_____，com 代表_____，net 代表_____。

三、简答题

1. 简述 DHCP 的工作过程。

2. 简述域名的解析过程。

3. 简述统一资源定位符 URL 的组成及各部分的含义。

4. 简述 HTTP 与 HTML 的区别与联系。

第 7 章

网络管理与网络安全

本章主要内容

- 网络管理的内容。
- 网络故障排除的方法。
- 网络安全的实现方法。

本章理论要求

- 了解网络管理的五大功能及网络脆弱性的原因。
- 理解防火墙的功能及局限性。
- 掌握常见数据加密技术及安全的数据传输技术的实现方式。

7.1 网络管理

　　网络管理是指对通信网上的通信设备及传输系统进行有效的监视、控制、诊断和测试所采用的技术和方法。网络管理的目的在于提供对计算机网络进行规划、设计、操作运行、管理、监视、分析、控制、评估和扩展的手段，从而合理地组织和利用系统资源，提供安全、可靠、有效和友好的服务。网络管理可以借助相应的管理软件与硬件来实现网络的安全，保证用户能够安全、方便地使用网络，实现网络的共享。

7.1.1 网络管理的目标

　　网络管理是保障通信网络有效地利用各种资源和保持网络可靠运行的重要手段。近年来，随着各种通信网络的出现，网络管理的技术发展迅速。网络管理主要包含两个任务：一是对网络的运行状态进行监测，通过监测了解当前状态是否正常，是否存在瓶颈问题和潜在的危机;二是对网络的运行状态进行控制,通过控制对网络状态进行合理调节、提高性能、保证服务。监测是控制的前提,控制是监测的结果。网络管理的目标是满足运营者及用户对网络的有效性、可靠性、开放性、综合性、安全性和经济性的要求。

7.1.2 网络管理的内容

随着网络技术的高速发展,网络管理的重要性越来越突出,网络设备的复杂化使网络管理变得复杂,复杂化有两个含义,一是功能复杂,二是生产厂商多,产品规格不统一。

针对各种网络管理中出现的各种问题,国际标准化组织(ISO)在 ISO/IEC 7498-4 文档中定义了网络管理的五大功能,并被广泛接受。这五大基本功能是:配置管理、故障管理、性能管理、安全管理和计费管理。

1. 配置管理的功能

①设置并修改与网络组建和 OSI 各层软件有关的参数。

②被管对象和被管对象分组名字的管理,将名字与一个或一组对象联系起来。

③初始化、启动和关闭被管理对象。

④根据要求收集系统当前状态的有关信息,通过标准化的协议通知给管理工具。

⑤获取系统最重要变化的信息。

⑥更改系统的配置。

2. 故障管理的功能

①创建、维护故障数据库,并对错误日志进行分析。

②接受错误检测报告并响应。

③跟踪并确定错误的位置与性质。

④当存在冗余设备和迂回路由时,提供新的网络资源用于服务。

⑤纠正错误。

3. 性能管理的功能

①收集和传送被管理对象的统计信息,报告网络当前的性能。

②维护并检查系统状态日志,以进行分析和计划。

③确定自然和人工状态下系统的性能。

④形成并调整性能评价标准,根据实际测试值与标准值的差异改变系统操作模式,调整网络管理对象的配置,以进行系统性能管理的操作。

4. 安全管理的功能

①授权机制,控制对网络资源访问的权限。

②访问机制,防止入侵者非法入侵。

③加密机制,保证数据的私有性,防止数据被非法获取。

④防火墙机制,阻止外界入侵。

⑤维护和检查安全日志。

5. 记账管理(计费管理)

①计费管理的计费方式,按流量计费、按月收取月租费、动态设计收费。

②控制使用网络资源。

③通知用户有关的费用。

④对账号进行管理。

7.1.3 网络故障排除

网络故障往往与许多因素相关,网络管理人员要清楚网络的结构设计,包括网络拓扑、设备连接、系统参数设置及软件使用,了解网络正常运行状况,注意收集网络正常运行时的各种状态和报告输出参数,熟悉常用的诊断工具,准确的描述故障现象。

常见的网络故障主要有:物理层故障、数据链路层故障、网络层故障、以太网故障、广域网故障、TCP/IP 故障和服务器故障等。据相关资料的统计,网络发生故障的原因应用层占 3% 左右、传输层占 10% 左右、网络层占 12% 左右、数据链路层占 25% 左右、物理层占 35% 左右,可见物理层出错的可能性最大。

1. 引起网络故障的原因

①逻辑故障:网络设备配置错误或一些重要进程或端口被关闭。

②配置故障:配置故障对于个人计算机往往指 IP 地址配置错误、子网掩码配置错误、默认网关配置错误、DNS 服务器地址配置错误等,对于网络管理员来说,还存在交换机配置故障、路由器配置故障、防火墙配置故障及 VLAN 配置故障等。配置故障往往会导致网络不能正常提供各种服务,例如:不能接入 Internet,不能访问某种代理服务器等。

③物理故障:又称硬件故障,包括线路、线缆、连接器件、端口、网卡、网桥、集线器、交换机或路由器的模块出现故障。

④协议故障:常是由于软件安装故障导致或者软件参数配置错误导致,该类故障往往会导致计算机无法登录到服务器或无法访问 Internet。

⑤网络管理员差错:该故障往往占整个网络故障的 5% 以上,主要发生在网络层和传输层,主要是由于网络管理员的操作失误所造成,往往体现在网络设备配置错误。

⑥软件问题:主要是由软件缺陷或网络操作系统缺陷而造成。

⑦用户差错:常表现为超越权限访问系统和服务、侵入其他系统、操作其他用户的数据资料、共享账号等。

2. 网络故障的诊断方法

网络故障诊断的目的是确定网络的故障点,恢复网络的正常运行,发现网络规划和配置中欠佳之处,改善和优化网络的性能和及时预测网络通信质量等。

网络故障诊断往往是从故障现象出发,以网络诊断工具为手段获取诊断信息,确定故障点,再查找问题的根源,已排除故障,恢复网络正常运行。

故障排查的方法常常是沿着 OSI 七层模型从物理层开始向上进行检查。即首先检查物

理层,然后检查数据链路层等。网络故障的具体排查步骤一般是:

①清楚故障现象。确定故障的具体现象,详细说明故障的症状和潜在的原因。

②收集需要的、用于帮助隔离可能故障原因的信息。多向用户、网络管理员、管理者和其他关键人物提一些和故障有关的问题。

③根据收集到的情况考虑可能的故障原因。可以根据有关情况排除某些故障原因。设法减少可能的故障原因,以至于尽快地策划出有效的故障诊断计划。例如,根据某些资料可以排除硬件故障,把注意力放在软件原因上等。

④根据最后可能的故障原因,制定一个诊断计划。首先确定故障存在的最大可能性,然后再逐步排除一些常见的故障原因,直至找到故障点。(**注**:一次往往仅用一个最可能的故障原因进行诊断活动,这样可以容易恢复到故障的原始状态。如果一次同时考虑一个以上的故障原因,试图返回故障原始状态就困难多了)

⑤执行诊断计划,认真做好每一步测试和观察,直到故障症状消失。

⑥每改变一个参数都要确认其结果。分析结果确定问题是否解决,如果没有解决,继续下去,直到解决。

3. 常见的网络故障现象及解决办法

【实例7.1】一台计算机,网络配置正常,但不能连通网络。

【排查过程】本机通过信息插座和局域网连接,经确认,网络配置和网卡没有问题,然后怀疑是连接计算机和信息插座的网线问题。把此网线换到其他计算机上,工作正常。又怀疑信息插座到交换机的线路问题,经检测也没有问题,至此陷入迷茫中。

无意间使用测线仪对网线进行测试,发现第3根线有时不通,仔细检查,原来第3根线在制作网线时被压断,使用网线时,因为曲折的原因,这条线偶然会通。重新换了一根网线故障排除。使用网线钳剥双绞线的外皮时,非常容易出现这种现象,有些线被压得快要断开,但还能使用,长时间使用后会引起网络不通的故障,所以制作网线时一定要仔细检查。

【实例7.2】一个大型计算机房,大量计算机出现"本机的计算机名已经被使用""IP地址冲突"等提示。

【排查过程】此机房是使用网络复制功能安装的系统,此时,所有通过复制安装系统的计算机其IP地址等上网参数都一样,正常情况下,安装完系统后,需要把还原卡的保护功能关闭,然后修改计算机的IP地址,修改完之后再把还原卡的保护功能开启。而这次机房管理员在手工修改计算机名和IP地址时,有些计算机忘记关闭还原卡的保护功能,导致更改失效,所以造成大量计算机的IP地址冲突,不能正常上网。

由于机房较大,查找发生冲突的计算机有些困难,不过出现冲突提示时,会同时出现发生冲突的计算机网卡的MAC地址。利用这些MAC地址,可以很容易找到冲突的机器。建议机房管理人员最好事先把所有计算机的MAC地址先统计一遍,对以后查找网络故障和配置安全机制十分有用。

【实例7.3】 一个单位部分科室的计算机频繁出现不能上网的现象。

【排查过程】 询问该单位相关人员得知不能上网的计算机都是开启了 DHCP 服务,配置了自动获得 IP 地址等上网参数,经过排查发现他们的网关地址都出现了问题。正确的地址应该是 192.168.4.254,而这些故障计算机得到的网关地址却是 192.168.4.65。部分计算机使用 Ipconfig /release 释放获得的网络参数后,用 Ipconfig /renew 可以获得真实的网关地址,而大部分获得的仍然是错误的数据。故障的原因是本网的普通计算机开启了 DHCP 服务,导致地址获取混乱,解决该问题的办法是在接入层交换机上开启 DHCP Snooping 功能,只允许从上联口获取 DHCP OFFER 报文,不允许从下联口获取 DHCP OFFER 报文。也可以把能正确提供 DHCP 服务器的计算机加入到了域内,并对其进行了授权,使得非授权的 DHCP 服务器没有机会再捣乱。

【实例7.4】 计算机无法自动获取 IP 地址。

【排查过程】 检查 DHCP 服务器是否正常,相关服务是否运行;从主机、核心交换机分别 ping DHCP 服务器;配置静态 IP 地址后,再检查是否可以 ping 通网关。

【实例7.5】 计算机可以获得 IP 地址,但不能上网。

【排查过程】 在该计算机上执行 Ipconfig /all,查看获取到的 IP 地址信息,重点查看默认网关部分显示的信息,该部分出错的概率比较大,注意默认网关与本计算机的 IP 地址必须在同一网段内。

【实例7.6】 计算机不能通过域名访问网站。

【排查过程】 在该计算机上执行 Ipconfig /all,查看获取的 IP 地址信息,查看 DNS Servers 后面的值,该值没有配置或者配置错误,域名都无法正常使用,为该计算机重新配置正确的 DNS 服务器地址即可。

网络故障成千上万,本节主要列出了一些常见故障及其常用解决方法,经验很重要,经验需要用心积累和整理。

7.2 网络安全

随着 Internet 的发展及应用的深入,特别是 Internet 商用化后,通过 Internet 进行的各种电子商务业务日益增多,电子商务应用和企业网络中的商业秘密成为攻击者的主要目标,网络安全显得更加重要。

7.2.1 网络安全概述

网络安全问题是网络管理中最重要的问题之一,不仅是技术的问题,还涉及人的心理、社会环境以及法律等多方面的内容。

1. 网络安全的定义

网络安全从其本质上来讲就是网络上的信息安全,是指网络系统的硬件、软件及其系统中的数据受到保护,不受偶然的或者恶意的原因而遭到破坏、更改、泄露,系统连续、可靠、正常地运行,网络服务不中断。

2. 网络安全的评估

在增加网络系统安全性的同时,也必然会增加系统的复杂性,并且系统的管理和使用更为复杂,因此,并非安全性越高越好。针对不同的用户需求,可以建立不同的安全机制。

为了帮助用户区分和解决计算机网络的安全问题,美国国防部制定了《可信计算机系统标准评估准则》(习惯称为《橘皮书》),将多用户计算机系统的安全级别从低到高划分为四类七级,即 D1、C1、C2、B1、B2、B3、A1。

D1 级是不具备最低安全限度的等级,如 DOS、Windows 3. x 系统;C1 是具备最低安全限度的等级,如 Windows 95/98;C2 级是具备基本保护能力的等级,可以满足一般应用的安全要求,一般的网络操作系统如 Windows 2000/NT、NetWare 基本上属于这一等级。B1 级和B2 级是具有中等安全保护能力的等级,基本可以满足一般的重要应用的安全要求;B3 级和A1 级属于最高安全等级,只有极其重要的应用才需要使用。

3. 安全策略

①严苛的立法,通过建立与信息安全相关的法律和法规,是解决网络安全较根本的办法。

②先进的安全技术是信息安全的根本保障。用户通过对自身面临的威胁进行风险评估,决定其需要的安全服务种类,选择相应的安全机制,然后集成先进的安全技术。

③严格的管理,各网络使用机构、企业和单位应建立相应的信息安全管理办法,加强内部管理,建立审计和跟踪体系,提高整体信息安全意识。

7.2.2　网络面临的威胁

计算机网络上的通信面临以下的四种威胁:

①截获——从网络上窃听他人的通信内容。

②中断——有意中断他人在网络上的通信。

③篡改——故意篡改网络上传送的报文。

④伪造——伪造信息在网络上传送。

截获信息的攻击称为被动攻击,而更改信息和拒绝用户使用资源的攻击称为主动攻击。各种攻击所发生的时间段如图 7-1 表示。

在被动攻击中,攻击者只是观察和分析某一个协议数据单元(PDU)而不干扰信息流。主动攻击是指攻击者对某个连接中通过的 PDU 进行各种处理,包括更改报文流、拒绝报文服务、伪造连接初始化等。

7.2.3　网络面临的不安全因素

网络不安全的原因是多方面的,主要体现在以下几个方面。

1. 物理层

物理安全策略的目的是保护计算机系统、网络服务器、打印机等硬件实体和通信链路免受自然灾害、人为破坏和搭线攻击;验证用户的身份和使用权限、防止用户越权操作;确保计算机系统有一个良好的电磁兼容工作环境;建立完备的安全管理制度,防止非法进入计算机控制室和各种偷窃、破坏活动的发生;抑制和防止电磁泄漏是物理安全策略的一个主要问题。

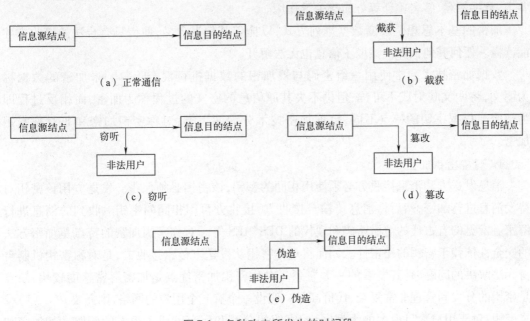

图 7-1　各种攻击所发生的时间段

2. 链路层

链路层的网络安全需要保证通过网络链路传送的数据不被窃听,主要采用划分 VLAN(局域网)、加密通信等手段。

3. 网络层

网络层的安全需要保证网络只给授权的客户提供授权的服务,保证网络路由正确,避免被拦截或监听,往往通过设置防火墙来实现。

4. 操作系统

操作系统的安全是指要保证客户资料、操作系统访问控制的安全,同时能够对该操作系统上的应用进行审计。

5. 应用平台

应用平台指建立在网络系统之上的应用软件服务,如数据库服务器、电子邮件服务器、Web 服务器等,由于应用平台的系统非常复杂,通常采用多种技术(如 SSL 等)来增强应用平台的安全性。

6. 应用系统

应用系统是直接为用户提供服务的软件系统,往往通过应用平台提供的安全服务来保障基本安全性,如通信双方的认证和审计等。

7.2.4　数据加密技术

数据加密技术就是对信息进行重新编码,从而达到隐藏信息内容,使非法用户无法获取信息真实内容的一种技术手段。它不仅用于对网上传送数据的加/解密,而且还在用户鉴定、数字签名、签名验证等方面起关键作用。

加密的基本思想是改变数据排列方式,以掩盖其信息含义,使得只有合法的接收方才能读懂。任何其他人即使截取了信息也无法解开。

数据加密技术通常使用一组密码与被加密的数据进行混合运算。未加密的数据称为明文,将明文映射成不可读,但仍不失其原信息的密文的过程称为加密,而相反过程即为解密。根据密钥的特点不同,数据加密技术分为两大类:对称密钥加密和非对称密钥加密。

1. 对称密钥加密

消息发送方和消息接收方必须使用相同的密钥,该密钥必须保密。发送方用该密钥对待发消息进行加密,然后将消息传输至接收方,接收方再用相同的密钥对收到的消息进行解密。常见的有古代的恺撒密码和现代的 DES、AES 等。对称密钥加密的特点是加密方法的安全性依赖于密钥的秘密性。如何将对称密钥从发送方传给接收方,是对称密钥机制自身无法解决的问题,是其发展的一大瓶颈。对称密钥加密优点是加密解密速度较快,缺点是密钥的分发和管理非常复杂、代价高昂。假设一个有 n 个用户的网络,则需要 $n(n-1)/2$ 个密钥,对于用户数目很大的大型网络,密钥的分配和保存就成了很大的问题。其加密和解密的过程如图 7-2 所示。

图 7-2　对称密钥加密系统

2. 非对称密钥加密

随着计算机网络在商务中的应用,对称密码体制的缺点越来越明显,越来越不能适应电子商务对网络安全的需求。20 世纪 70 年代中期,出现了公共密钥技术,又称非对称密钥体制。它给每个用户分配一对密钥:一个是私有密钥,另一个是公共密钥。一对密钥的含义是:用公共密钥加密的消息只有使用相应的私有密钥才能解密;同样,用私有密钥加密的消息也只有相应的公共密钥才能解密。只要消息发送方使用消息接收方的公共密钥来加密待发消息,就只有消息接收方才能够读懂该消息,因为要解密必须要知道接收方的私有密钥。

常见的非对称密钥体制是 RSA。RSA 是 Rivest、Shamir 和 Adleman 于 1977 年提出的第一个完善的非对称密码体系,其加密和解密的过程如图 7-3 所示。

图 7-3　公用密钥法

加密明文可使用收件人的公用密钥,然后使用收件人的私人密钥解密密文,这将保证只有指定的收件人(假设他是收件人密钥的唯一拥有者)才能解密密文。

加密明文也可使用发件人的私人密钥进行加密,并使用发件人的公开密钥解密。这种方法为数字签名提供了基础。

在公开密钥密码体制中,加密密钥(即公开密钥)P 是公开信息,而解密密钥(即秘密密钥)SK 是需要保密的。加密算法 E 和解密算法 D 也都是公开的。虽然解密密钥 SK 是由加密密钥 P 决定的,但却不能根据 P 计算出 S。

任何加密方法的安全性取决于密钥的长度,以及攻破密文所需的计算量。在这方面,公开密钥密码体制并不具有比传统加密体制更加优越之处。由于目前公开密钥加密算法的开销较大,在可见的将来还看不出来要放弃传统的加密方法。

非对称密钥加密系统的优点是公钥可以像电话号码或手机号码一样公开,想与你秘密通信的人只需知道你的公钥即可,它解决了对称密钥算法中密钥分发难的问题;同时它也是下面要讨论的数字签名的理论基础。非对称密钥加密系统的缺点是算法复杂,运算量大,当然加、解密的速度也就慢了。如何扬长避短呢? 这就是数字信封技术。

3. 数字信封

对需要大量传送的信息(如电子合同、支付指令)采用速度较快的私有密钥(对称密钥)加密法,但密钥不先由双方约定,而是在加密前由发送方随机产生;用私有密钥 P 对信息进行加密,形成密文 M,传送给接收方。将刚才生成的较短的私有密钥 P 利用接收方的公开密钥进行加密,形成私有密钥 P 密文,定点发送给接收方。可以断定只有接收方能解密。接收方收到发送方传来的私有密钥 P 的密文后,用自己的私人密钥解密,取出私有密钥 P。用私有密钥 P 对原来收到的信息密文 M 进行解密,得到信息明文。这就好比用安全的"信封"把私有密钥 P 封装起来,所以称为数字信封(封装的是里面的对称密钥)。因为数字信封是用消息接收方的公开密钥加密的,只能用接收方的私人密钥解密打开,别人无法得到信封中的对称密钥,也就保证了信息的安全,又提高了速度。其实现原理如图 7-4 所示。

数字信封实际上是一个能分发、传播私有密钥的安全通道,其实就是双重加密原理,对称与非对称配合使用,各用其优点。数字信封不仅用于装入与传递私有密钥,对一些重要的短小信息,如网络银行账号、账号密码都可以。速度的问题解决了,如何防止抵赖呢? 这就是数字签名技术要解决的问题。

4. 数字签名

数字签名是目前实现认证的一种重要工具,它在身份认证、数据完整性的鉴别及不可

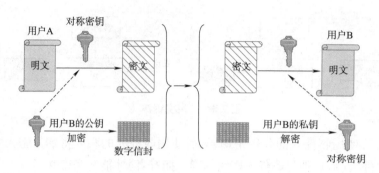

图 7-4　数字信封原理图

否认性等方面有着重要的应用。数字签名必须保证以下三点：

①接收者能够核实发送者对报文的签名。

②发送者事后不能抵赖对报文的签名。

③接收者不能伪造对报文的签名。

现在已有多种实现各种数字签名的方法,但采用公开密钥算法要比采用常规密钥算法更容易实现。用公开密钥算法进行数字签名的实现如图 7-5 所示。

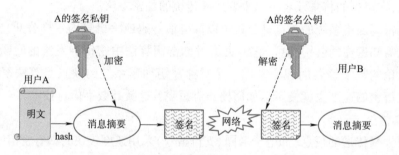

图 7-5　公开密钥算法进行数字签名的实现

这可以实现防止抵赖,因签名能用 A 的签名公钥解密,说明是用 A 的签名私钥加密的,而 A 的签名私钥只有 A 拥有,所有 A 不能抵赖他的签名。如何用非对称密码体制实现完整性的鉴别呢？ 保证数据的完整性,即防篡改,其实篡改是很难防的,几乎防不了,能做的是被篡改了能及时发现,然后让对方重传数据,图 7-6 表示了该思想。

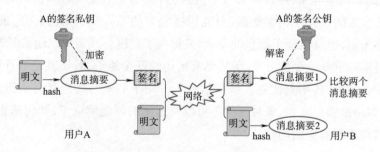

图 7-6　完整性鉴别示意图

完整的数据加密及身份认证流程如图 7-7 所示。

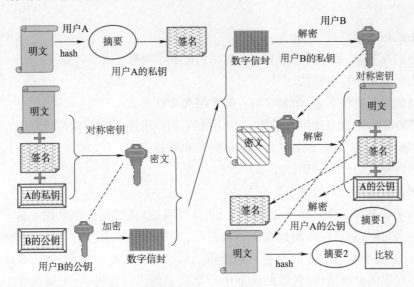

图 7-7 完整的数据加密及身份认证流程

完整的数据加密及身份认证过程如下：

①用户 A 准备好要传送的数字信息（明文）。

②用户 A 对数字信息进行 hash 运算，得到一个信息摘要。

③用户 A 用自己的私钥（SK）对信息摘要进行加密得到甲的数字签名，并将其附在数字信息上。

④用户 A 随机产生一个加密密钥（DES 密钥），并用此密钥对要发送的信息进行加密，形成密文。

⑤用户 A 用用户 B 的公钥（PK）对刚才随机产生的加密密钥进行加密，将加密后的 DES 密钥连同密文一起传送给用户 B。

⑥用户 B 收到用户 A 传送过来的密文和加过密的 DES 密钥，先用自己的私钥（SK）对加密的 DES 密钥进行解密，得到 DES 密钥。

⑦用户 B 然后用 DES 密钥对收到的密文进行解密，得到明文的数字信息，然后将 DES 密钥抛弃（即 DES 密钥作废）。

⑧用户 B 用用户 A 的公钥（PK）对用户 A 的数字签名进行解密，得到信息摘要。用户 B 用相同的 hash 算法对收到的明文再进行一次 hash 运算，得到一个新的信息摘要。

⑨用户 B 将收到的信息摘要和新产生的信息摘要进行比较，如果一致，说明收到的信息没有被修改过。

5. CA（认证中心）

CA（Certification Authority，认证中心）是证书的签发机构，主要负责产生及分发公钥。因此它必须具有极高的权威性，相当于现实世界中的公安机关。由它所签发的 CA 证书能证明某一主体（例如，人、服务器、网关等）的身份及其公开密钥（Public Key，PK）的合法性。

数字证书的格式一般采用 X. 509 国际标准。一个标准的 X. 509 数字证书包含以下一些内容：

①证书的版本信息。

②证书的序列号，每个用户都有一个唯一的证书序列号。

③证书所使用的签名算法。

④证书的发行机构名称，命名规则一般采用 X. 400 格式。

⑤证书的有效期，现在通用的证书一般采用 UTC 时间格式，它的计时范围为 1950 ~ 2049。

⑥证书所有人的名称，命名规则一般采用 X. 400 格式。

⑦证书所有人的公开密钥。

⑧证书发行者对证书的签名。

使用数字证书可以建立起一套严密的身份认证系统，从而保证信息除发送方和接收方外不被其他人窃取；信息在传输过程中不被篡改；发送方能够通过数字证书来确认接收方的身份；发送方对于自己发送的信息不能抵赖。对于一个大型的应用环境，认证中心往往采用一种多层次的分级结构，各级的认证中心类似于各级行政机关，上级认证中心负责签发和管理下级认证中心的证书，最下一级的认证中心直接面向最终用户。

7.2.5 网络安全协议

加密传输数据有以下几种方法：在非安全的网络中传输加密文档在传输之前加密整个文档，传的数据由底层协议加密。此种方式不必改变应用层协议，也不必改变传输层协议，它是在应用层与传输层之间加一层安全加密协议，达到安全传输的目的。

1995 年，Netscape 公司在浏览器 Netscape 1.1 中加入了安全套接层（Secure Socket Layer，SSL）协议，以保护浏览器和 Web 服务器之间重要数据的传输。SSL 很好地封装了应用层数据，做到了数据加密与应用层协议的无关性，各种应用层协议都可以通过 SSL 获得安全特性。由于 SSL 用较小的成本就可获得数据安全加密保障，因此，被广泛应用于 Web 领域。

由于 SSL 只能实现两方的安全认证，不能支持多方身份认证，而且只能保证数据在传输过程中的安全，对数据到达本地后的安全没有规定。所以，SSL 在在线交易领域的应用受到了一些限制。

SET（Secure Electronic Transaction，安全电子交易）是为了在 Internet 上进行在线交易时，保证信用卡支付的安全而设立的一个开放的规范。由于它得到了 IBM、HP、Microsoft、Netscape、GTE、VeriSign 等很多大公司的支持，它已成为事实上的工业标准，目前它已获得 IEEE 标准机构的认可。

SET 协议标准的主要内容包括：加密算法、证书信息及格式、购买信息及格式、认可信息及格式、划账信息及格式、实体之间消息的传输协议等。SET 协议的工作流程与实际购物流程非常接近，但一切操作都是通过 Internet 完成的。

SET 提供对交易者的认证，确保交易数据的安全性、完整性和交易的不可抵赖性，特别是保证了不会将持卡人的账号信息泄露给商家，这些都保证了 SET 协议的安全性。

7.3 防火墙技术

防火墙技术是一种隔离控制技术，它在某个机构的网络和不安全的网络之间设置屏障，阻止对信息资源的非法访问，也可以使用防火墙阻止重要信息从企业的网络上被非法输出，它也是网络系统安全保护中较常用的技术之一。

7.3.1 防火墙的概念

防火墙（Firewall）是一种将内部网络和外部公共网络分开的一种软件或一种设备。它检查到达防火墙两端的所有数据包，无论是输入还是输出，从而决定拦截这个包还是将其放行。防火墙在被保护网络和外部网络之间形成一道屏障，使公共网络与内部网络之间建立起一个安全网关（Security Gateway）。防火墙通过监测、限制、更改跨越防火墙的数据流，尽可能地对外部屏蔽内部网络的信息、结构和运行状况，以此来实现网络的安全保护。防火墙的概念模型如图7-8所示。

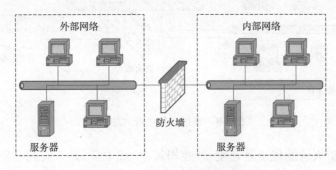

图7-8　防火墙的概念模型

防火墙系统可以用于内部网络与 Internet 之间的隔离，也可用于内部网络不同网段的隔离，后者通常称为 Intranet 防火墙。

7.3.2 防火墙的功能与分类

1. 防火墙的功能

防火墙一般具有如下三种功能：

①忠实执行安全策略，限制他人进入内部网络，过滤掉不安全服务和非法用户。

②限定内部网络用户访问特殊网络站点，接纳外网对本地公共信息的访问。

③具有记录和审计功能，为监视因特网安全提供方便。

2. 防火墙的分类

防火墙的主要技术类型包括数据包过滤、应用代理服务器和状态检测三种类型、即包过滤防火墙、应用代理服务器、状态检测防火墙。

（1）包过滤防火墙

包过滤防火墙的主要功能是接收被保护网络和外部网络之间的数据包，根据防火墙的

計算机网络技术与应用

访问控制策略对数据包进行过滤,只准许授权的数据包通行。防火墙管理员在配置防火墙时根据安全控制策略建立包过滤的准则,也可以在建立防火墙之后,根据安全策略的变化对这些准则进行相应的修改、增加或者删除。每条包过滤的准则包括两个部分:执行动作和选择准则。执行动作包括拒绝和准许,分别表示拒绝或者允许数据包通行;选择准则包括数据包的源地址和目的地址、源端口和目的端口、协议和传输方向等。建立包过滤准则之后,防火墙在接收到一个数据包之后,就根据所建立的准则,通过检查数据流中每一个数据包的源地址、目的地址、所用端口号、协议状态等因素或它们的组合来确定是否允许该数据包通过。这样就通过包过滤实现了防火墙的安全访问控制策略,其结构如图 7-9 所示。

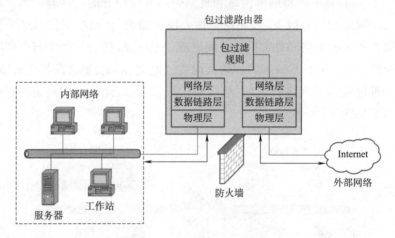

图 7-9　包过滤路由器的结构

数据包过滤防火墙的优点是速度快、逻辑简单、成本低、易于安装和使用,网络性能和透明度好。其缺点是配置困难,容易出现漏洞,而且为特定服务开放的端口也存在着潜在危险。

(2)应用代理服务器

应用代理服务器是防火墙的第二代产品,应用代理服务器技术能够将所有跨越防火墙的网络通信链路分为两段,使得网络内部的客户不直接与外部的服务器通信。在防火墙技术中,应用层网关通常由代理服务器来实现。通过代理服务器访问 Internet 网络服务的内部网络用户时,在访问 Internet 之前首先应登录到代理服务器,代理服务器对该用户进行身份验证检查,决定其是否允许访问 Internet,如果验证通过,用户就可以登录到 Internet 上的远程服务器。同样,从 Internet 到内部网络的数据流也由代理服务器代为接收,在检查之后再发送到相应的用户。由于代理服务器工作于 Internet 应用层,因此对不同的 Internet 服务应有相应的代理服务器,常见的代理服务器有 Web、FTP、Telnet 代理等。除代理服务器外,Socks 服务器也是一种应用层网关,通过制定客户端软件的方法来提供代理服务。外部计算机的网络链路只能到达代理服务器,从而起到隔离防火墙内外计算机系统的作用。通过代理服务器通信的缺点是,执行速度明显变慢,操作系统容易遭到攻击。

应用级网关的工作原理如图 7-10 所示。

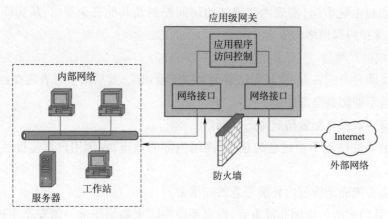

图 7-10　应用级网关的工作原理

从图 7-10 可以看出,内部网络中的网络设备要访问外部网络中的网络设备需要通过防火墙,同时外部网络中的网络设备要访问内部网络中的网络设备也需要通过防火墙。防火墙就起到了内外网通信的关卡作用,在防火墙上可以设置多种规则对通过的信息进行拦截或者放行。

应用代理的工作原理如图 7-11 所示。

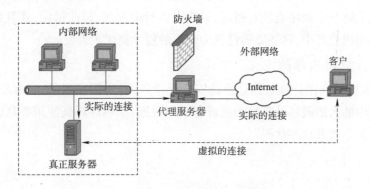

图 7-11　应用代理的基本工作原理

外部网络中客户机通过代理服务器访问内部网络中的服务器时,实际上该数据包需要经过代理服务器,而代理服务器上往往设置防火墙的功能,对通过该代理服务器的数据包进行检查,对于符合防火墙设置规则的数据包就放行,否则就被拦截。但是客户机对此没有太多感知,好像该计算机直接访问到了内网中的服务器。

(3)状态检测防火墙

状态检测防火墙又称动态包过滤防火墙,在网络层由一个检查引擎截获数据包并抽取出与应用层状态有关的信息,然后以此决定对该数据包是接受还是拒绝。检查引擎维护一个动态的状态信息表并对后续的数据包进行检查,一旦发现任何连接的参数有意外变化,该连接就被中止。状态检测防火墙克服了包过滤防火墙和应用代理服务器的局限性,根据协议、端口号及源地址、目的地址的具体情况确定数据包是否可以通过,执行速度很快。

防火墙通过上述方法,实现内部网络的访问控制及其他安全策略,从而降低内部网络的安全风险,保护内部网络的安全。

3. 防火墙的局限性

由于防火墙自身的特点,使其无法避免某些安全风险,其局限主要表现在:

①防火墙不能防备全部威胁。

②防火墙一般没有配置防病毒的功能。

③防火墙不能防范不通过它的连接,网络内部的攻击,内部用户直接拨号连接到外部网络等。

④防火墙不能完全防范内外部恶意的知情者。

因此,尽管防火墙的作用非常重要,但也不能将防火墙当作唯一的安全手段,而是应当结合其他的安全措施,建设全面的安全防御体系。

7.4 计算机病毒

计算机病毒的产生是计算机技术和以计算机为核心的社会信息化进程发展到一定阶段的必然产物。计算机软硬件产品的脆弱性是计算机病毒产生的根本技术原因,人们至今没有办法事先了解一个程序有没有错误,只能在运行中发现、修改错误,并且也不知道还有多少错误和缺陷隐藏其中,这些脆弱性就为病毒的侵入提供了方便。

7.4.1 计算机病毒的定义

在《中华人民共和国计算机信息系统安全保护条例》中明确定义,病毒是"指编制或者在计算机程序中插入的破坏计算机功能或者破坏数据,影响计算机使用并且能够自我复制的一组计算机指令或者程序代码"。

7.4.2 计算机病毒的特点

计算机病毒具有以下几个特点:

1. 寄生性

计算机病毒寄生在其他程序之中,当执行这个程序时,病毒就起破坏作用,而在未启动这个程序之前,它是不易被人发觉的。

2. 传染性

计算机病毒不但本身具有破坏性,更有害的是具有传染性,一旦病毒被复制或产生变种,其速度之快令人难以预防。传染性是病毒的基本特征。计算机病毒可通过各种可能的渠道,如磁盘、计算机网络去传染其他的计算机。当在一台计算机上发现了病毒时,往往是曾在这台计算机上用过的磁盘已感染上了病毒,而与这台计算机相连的其他计算机也许也被该病毒染上了。是否具有传染性是判断一个程序是否为计算机病毒的最重要条件。

3. 潜伏性

有些病毒像定时炸弹一样,让它什么时间发作是预先设计好的。比如黑色星期五病毒,不到预定时间一点都觉察不出来,等到条件具备的时候一下子就爆发起来,对系统进行破坏。

4. 隐蔽性

计算机病毒具有很强的隐蔽性,有的可以通过病毒软件检查出来,有的根本就查不出来,有的时隐时现、变化无常,这类病毒处理起来通常很困难。

5. 破坏性

计算机中毒后,可能会导致正常的程序无法运行,把计算机内的文件删除等。

6. 可触发性

病毒因某个事件或数值的出现,诱使病毒实施感染或进行攻击的特性称为可触发性。

7.4.3 典型病毒的特点及防范

1. 特洛伊木马病毒及其防范

特洛伊木马(Trojan)是一种黑客程序,从它对被感染计算机的危害性方面考虑,可以称为病毒,但它与病毒有些区别。它一般并不破坏受害者硬盘数据,而是悄悄地潜伏在被感染的计算机中,一旦这台计算机连接到网络,就可能遭到破坏。黑客通过 Internet 找到感染病毒的计算机,在自己的计算机上远程操纵它,窃取用户的上网账户和密码、随意修改或删除文件,它对网络用户的威胁极大。用户的计算机在不知不觉中已经被开了个后门,并且受到别人的暗中监视与控制。

对特洛伊木马的防范方法主要是:不要轻易泄露 IP 地址,不要下载来历不明的软件,使用下载软件前一定要用木马检测工具进行检查。

2. 邮件病毒及其防范

邮件病毒和普通病毒是一样的,只不过由于它们主要通过电子邮件传播,所以才称为"邮件病毒"。它通常借助邮件附件夹带的方法进行扩散,一旦用户收到这类 E-mail,运行了附件中的病毒程序就能使用户的计算机染毒。

对于邮件病毒可以采取以下防范措施:不要打开陌生人来信中的附件,最好是直接删除;不要轻易运行附件中的 .exe、.com 等可执行文件,运行以前要先查杀病毒;安装一套可以实时查杀 E-mail 病毒的防病毒软件;收到自认为有趣的邮件时,不要盲目转发,因为这样会帮助病毒的传播;对于通过脚本"工作"的病毒,可以采用在浏览器中禁止 java 或 ActiveX 运行的方法来阻止病毒的发作。

3. 蠕虫病毒

蠕虫病毒是一种通过网络传播的恶性病毒,它具有病毒的一些共性,如传播性、隐蔽性、破坏性等,同时具有自己的一些特征,如不利用文件寄生(有的只存在于内存中),对网络造成拒绝服务以及和黑客技术相结合等。在产生的破坏性上,蠕虫病毒也不是普通病毒所能比拟的,网络的发展使得蠕虫可以在短短的时间内蔓延整个网络,造成网络瘫痪。

蠕虫病毒的主要特征是:利用操作系统和应用程序的漏洞主动进行攻击、传播方式多样、病毒制作技术与传统的病毒不同、与黑客技术相结合等。

蠕虫病毒的一般传播过程是:

①扫描：由蠕虫的扫描功能模块负责探测存在漏洞的主机。

②攻击：攻击模块按漏洞攻击步骤自动攻击步骤①中找到的对象，取得该主机的权限（一般为管理员权限），获得一个 shell。

③复制：复制模块通过原主机和新主机的交互将蠕虫程序复制到新主机并启动。

个人用户防范蠕虫病毒的主要措施是：购买合适的杀毒软件；经常升级病毒库；提高防毒、杀毒意识；不随意查看陌生邮件，尤其是带有附件的邮件等。

企业防范蠕虫病毒主要措施是：加强网络管理员安全管理水平；提高安全意识；建立病毒检测系统；建立应急响应系统；建立灾难备份系统等。

蠕虫病毒与一般病毒的相比：普通病毒寄生在宿主程序中，随着宿主程序的运行具备传染机制，传染的目标是本地文件。蠕虫病毒以独立的程序存在，具有主动攻击的传染机制，传染的是网络上的计算机。

7.4.4 IT 史上的典型病毒

1. Elk Cloner（1982 年）

攻击个人计算机的第一款全球病毒，它通过苹果 Apple II 软盘进行传播。该病毒被放在一个游戏磁盘上，可以被使用 49 次。在第 50 次使用的时候，它并不运行游戏，取而代之的是打开一个空白屏幕，并显示一首短诗。

2. Brain（1986 年）

第一款攻击 DOS 操作系统的病毒，可以感染软盘，该病毒会填充满软盘上的未用空间，而导致它不能再被使用。

3. Morris（1988 年）

Morris 该病毒程序利用了系统存在的弱点进行入侵，Morris 设计的最初目的并不是搞破坏，而是用来测量网络的大小。但是，由于程序的循环没有处理好，计算机会不停地执行、复制 Morris，最终导致死机。

4. CIH（1998 年）

CIH 病毒是迄今为止破坏性最严重的病毒，也是世界上第一个破坏硬件的病毒。它发作时不仅破坏硬盘的引导区和分区表，而且破坏计算机系统的 BIOS，导致主板损坏。

5. Melissa（1999 年）

Melissa 是最早通过电子邮件传播的病毒之一，当用户打开一封电子邮件的附件，病毒会自动发送到用户通讯录中的前 50 个地址，因此这个病毒在数小时之内传遍全球。

6. Love bug（2000 年）

Love bug 也通过电子邮件附件传播，它把自己伪装成一封求爱信来欺骗收件人打开。这个病毒以其传播速度快和传播范围让安全专家吃惊。在数小时之内，这个小小的计算机程序几乎感染了全世界范围之内的计算机系统。

7. 红色代码（2001 年）

被认为是史上最昂贵的计算机病毒之一，这个自我复制的恶意"红色代码"利用了微软 IIS 服务器中的一个漏洞。该蠕虫病毒具有一个更恶毒的版本，被称作红色代码 II。这两个病毒除了可以对网站进行修改外,被感染的系统性能还会严重下降。

8. 冲击波(2003 年)

冲击波病毒的英文名称是 Blaster,又称 Lovsan 或 Lovesan,它利用了微软软件中的一个缺陷,对系统端口进行疯狂攻击,可以导致系统崩溃。病毒运行时会不停地利用 IP 扫描技术寻找网络上系统为 Windows 2000 或 XP 的计算机,找到后就利用 DCOM RPC 缓冲区漏洞攻击该系统,一旦攻击成功,病毒体将会被传送到对方计算机中进行感染,使系统操作异常、不停重启,甚至导致系统崩溃。另外,该病毒还会对微软的一个升级网站进行拒绝服务攻击,导致该网站堵塞,使用户无法通过该网站升级系统。

9. 震荡波(2004 年)

震荡波是又一个利用 Windows 缺陷的蠕虫病毒,震荡波病毒可以导致计算机崩溃并不断地对计算机进行重启。

10. 熊猫烧香(2006 年)

"熊猫烧香"是一个由 Delphi 工具编写的蠕虫,终止大量的反病毒软件和防火墙软件进程。病毒会删除扩展名为 . gho 的文件,使用户无法使用 ghost 软件恢复操作系统。"熊猫烧香"感染系统的 . exe 、. com 、. pif 、. src 、. html 、. asp 文件,添加病毒网址,导致用户一打开这些网页文件,IE 就会自动连接到指定的病毒网址中下载病毒。在硬盘各个分区下生成 autorun. inf 和 setup. exe 文件,可以通过 U 盘和移动硬盘等方式进行传播,并且利用 Windows 系统的自动播放功能来运行,搜索硬盘中的 . exe 可执行文件并感染,感染后的文件图标变成"熊猫烧香"图案。"熊猫烧香"还可以通过共享文件夹、系统弱口令等多种方式进行传播。

11. ARP 欺骗病毒(2007 年)

ARP 地址欺骗类病毒是一类特殊的病毒,该病毒一般属于木马病毒,不具备主动传播的特性,不会自我复制。但是由于其发作的时候会向全网发送伪造的 ARP 数据包,干扰全网的运行,因此它的危害比一些蠕虫还要严重得多。ARP 病毒发作时的现象有:网络掉线,但网络连接正常,内网的部分 PC 不能上网,或者所有 PC 不能上网,无法打开网页或打开网页慢,局域网时断时续并且网速较慢等。

12. "磁碟机"病毒(2008 年)

"磁碟机"病毒下载大量木马,疯狂盗窃网络游戏的账号、QQ 号、用户隐私数据,几乎无所不为。据监测,"磁碟机"病毒变种已达几百种。据江民反病毒中心的初步估算,该病毒感染了近百万台计算机,以每台计算机因染毒造成直接损失及误工费 100 元计算,"磁碟机"病毒造成的直接损失可能达到亿元。

本章小结

本章对网络管理的目标、内容及加密技术进行了说明,尤其对常见的网络故障及排除进行了重点阐述。对网络管理的方法做了介绍,对网络不安全的原因以及安全实现方法进行了较为详细的讲解,尤其对防火墙技术、病毒技术做了重点说明。通过本章的学习,读者能在宏观上对网络管理和安全有一个总体的了解,对常见的网络故障应该能够进行有效地维护,能够配置简单的防火墙,熟练运用常见的杀毒软件。

习　题

一、选择题

1. 在企业内部网与外部网之间,用来检查网络请求分组是否合法,保护网络资源不被非法使用的技术是(　　)。

   A. 防病毒技术　　　B. 防火墙技术　　　C. 差错控制技术　　D. 流量控制技术

2. 网络管理的功能包括(　　)。

   A. 故障管理、配套管理、性能管理、安全管理和费用管理

   B. 人员管理、配套管理、质量管理、黑客管理和审计管理

   C. 小组管理、配置管理、特殊管理、病毒管理和统计管理

   D. 故障管理、配置管理、性能管理、安全管理和计费管理

3. 网络管理软件不具有的功能是(　　)。

   A. 配置管理功能　　B. 故障管理功能　　C. 记账管理功能　　D. 防火墙功能

4. 保证网络安全的最主要因素是(　　)。

   A. 拥有最新的防毒防黑的软件　　　　　B. 使用高档机器

   C. 用户的计算机安全素养　　　　　　　D. 安装多层防火墙

5. 未经授权的入侵者访问了信息资源,这是(　　)。

   A. 中断　　　　　　B. 窃取　　　　　　C. 篡改　　　　　　D. 假冒

6. 特洛伊木马是指一种计算机程序,它驻留在目标计算机中。当目标计算机启动时,这个程序会(　　)。

   A. 不启动　　　　　B. 远程控制启动　　C. 自动启动　　　　D. 本地手工启动

7. 如果一个服务器正在受到网络攻击,第一件应该做的事情是(　　)。

   A. 断开网络　　　　　　　　　　　　　B. 杀毒

   C. 检查重要数据是否被破坏　　　　　　D. 设置陷阱,抓住网络攻击者

8. 在公钥密码体系中,(　　)是不可以公开的。

   A. 公钥　　　　　　B. 公钥和加密算法　C. 私钥　　　　　　D. 私钥和加密算法

9. 张三从 CA 得到了李四的数字证书,张三可以从该数字证书中得到李四的(　　)。

   A. 私钥　　　　　　B. 数字签名　　　　C. 口令　　　　　　D. 公钥

二、填空题

1. 在网络应用中一般采取两种加密形式:_____和_____。

2. 病毒的特点包括:_____、_____、_____、_____、_____。

3. 防火墙的特点为:_____、_____、_____、_____。

4. 美国国防部制定了《可信计算机系统标准评估准则》，将多用户计算机系统的安全级别从低到高划分为四类七级分别是_____。

三、简答题

1. 为什么组建 Intranet 时要设置防火墙？防火墙的基本结构是什么？

2. 防火墙有哪些局限性？

3. 简要说明动态安全问题的解决方案。

4. 故障排除操作有哪些步骤？

第 8 章

网络规划与组建案例

本章主要内容

- 网络规划、设计的原则和步骤。
- 网络技术实训室的设计与组建。
- 校园网的规划与设计。

本章理论要求

- 了解网络规划、设计的原则和步骤。
- 理解层次化的网络设计思想。
- 掌握 IP 地址的规划与 VLAN 划分的方法。

8.1 网络规划

网络规划的任务就是为即将建立的网络系统提出一套完整的设想和方案,并对建立网络系统所需的人力、财力和物力投入等做出一个总体的计划。

8.1.1 网络规划的基本原则

1. 采用先进、成熟的技术

在规划网络、选择网络技术和网络设备时,应重点考虑当今主流的网络技术和网络设备。确保建成的网络有良好的性能,保证网络设备之间、网络设备和计算机之间的互连,以及网络的可靠运行。

2. 遵循国际标准,坚持开放性原则

网络的建设应遵循国际标准,采用大多数厂家支持的标准协议及标准接口,从而为异种机、异种操作系统的互连提供方便和可能。

3. 网络的可管理性

具有良好可管理性的网络,网管人员可借助先进的网管软件,方便地完成设备配置,状态监视、信息统计、流量分析、故障报警、诊断和排除等任务。

4. 系统的安全性

网络系统的安全性包括两个方面的内容:一是外部网络与本单位网络之间互连的安全性问题;二是本单位网络系统管理的安全性问题。在网络建设的设计阶段,这两个方面的安全问题都要充分考虑到,设计合理的解决方案。

5. 灵活性和扩充性

网络的灵活性体现在连接方便,设置和管理简单、灵活,使用和维护方便;网络的可扩充性表现在数量的增加、质量的提高和新功能的扩充。

6. 系统的稳定性和可靠性

网络产品稳定性和可靠性对网络建设来说,非常重要,所以在关键网络设备和重要服务器的选择方面,应考虑该设备是否具有良好的电源备份系统、链路备份系统,是否具有中心处理模块的备份,系统是否具有快速、良好的自愈能力等。不应追求那些功能大而全但不可靠或不稳定的产品,也不要选择那些不成熟和没有形成规范的产品。

7. 经济性

计算机网络技术发展迅速,新的网络设备层出不穷,在设备选型方面,基于以够用并具有一定的扩展性为原则,考虑网络构建的成本,尽量让其经济实用。

网络规划是一项较复杂的技术性活动,要完成一个高水平的网络规划,需由专门的计算机网络技术人员参与。

8.1.2　网络规划的实施步骤

1. 需求分析

需求分析的目的是充分了解组建网络应当达到的目标,包括近期目标和远期目标。进行用户需求调研,需掌握以下几个方面的内容。

①了解连网设备的地理分布,包括连网设备的数目、位置和间隔距离,用户群组织,以及特殊的需求和限制。

②连网设备的软硬件,包括设备类型、操作系统和应用软件等。

③所需的网络服务,如电子邮件、WWW 服务、视频服务、数据库管理系统、办公自动化、CMIS 系统集成等。

④实时性要求,如用户信息流量等。

本阶段的成果是提出网络用户需求分析报告。

2. 系统可行性分析

系统可行性分析的目的是阐述组建该网络在技术、经济和社会条件等方面的可行性,以及为达到目标而可能选择的各种方案等。本阶段的成果是提出可行性分析报告,供领导决策参考。

3. 网络总体设计

网络总体设计是根据网络规划中提出的各种技术规范和系统性能要求,以及网络需求分析的要求,制订出一个总体计划和方案。网络总体设计包括以下主要内容:

①网络流量分析、估算和分配。

②网络拓扑结构设计。

③网络功能结构设计。

本阶段的成果是确定一个具体的网络系统实施的总体方案,主要包含网络的物理结构和逻辑关系结构。

4. 网络详细设计

网络详细设计实质上就是分系统进行设计,对于一个局域网而言,网络的详细设计包括以下内容:

①网络主干设计。

②子网设计。

③网络的传输介质和布线设计。

④网络安全和可靠性设计。

⑤网络接入互联网设计。

⑥网络管理设计,包括网络管理的范围、管理的层次、管理的要求,以及网络控制的能力等。

⑦网络硬件和网络操作系统的选择。

5. 设备配置、安装和调试

根据网络系统实施的方案,选择性能价格比高的设备,通过公开招标等方式和供应商签订供货合同,确定安装计划。

网络系统的安装和调试主要包括系统的结构化布线、系统安装、单机测试和互连调试等。在设备安装调试的同时开展用户培训工作。用户培训和系统维护是保证系统正常运行的重要因素。使用户尽可能地掌握系统的原理和使用技术,以及出现故障时的一般处理方法。

6. 网络系统维护

网络组建完成后,还存在着大量的网络维护工作,包括对系统功能的扩充和完善,各种应用软件的安装、维护和升级等。另外,网络的日常管理也十分重要,如配置和变动管理、性能管理、日志管理和计费管理等。

8.2 网络技术实训室的设计与组建

网络技术实训室设计应满足便于教、便于学和便于练的特点。为此,设计该实训室包含 4 个小组,每个小组可为 6 个学生同时提供模拟实训的服务,每个实训小组都能在该组提供的网络设备上完成大部分实训内容,也可以在组与组之间通过核心交换机进行跨组实训,以模拟多个广域网的组建与配置。

8.2.1　网络技术实训室的建设原则

建设网络技术实训室的目的是给学生创造模拟实际岗位群的基本技能操作训练环境。

建设网络技术实训室的原则是通用性强,也就是充分利用有限资源,最大限度地节约资金,尽可能使所建设的实训基地适用性强,能进行多方面的网络实训。

8.2.2　网络技术实训室的组建要求

总的要求是能够满足 CCNA(Cisco Certified Network Associate)认证培训与认证考试的要求。具体是能够模拟由多个局域网构成的广域网,能够支持一个小班的同学同时做实训。每个同学能够方便地安装、配置和管理交换机和路由器。

8.2.3　网络技术实训室的规划

基于以上要求,设计该网络技术实训室由 4 大组小型实训设备组聚合而成,每大组有6 台主机、3 台路由器,每大组又分为 3 个小组,每小组 2 台主机、1 台路由器,2 台主机控制1 台路由器,一台计算机通过路由器的 Console 口进行本地控制,另一台通过 Telnet 方式远程配置。本着能满足实训要求,又能节省资金的原则,通过一台中心交换机连接所有实验设备组。其拓扑结构如图 8-1 所示。

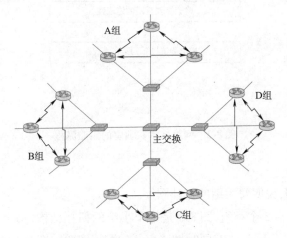

图 8-1　实训室的物理拓扑图

1. 硬件需求

①每组实训用设备的标准配置:Cisco 公司生产的 2500 或 2600 系列路由器 3 台,2900或 2950 系列交换机一台,PC 6 台。

②每组实训周边设备的标准配置:V. 35 串行线缆 3 条,直连线 4 条,Console 线 4 条,AUI-RJ45 转换器 3 个。

③设备硬件配置要求:2500 或 2600 系列路由器:1 个以上以太网端口,2 个以上串行端口,1 个以上 AUI 端口,16MB Flash,16MB DRAM;2900 或 2950 系列交换机:任意一款标准配置即可。

2. 软件需求

IOS 版本使用 12.0 或更高版本。

3. 所支持的实训

STATIC、RIP、IGRP、EIGRP、OSPF、BGP、VLAN、VTP、FREMRELAY、NAT 等网络协议的实训操作。

8.2.4 网络技术实训室的组建

1. 网络技术实训室的组建流程(见图 8-2)

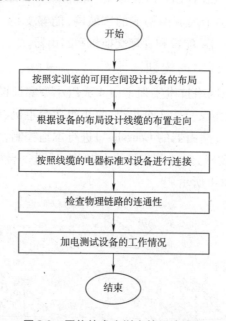

图 8-2　网络技术实训室的组建流程

2. 组建说明

下面以 A 组为例,说明每大组的拓扑图。

①每个大组中包括 3 个小组,图 8-3 是每个小组的拓扑结构,每个小组有两台 PC 和一台路由器,目的是使两位同学能够同时做路由器的配置实验。图 8-3 中的每个 PC 是通过其串行接口与 DB9 转 RJ-45 的转接器的串口相连,DB9 转 RJ-45 转接器的 RJ-45 口通过反转标准的 5 类双绞线与路由器的 Console 口相连。图 8-3 中的每个 Server 是通过 Telnet 以 TCP/IP 方式连接到路由器上对其进行配置。

②路由器与交换机之间使用直连标准的 5 类线缆连接,路由器为 AUI 端口外接 AUI-RJ45 转换器,交换机为 RJ-45 端口。

③路由器之间使用 V.35 串行线连接,端口为 Serial 端口。

④此环境使用了直连和反转两种类型的网线。反转线用在各 PC 到各路由器的 Console 口,除串行链路用 V.35 线外,其他的均用直连线。

⑤实训室中包括 A、B、C、D 四大组,每大组有 6 台主机,分为 3 个小组,每小组两台主

机,同时控制一台路由器。

⑥图 8-3 所示的一大组,包含 3 个局域网 192.168.11.0、192.168.13.0、192.168.15.0 和 3 个广域网 192.168.12.0、192.168.14.0、192.168.16.0,共 6 个网段。

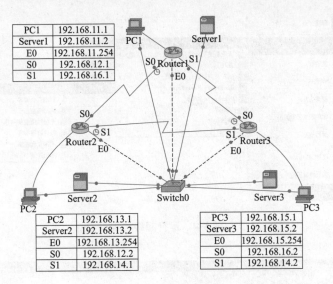

图 8-3　每大组拓扑图

⑦Server 通过 Telnet 方式 TCP/IP 连接到路由器上,对其进行配置的前提是,PC 已先配置其对应的路由器,并开启了虚拟终端配置。

以第一小组的配置为例来具体说明开启虚拟终端的方法,PC1 通过 Console 口登录到路由器 Router1 后,在全局配置模式执行如下命令:

```
Router1 (config-if)#intface E0

Router1 (config-if)#ip address 192.168.11.254 255.255.255.0

Router1 (config-if)#no shutdown

Router1 (config-if)# exit

Router1 (config)# line vty 0 5

Router1 (config)# username cisco

Router1 (config)# password ccna
```

PC1 执行完该命令后,Server1 即可远程连接到 Router1 来配置 Router1。具体步骤如下:

①选择"开始"→"程序"→"附件"→"通讯"→"超级终端"命令,如图 8-4 所示。

②在弹出的"连接到"对话框中输入如图 8-5 所示的各种参数。参数主机地址 192.168.11.254,端口号 23,连接时使用 TCP/IP(Winsock)。

3. 每大组 IP 地址的设置

①大组内的 IP 地址为 192.168.1X.XXX。

②大组内的 IP 地址为 192.168.2X.XXX。

③大组内的 IP 地址为 192.168.3X.XXX。

④大组内的 IP 地址为 192.168.4X.XXX。

注:X 为数字,但 XXX 应大于 0 且小于 255。

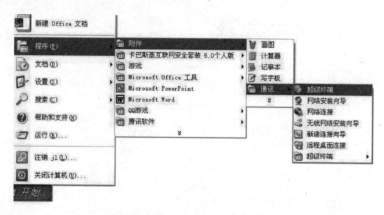

图 8-4　运行超级终端

图 8-5　Telnet 登录设置

图 8-3 为 A 组拓扑结构,A 组分为 3 个小组,每个小组有两台主机:PC 和 Server,每小组的 PC 通过 Console 线连接到路由器的 Console 口,PC 和 Server 都通过 NIC 连接到 A 组的中心交换机上,路由器通过以太接口 Ethernet 也连接到中心交换机上,最后 A、B、C、D 4 组的中心交换机都连接到实验环境中的主交换机上,就形成了实训环境。

8.2.5　网络技术实训室的配置

PC1 利用超级终端通过 Console 口登录到 R1 上,在 R1 上执行如下命令:

```
R1 > enable
R1# config  t
R1(config)# int e0
R1(config-if)# ip address 192.168.11.254 255.255.255.0
```

```
R1(config-if)# no shutdown
R1(config-if)# exit
R1(config)# int  s0
R1(config-if)# ip address 192.168.12.1 255.255.255.0
R1(config-if)# clock rate  56000
R1(config-if)#no shutdown
R1(config-if)# exit
R1(config)# int  s1
R1(config-if)# ip address 192.168.16.1 255.255.255.0
R1(config-if)# clock rate  56000
R1(config-if)#no shutdown
R1(config-if)# exit
R1(config)# router rip
R1(config-router)# version 2
R1(config-router)# network 192.168.11.0
R1(config-router)# network 192.168.12.0
R1(config-router)# network 192.168.16.0
R1(config-router)#  exit
R1(config)#  exit
R1# show ip route                   (查看路由器的路由表)
```

PC2 利用超级终端通过 Console 口登录到 R2 上,在 R2 上执行如下命令:

```
R2 > enable
R2# config  t
R2(config)# int e0
R2(config-if)# ip address 192.168.13.254 255.255.255.0
R2(config-if)# no shutdown
R2(config-if)# exit
R2(config)# int  s0
R2(config-if)# ip address 192.168.12.2 255.255.255.0
R2(config-if)# clock rate  56000
R2(config-if)#no shutdown
R2(config-if)# exit
R2(config)# int  s1
R2(config-if)# ip address 192.168.14.1 255.255.255.0
R1(config-if)# clock rate  56000
R2(config-if)#no shutdown
R2(config-if)# exit
R2(config)# router rip
R2(config-router)# version 2
```

```
R2(config-router)# network 192.168.13.0
R2(config-router)# network 192.168.12.0
R2(config-router)# network 192.168.14.0
R2(config-router)#  exit
R2(config)#  exit
R2# show ip route              (查看路由器的路由表)
```

PC3 利用超级终端通过 Console 口登录到 R3 上,在 R3 上执行如下命令:

```
R3 > enable
R3# config  t
R3(config)# int e0
R3(config-if)# ip address 192.168.15.254 255.255.255.0
R3(config-if)# no shutdown
R3(config-if)# exit
R3(config)# int  s0
R3(config-if)# ip address 192.168.16.2 255.255.255.0
R3(config-if)# clock rate  56000
R3(config-if)#no shutdown
R3(config-if)# exit
R3(config)# int  s1
R3(config-if)# ip address 192.168.14.2 255.255.255.0
R3(config-if)# clock rate  56000
R3(config-if)#no shutdown
R3(config-if)# exit
R3(config)# router rip
R3(config-router)# version 2
R3(config-router)# network 192.168.15.0
R3(config-router)# network 192.168.16.0
R3(config-router)# network 192.168.14.0
R3(config-router)#  exit
R3(config)#  exit
R3# show ip route              (查看路由器的路由表)
```

其他组设备的配置类似于 A 组,不同的是各路由器 IP 地址不同,其规律是 IP 地址的 4
个字节中,第 1、2、4 部分完全与 A 组的配置一致,不同点在第 3 字节的第 1 位,A 组为 1X,B
组为 2X,C 组为 3X,D 组为 4X 等。

8.3 校园网的规划与设计

校园网建设是现代教育发展的必然趋势,建设校园网不仅能够更加合理有效地利用学校现有的各种资源,而且为学校未来的不断发展奠定了基础,使之能够适合信息时代的要求。下面以某学院校园网的建设为例,来介绍校园网建设的整个过程及计算机网络系统总体设计方案。

8.3.1　校园网建设的原则

以办公自动化、计算机辅助教学、现代计算机校园文化为核心,以现代网络技术为依托、技术先进、扩展性强、覆盖全校主要楼宇的校园主干网络,将学校的各种 PC 工作站、终端设备和局域网连接起来,并与有关广域网相连;在网上宣传和获取教育资源;在此基础上建立能满足教学、科研和管理工作需要的软硬件环境;开发各类信息库和应用系统,为学校各类人员提供充分的网络信息服务;系统总体设计本着总体规划、分布实施的原则,充分体现系统的技术先进性、高度的安全可靠性、良好的开放性、可扩展性以及建设经济性。

8.3.2　校园网的设计

网络设计的目标是向用户和工程人员提供详尽、科学的工程方案。网络设计方案是经过分析、论证、设计之后提交给用户和工程施工人员的书面文档。一般由以下几部分组成:用户需求分析、网络结构设计、综合布线设计、网络功能系统设计、系统预算、售后服务以及工程设计和施工的资格证明等。

1. 校园网的总体设计

进行校园网总体设计,首先要进行对象研究和需求调查,明确学校的性质、任务和改革发展的特点及系统建设的需求和条件,对学校的信息化环境进行准确的描述;其次,在应用需求分析的基础上,确定学校 Intranet 服务类型,进而确定系统建设的具体目标,包括网络设施、站点设置、开发应用和管理等方面的目标;第三是确定网络拓扑结构和功能,根据应用需求建设目标和学校主要建筑分布特点,进行系统分析和设计;第四,确定技术设计的原则要求,如在技术选型、布线设计、设备选择、软件配置等方面的标准和要求;第五,规划校园网建设的实施步骤。网络的设计和实施步骤主要包括:用户需求调查分析,系统可行性分析,网络总体设计,网络详细设计,设备配置、安装和调试以及网络系统维护等。

2. 校园网的逻辑结构设计

采用层次化的网络设计方法,一般采用三级网络结构,自下而上分别是接入层(Access Layer)、汇聚层(Distribution Layer)和核心层(Core Layer)。

①接入层:连接各端末设备,即一般是直接连接上网的计算机。

②汇聚层:连接学生宿舍和教师宿舍的接入设备,提供负载平衡、快速收敛和扩展性,完成路由选择,提供冗余。

③核心层:连接各汇聚设备或接入设备和服务器群设备,提供路由管理、网络服务、网络管理、数据高速交换、快速收敛和扩展性,完成高速转发。

校园网的网络结构如图 8-6 所示。

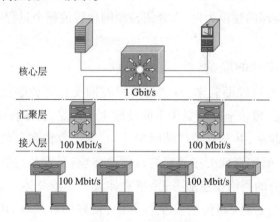

核心层

1 Gbit/s

汇聚层

接入层　100 Mbit/s　　　　　100 Mbit/s

100 Mbit/s　　　　　100 Mbit/s

图 8-6　三级网络结构

校园网核心层采用高性能的具备三层交换功能的模块化交换式千兆以太网核心交换机，负责对各教学楼间流量进行高速路由交换。分布层楼宇交换机采用性价比较好的、性能稍差的三层千兆以太网交换机，配以千兆以太网模块同主干中心交换机相连。分布层楼宇交换机支持 VLAN（虚拟网）、IP 组播等功能，实现了子网的划分、接入以及对校内多媒体应用的支持。从每一个分布层楼宇交换机接出二层交换机堆垒构成接入层，直连桌面接入各信息点。校园网出口采用 100 Mbit/s 光纤数据专线，连接到电信局宽带接入服务，通过此线路连接到 Internet。

3. 校园网的功能设计

①资源共享：统一管理学校内的各科目多媒体教学课件等教学和管理资料，使这些资源得到更为广泛的应用。

②校内电子公文和电子邮件系统：通过网络进行公文交换，随时随地地取得学校各教研室、各有关部门的资料，增进学校内教师、学生以及各部门之间的沟通效率。通过校园网络，可以使学生能及时了解国内外科技发展动态，加强对外合作，促进教学、教研和科普工作的提高。

③以校园网络为依托，建立各种课程的计算机辅助教学、计算机辅助考试和答疑批阅系统。

④为学校管理现代化、图书馆电子化以及通信现代化提供重要的支撑环境。

8.3.3　某校园网建设的需求分析

在对校园网建设进行需求分析时，首先要了解学校计算机网络现状，到现场查看网络地理布局，最后列出明确的系统目标。

1. 某校园网络建设现状

该校拥有教学楼、行政综合楼、电教楼、图书楼、五栋学生公寓、教师家属楼和专家楼等多栋教学用大楼。该学校原有一个结构简单的局域网，除了学生公寓的计算机不能连网外，学校内的其他计算机均可以上 Internet，这些为校园网的建设打下了良好的基础。

该校已充分认识到 Internet 给学校带来的经济和社会效益，决定组建一个覆盖整个校园的现代化计算机信息网络系统,以满足学校教学、管理、研究的需要,充分发挥信息资源共享、内外交流的优势,提高教学和管理效率,实现教学信息化、办公自动化、信息资源化、传输网络化、管理科学化的现代化办学目标。

2. 该校区网络接入点的地理分布

该学校占地面积 200 亩,与校园网有关的建筑物有教学楼、行政楼、图书馆、电教楼、教师公寓和多栋学生公寓等。共有信息点 3 600 个,分布如下:教学楼 200 个信息点、行政楼 100 个信息点、电教楼 1 000 个信息点、图书馆 200 个信息点、教师公寓 100 个信息点和学生公寓 2 000 个信息点。

8.3.4　某校园网的拓扑结构设计

1. 某校园网建设的具体要求

楼宇之间采用光纤布线,楼内采用超五类双绞线;校园网主干设计为 1 000 Mbit/s 带宽,100 Mbit/s 带宽到桌面;每个办公室布两个网点,每个教室布两个网点,每个学生公寓布两个网点,每个教师公寓布 4 个网点;电教楼中每台计算机一个网点。网络中心设在电教楼三层,以电教楼为中心,用光纤连接其他各个建筑物,以构成该校区校园网主干网。

通过光纤专线将整个校园网连入中国公用计算机网(ChinaNet),通过 ChinaNet 连入因特网。开通办公自动化、WWW、E-mail、FTP 等各种 Internet 服务,实现全校资源共享,在一定程度上满足学校教育、科研对各种信息资源的需求。

2. 某校园网的拓扑结构

根据某校园网的需求分析,该校网络拓扑结构确定为拓展星状(树状)结构比较合理,整个校园网的架构采用三级交换,首先网络中心到各功能大楼构建 1 000 Mbit/s 主干交换;然后每个功能大楼到各楼层构建 100 Mbit/s 楼层交换;最后,构建 10/100 Mbit/s 桌面交换。其物理拓扑结构可用图 8-7 表示。

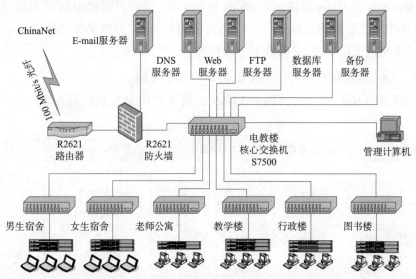

图 8-7　某校园网拓扑图

8.3.5 某校园网的网络设备选择

网络的拓扑结构确定后,接下来就是选择网络的硬件设备。这是网络设计的关键环节,因为网络硬件设备的性能决定网络系统稳定性、可靠性等。在选择网络硬件设备时还得考虑用户的承受力,网络硬件设备的性价比是所设计的方案能否被用户接受的重要因素。对于一个网络系统来说,硬件设备主要包括网络的传输介质、接入设备和服务器。

1. 传输介质的选择

传输介质是指网络的通信线路。对于固定的工作站点,一般考虑有线通信线路,对于频繁移动或临时使用的站点,可考虑无线通信。目前,在有线通信线路上使用的传输介质有双绞线、同轴电缆和光导纤维。考虑到性价比,桌面接入级采用超五类双绞线,楼与楼之间的汇聚级采用多模光纤,服务器到核心交换机的连接也采用多模光纤。

2. 接入设备选择

根据学生人数及应用需求,网络中心到各功能大楼构建 1 000 Mbit/s 主干交换;然后,每个功能大楼到各楼层构建 100 Mbit/s 楼层交换;最后,构建 100 Mbit/s 桌面交换。因此,网络中心至少设置一台 1 000 Mbit/s 交换机。考虑到性价比及兼容性,该校园网建设用的所有接入设备均采用华为公司产品。

3. 服务器选择

服务器是网络的核心,一般分为文件服务器、打印服务器、Web 服务器、数据库服务器、电子邮件服务器等。根据网络系统的规模、用户的应用需求选择服务器,考虑到性价比及兼容性,该校园网建设用的所有接入服务器均采用浪潮公司服务器。

4. 网络软件系统的选择

选择网络软件系统主要是确定哪种网络操作系统、使用哪种网络通信协议。网络操作系统主要有 UNIX、NetWare、Windows、Linux 等。考虑到易用性及稳定性,本校的服务器同时使用了 Windows 和 Linux 系统。Windows 使用方便,用户只需经短期培训即可实现管理与维护,可用于二级服务器。Linux 系统稳定,费用低,可用做网络中心服务器。这样的选择既保证了系统的所有要求,又降低了工程预算。

8.3.6 某校园网的 VLAN 划分及 IP 地址规划

考虑到管理的方便,整个校园网中 VLAN 的划分及 IP 地址的规划方案如表 8-1 所示。

表 8-1 VLAN 及 IP 编址方案

VLAN 号	VLAN 名称	IP 网段	默认网关	说 明
VLAN 1	GL VLAN	10. 0. 0. 0/24	10. 0. 0. 254	管理 VLAN
VLAN 10	NSSS	10. 1. 0. 0/23	10. 1. 0. 253	男生宿舍 VLAN
VLAN 20	NVSS	10. 0. 1. 0/24	10. 0. 1. 254	女生宿舍 VLAN
VLAN 30	JGGY	10. 2. 0. 0/23	10. 2. 0. 253	老师公寓 VLAN
VLAN 40	TSG	10. 0. 2. 0/24	10. 0. 2. 254	图书馆 VLAN
VLAN 50	JXL	10. 0. 3. 0/24	10. 0. 3. 254	教学楼 VLAN

VLAN 号	VLAN 名称	IP 网段	默认网关	说　明
VLAN 60	XZL	10. 0. 4. 0/24	10. 0. 4. 254	行政楼 VLAN
VLAN 70	SYL	10. 0. 5. 0/24	10. 0. 5. 254	电教楼 VLAN
VLAN 80	FUQ	10. 0. 6. 0/24	10. 0. 6. 254	服务器 VLAN

8.3.7　网络综合布线

网络综合布线是一个用于语音、数据、影像和其他信息技术的标准结构化布线系统,主要使用双绞线、光缆作为传输媒体。

1. 综合布线的组成

根据国际标准 EIA/TIA 568A 的规定,综合布线系统一般划分为 6 个子系统:工作区子系统、水平布线子系统、干线子系统、设备间子系统、管理子系统、建筑群子系统,如图 8-8 所示。

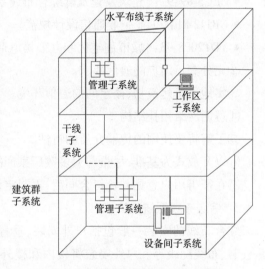

图 8-8　结构化布线系统的组成

①工作区子系统:由终端设备连接到信息插座的连线组成,包括连接器和所需要的扩展软线,其功能在于实现终端和输入/输出之间的连接。相当于电话配线系统中的连接话机的用户线及话机终端部分。

②水平布线子系统:水平布线子系统也称配线布线子系统,它将干线子系统线路延伸到用户工作区,相当于电话配线系统中配线电缆或连接到用户出线盒的用户线部分,包括双绞线电缆、信息插座等。

③干线子系统:干线子系统也称垂直布线子系统,它提供建筑物的干线电缆的路由。该子系统由布线电缆组成,或由电缆和光缆以及将此干线连接到相关的支撑硬件组合而成,相当于电话配线系统中的干线电缆。

④设备间子系统:设备间子系统用以将中继线交叉连接处和布线交叉连接处连接到公用系统设备上。由设备间的电缆、连接器和相关的支撑硬件组成,它把各种公用系统设备与内部连接起来,相当于电话配线系统中的站内配线设备及电缆、导线连接部分。

⑤管理子系统:管理子系统即配线间,它把水平子系统和垂直干线子系统连在一起,或把垂直主干和设备子系统连在一起。通过它可以改变布线系统各子系统之间的连接关系,从而管理网络通信线路。它相当于电话配线系统中每层的配线箱或电话分线盒部分。

⑥建筑群系统:建筑群系统由一个建筑物中的电缆延伸到建筑群的另外一些建设物中的通信设备和装置上,它提供楼群之间通信设施所需的硬件,并将一个园区的各建筑物内

的设备子系统连在一起,相当于电话配线系统中的电缆保护以及各建筑物之间的干线电缆。

2. 综合布线系统设计

综合布线系统设计的目的是为网络工程施工方提供详细的施工方案,也为用户提供布线预算以及将来进行系统管理维护所需的技术资料。布线设计方案应该具备功能齐全(可传输语音、视频、数据)、实用、性能先进、节省投资等特点,综合布线设计应注意的问题如下:

①严格依据以下主要安装与设计规范:

- CECS 72:97:《建筑与建筑群综合布线系统工程设计规范》。
- CECS 89:97:《建筑及建筑群综合布线系统工程施工及验收规范》。
- GBJ42-81:《工业企业通信设计规范》。
- YDT2008-93:《城市住宅区和办公楼电话通信设施设计标准》。

②充分满足用户的通信要求。

③实地了解建筑物、楼宇间的通信环境。

④遵循网络拓扑结构。

⑤了解将要使用的传输介质的特性。

⑥以开放式为基准,尽量与大多数厂家产品和设备兼容。

⑦在征得用户意见并签订合同后,再制定详细的设计和安装方案。

3. 综合布线系统的安装

综合布线的安装一般包括户外安装、垂直干线安装、平面楼层安装、用户端子安装、机房安装、布线配线等。户外安装将楼内和楼外系统连接为一体,典型处理办法有空中架线或铺设地下管道。为了安全,空中架线时要安装避雷装置,在接入室内分线盒之后要注意接地。垂直干线安装时要注意因重力造成的线路接触不良和抗干扰问题,避开电梯、动力电系统等。平面楼层的安装方法有"暗管预埋、墙面引线"和"地下管槽、地面引线"两种,前者适合新建楼层预埋线路(改动困难),后者适合铺有地毯或架空地板的地面(走线灵活)。用户端子安装主要是配合双绞线的 RJ-45 插座和连接电话的 RJ-11 插座,多安装在墙上。配线用于连接设备,在安装配线时要考虑建筑内设备的位置变换和配线是否容易损坏,对于双绞线和光纤一定要用专用工具严格按操作规范安装。机房安装主要指安装大型通信设备、服务器等,注意接地、散热、通风、防静电等,避开强干扰源,如发电机、电梯、中央空调。

4. 网络测试

(1)网络测试的重要性

安装时,因为网络设备本身的质量问题或安装质量问题均有可能达不到预期性能或设计要求,甚至造成网络故障。运行时,因为网络设备自然损坏、网线遭到破坏,如无意挤压或猛力拖拉,或者用户调整和变更了网络,如增减工作站点、加装设备、网络重新布局等,均有可能出现网络故障。所以,了解网络测试的一般方法和技巧,对网络安装工程人员来说很重要,对网络系统管理人员来说同样也很重要。

（2）传输介质测试

局域网的安装是从传输介质开始的。传输介质就是网线,是网络的基础部分,其本身的质量以及安装质量都直接影响到网络能否正常运行,因此网络测试首先从网线开始。目前,局域网中使用最多的是双绞线,因此检测安装的双绞线是否合格,能否支持将来的高速网络,用户的投资是否能得到保护等关键问题都需要进一步测试。双绞线的测试一般采用以下几种方法:

①验证测试:双绞线的验证测试是测试电缆的基本安装情况,例如,线路有无开路或短路、有无串绕,两端是否按有关规定正确连接。其中,所谓串绕就是将原来的两对线分别拆开而又重新组成新的绕对。这种故障不易发现,因为网络会以低速运行,在流量很小时表现不明显。验证测试要求测试仪器使用方便、快速。例如,使用单端测试仪 Fluke 620 进行测试,既无须远端连接器,又不用助手在电缆的另一端协助操作,具有"随装随测"技术,可在很短的时间内完成全部连接性能测试,极大地提高施工布线质量和工程进度,节省用户的时间和投资。

②简单故障排除:上述测试需要专用测试设备,适合在安装时由网络安装公司使用。而网络运行时,很多中小局域网用户既不是专业网络技术人员,又没有配备测试设备,这时最简单的方法就是使用对比排除法排除故障,找到故障点。例如,当某一工作站网络传输失败或传输速度异常时,可换上一根使用正常的双绞线进行对比,如果使用了正常的双绞线就解决了问题,即可判断原线路是否有故障。此方法适用于简单情况:网线两端在同一楼层或同一房间。

（3）故障诊断

根据统计,大约80%的网络故障发生在 OSI 七层协议的下三层。这些故障包括线缆问题、网卡问题、交换机问题、服务器以及路由器问题等。另外,20% 左右的故障发生在应用层。应用层的故障主要是网络设置问题。当网络发生故障时,要求尽快找出问题所在。此时,使用专业网络测试仪比较好,如 Fluke 公司提供从网线到网络的一系列测试仪器,不论是网络安装公司还是网络最终用户,都可以使用这些仪器建立并维护一个健康的网络。

本案例只是让读者了解校园网乃至园区网的规划和设计步骤以及主要内容,限于篇幅,对于交换机的配置、广域网接入路由器的配置、各种服务器的安装、配置步骤以及运行维护方法见第九章的各实训部分,这里不再赘述。

本章小结

本章主要介绍了两个案例,第一个案例是模拟多个局域网和广域网实训室的建设思路和建设方法及步骤,目的是让读者了解各种类型双绞线的使用场合及网络通信中数据流的流向。第二个案例是介绍校园网规划和设计的方法、步骤和内容,目的是让读者了解规划一个网络的方法和步骤。

习 题

一、填空题

1. 在_____模式下用_____命令可以查看路由器的路由表信息。

2. 层次化的网络设计在规划网络时往往规划为 3 层结构,这 3 个层次分别是_____、_____和_____。

二、简答题

1. 简述网络技术实训室的组建流程。

2. 简述校园网的建设原则。

3. 什么是 VLAN,VLAN 划分的原则是什么?

第 9 章

计算机网络技术与应用实训

实训一　网线及信息模块的制作

情景导入

　　计算机专业毕业的蒋赫应聘到北京某学校信息中心工作，主要负责该学校网络的管理与维护。近期，该学校购置了一台交换机和一台服务器，蒋赫需要把新购置的网络设备连接到校园网，进而再接入 Internet。网络中心工具箱里的各种工具较齐全，压线钳、打线器、水晶头、测线仪和信息模块等一应俱全，蒋赫首先需要做什么呢？

情景导入

一、实训目的

①熟悉制作网线和信息模块的各种工具和材料。

②了解网线的种类、特性及信息模块的作用。

③掌握 T568A 标准和 T568B 标准网线的排列顺序。

④掌握直连线、交叉线和反转线的制作方法及其适用场合。

⑤掌握信息模块的打制方法。

实训环境及
要求

二、实训环境

　　分组实训，每组 6 位同学，每组需要 RJ-45 水晶头 24 个、信息模块 12 个、双绞线 12 m、RJ-45 压线钳 2 把、测线仪 1 个。

三、实训内容

①认识和熟练使用网线制作的专用工具。

②网线的制作与测试。

③信息模块的打制。

四、相关知识

1. 双绞线的分类

双绞线分类

双绞线(Twisted Pair)是由两条相互绝缘的导线按照一定的规格互相缠绕(一般以逆时针缠绕)在一起而制成的一种线缆,是一种有线网络传输介质。相互缠绕的目的是为了抵消彼此产生的电磁干扰,缠绕的紧密程度影响其传输性能,缠绕越均匀越紧密,其传输性能越好。双绞线早期主要是用来传输模拟信号,但同样适用于数字信号的传输。根据双绞线与外层绝缘封套之间是否有金属屏蔽层,又把双绞线分为屏蔽双绞线(Shielded Twisted Pair,STP)与非屏蔽双绞线(Unshielded Twisted Pair,UTP)两大类,使用较多的是非屏蔽双绞线。根据双绞线线径的粗细及线对的缠绕程度,双绞线又分为1类、2类、3类、4类、5类、6类、7类、8类等类型,不同类型的双绞线其传输能力不同,类别越高,传输能力越强,其中8类双绞线传输性能可以达到40 Gbit/s,无中继传输距离可以达到30 m,主要应用于数据中心。在使用时,应根据网络的需要进行选择,其中最常见的是5类UTP和超5类UTP。美国电子工业协会(Electronic Industries Association, EIA)和美国通讯工业协会(Telecommunications Industries Association,TIA)制定的TIA/EIA 568标准的UTP各项性能指标如表9-1所示。

表9-1　TIA/EIA 568标准

1类线(CAT1)	最高频率带宽是750 kHz,用于报警系统,或语音传输,不用于数据传输
2类线(CAT2)	最高频率带宽是1 MHz,用于语音传输和最高传输速率4 Mbit/s的数据传输,用于早期的令牌网
3类线(CAT3)	最高传输速率为10 Mbit/s,主要应用于语音及10 Mbit/s以太网(10BASE-T),其最长网段为100 m,采用RJ-45连接器
4类线(CAT4)	传输频率为20 MHz,用于语音传输和最高传输速率16 Mbit/s的数据传输,未被广泛采用
5类线(CAT5)	最高传输速率为100 Mbit/s,用于语音传输和最高传输速率为100 Mbit/s的数据传输,主要用于100BASE-T的以太网,最长网段为100 m,采用RJ-45连接器
超5类线(CAT5e)	与5类线相比,其衰减小,串扰少,主要用于1000 BASE-T的千兆以太网中
6类线(CAT6)	其带宽可以达到超5类线的2倍,可用于万兆以太网
超6类线(CAT6e)	物理设计方面在4个双绞线对间加了十字形的线对分隔条,所以在串扰、衰减和信噪比方面的性能超过6类双绞线
7类线(CAT7)	是一种屏蔽双绞线,每一对线都有一个屏蔽层,四对线合在一起还有一个公共大屏蔽层,传输速率可以达到10 Gbit/s
8类线(CAT8)	国际上只对七类线有定义,但美国的Siemon公司已宣布开发出了八类线,传输速率可以达到40 Gbit/s,无中继传输距离可以达到30 m,主要应用于数据中心

水晶头简介

2. RJ-45插头和插座

RJ-45插头又称水晶头,用于插在网卡、集线器、交换机等设备的RJ-45接口上。RJ-45插座提供RJ-45接口,可以使布线美观易用,也可为埋在墙体内的双绞线提供墙上的接口。

线序

3. 网线的线序

网线的线序有 T568A 和 T568B 两种标准,如表9-2所示。在通常的工程实践中,T568B 使用得较多。

表 9-2　双绞线的线序标准

引针号	1	2	3	4	5	6	7	8
T568A	白绿	绿	白橙	蓝	白蓝	橙	白棕	棕
T568B	白橙	橙	白绿	蓝	白蓝	绿	白棕	棕

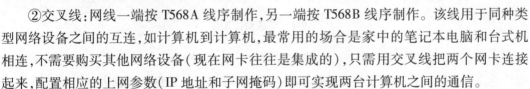

在 10Base-T 网络中,RJ-45 插头一般只使用了第 1、2、3、6 号引脚,各引脚的意义如下: 引脚 1 接收(Rx +);引脚 2 接收(Rx-);引脚 3 发送(Tx +);引脚 6 发送(Tx-)。

网卡上的 RJ-45 接口一般也只使用第 1、2、3、6 号引脚,各引脚的定义如下:引脚 1 发送 (Tx +);引脚 2 发送(Tx −);引脚 3 接收(Rx +);引脚 6 接收(Rx −)。

传统电话线用的接头是 RJ-11,RJ-11 只有 6 根针脚,而 RJ-45 有 8 根针脚,RJ-11 接头 的外观要比 RJ-45 接头的外观小,这样设计也可以避免将以太网的连接线插头错误地插进 电话线的插孔内。

4. 网线的种类及用途

安装了水晶头的双绞线,也称网线,根据网线两端水晶头线序的不同,网线可以分为 3 类。

网线

①直连线:网线的两端都按 T568B 线序标准制作,或两端都按 T568A 线序标准制作,该 线用于异构网络设备之间的互连,如计算机到交换机、交换机到路由器等。在日常的使用 中,该种类型的双绞线使用量最大。

②交叉线:网线一端按 T568A 线序制作,另一端按 T568B 线序制作。该线用于同种类 型网络设备之间的互连,如计算机到计算机,最常用的场合是家中的笔记本电脑和台式机 相连,不需要购买其他网络设备(现在网卡往往是集成的),只需用交叉线把两个网卡连接 起来,配置相应的上网参数(IP 地址和子网掩码)即可实现两台计算机之间的通信。

注意:当一台交换机普通端口连接另一台交换机的特殊端口(上联口)时,使用直连线 缆进行连接,当一台交换机普通端口连接另一台交换机的普通端口,或一台交换机的特殊 端口连接另一台交换机的特殊端口时使用交叉线缆进行连接。

③反转线:网线的一端按 T568A 线序制作,另一端按 T568A 的反向线序制作,或一头 按 T568B 线序制作,另一头按 T568B 的反向线序制作。它常应用于计算机的 COM 口通过 DB9 转 RJ-45 的转接头连接到交换机(或路由器)的控制端口(Console),实现对交换机或路 由器的首次配置,首次配置完成后,往往开启交换机或路由器的远程控制功能,以实现通过 网络方便配置和管理交换机或路由器,具体使用及配置方法将在路由器配置部分详细 介绍。

在网线制作时,如果不按线序标准制作,虽然也能通,但是网线内部各线对之间的干扰 不能有效消除,从而导致信号传输出错率升高,最终影响网络的整体性能。

信息模块

5. 信息模块简介

信息模块往往安装在墙面或桌面上,使用时用一条直连网线的一端连接计算机的网卡,另一端连接到该信息模块上。

信息模块目前有两种:一种是传统的需要手工打线的,打线时需要专门的打线工具,制作起来比较麻烦;另一种是新型的,无须手工打线,无须任何模块打线工具,只需把相应双绞的芯线卡入相应位置,然后用手轻轻一压即可,使用起来方便快捷,适合于家庭使用。在两种信息模块中都会用色标标注 8 个卡线槽或者插入孔所插入芯线的颜色。

从信息模块的色标标注来看,所有芯线对都是与卡线槽或插线孔按相同顺序排列的,实际上在信息模块的 RJ-45 接口引脚芯线仍是按 TIA/EIA568-A 或者 TIA/EIA568-B 的顺序排列的,在卡线槽或者插线孔与接口引脚之间有一块转换电路板,起到线序的转化作用。

五、实训步骤

1. 网线的制作

网线的制作主要是 4 步,可以归纳为:"剥""理""插""压"。首先准备好 5 类双绞线、RJ-45 水晶头、压线钳、打线刀和测线仪等工具,如图 9-1 所示。

剥线

（a）水晶头　　　　（b）压线钳　　　　（c）剥线仪器　　　　（d）双绞线

图 9-1　网线制作工具

理线

①"剥",就是用压线钳的剥线刀将 5 类双绞线的外保护套划开(小心不要将里面双绞线的绝缘层划破),刀口距双绞线的端头至少 2 cm,将划开的外保护套剥去(旋转、向外抽),如图 9-2 所示。

②"理",就是按照 EIA/TIA-568B 标准将双绞线按规定的序号排好,按顺序整理平,并使导线间不留空隙,如图 9-3 所示。

插入水晶头
打压水晶头

图 9-2　剥　　　　　　　　图 9-3　理

③"插",就是将顺序理好的双绞线放入水晶头内(水晶头带卡的一面向下),一定要平行插入到线顶端,以免触不到金属片,双绞线的外保护层最后应能够在水晶头内的凹陷处

被压实,如图9-4所示。

④"压",就是将水晶头放入压线钳的压线槽内,双手紧握压线钳的手柄,用力压紧,压过的水晶头的金属引脚要比没压的低。以上步骤完成后,插头的8个针脚接触点就穿过双绞线的绝缘外层,分别和RJ-45水晶头内的8个金属触点紧紧地压接在一起,如图9-5所示。

至此,网线的一端就制作好了,另一端的制作方法基本一样,需要根据实际使用场合的不同选择不同的线序排列方式,直连线、交叉线和反转线的不同就体现在网线另一端线序的不同。

2. 网线的测试

当网线两端都制作完成后,需要对网线进行测试,通常用的是能手品牌的测线仪,简称能手测线仪,如图9-6所示。

图9-4 插　　　　　　图9-5 压　　　　　　图9-6 测线仪

测试连通性

使用时将网线两端的水晶头分别插入主测试仪和远程测试端的RJ-45端口,将开关拨到"ON"(S为慢速档),如果网线做得正确,主测试仪和远程测试端的指示头就会逐个闪亮。

①直连线的测试:测试直连线时,主测试仪的指示灯应该从1到8逐个顺序闪亮,而远程测试端的指示灯也应该从1到8逐个顺序闪亮。如果是这种现象,说明直连线做得没问题,否则就表明有问题。如果有问题,一般把水晶头剪掉,重新再做。

②交叉线的测试:测试交叉线时,主测试仪的指示灯应该从1到8逐个顺序闪亮,而远程测试端的指示灯应该是按着3、6、1、4、5、2、7、8的顺序逐个闪亮。如果是这种现象,说明交叉线做得没问题,否则就表明有问题。如果有问题,一般把水晶头剪掉,重新再做。

交叉线的制作
与测试

③反转线的测试:测试反转线时,主测试仪的指示灯应该从1到8逐个顺序闪亮,而远程测试端的指示灯应该是按着8、7、6、5、4、3、2、1的顺序逐个闪亮。如果是这种现象,说明反转线做得没问题,否则就表明有问题。如果有问题,一般把水晶头剪掉,重新再做。

④线序错误的测试现象。

如果网线两端的线序不正确,主测试仪的指示灯仍然从1到8逐个闪亮,只是远程测试端的指示灯将按着与主测试端连通的线序逐个闪亮。也就是,远程测试端将不再按照上面①或②或③的顺序闪亮。

反转线的制作
与测试

⑤导线断路的测试现象。

a. 当有1到6根导线断路时,则主测试仪和远程测试端的对应线号的指示灯都不亮,其他的灯仍然可以逐个闪亮。

b. 当有7根或8根导线断路时,则主测试仪和远程测试端的指示灯全都不亮。

⑥导线短路的测试现象。

a. 当有两根导线短路时,主测试仪的指示灯仍然按着从 1 到 8 的顺序逐个闪亮,而远程测试端两根短路线所对应的指示灯将被同时点亮,其他的指示灯仍按正常的顺序逐个闪亮。

b. 当有 3 根或 3 根以上的导线短路时,主测试仪的指示灯仍然从 1 到 8 逐个顺序闪亮,而远程测试端的所有短路线对应的指示灯都不亮。

3. 信息模块的制作

①材料准备:制作信息模块所需主要材料如图 9-7 所示,在信息模块的两侧有图标的网线颜色,其中的 A 和 B 指的就是 568A/568B 两种标准线序。

信息模块制作
与测试

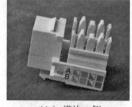

（a）工具汇总　　　　（b）模块一侧　　　　（c）模块另一侧

图 9-7　信息模块打制所需材料

②剥线及排线:把双绞线的外包层剥掉,建议剥 4～5 cm 长,如图 9-8 所示。然后再把剥掉外包层的网线按照所需线序(在此需要确定是按 568A 标准来做线,还是按 568B 标准来做线)进行排列,如图 9-9 所示。

图 9-8　剥线　　　　　　　　图 9-9　理线

③压线:排好线后把每根线对应颜色放到模块的凹槽中,然后用专用的小钳子把线压下去,让线和凹槽接触良好,当卡到底时会有"咔"的声响,如图 9-10 所示。在压线的过程中,小钳子一定要垂直,最好用力一次压紧,并且把多余的线自动剪断。

④放入信息面板:信息模块上的线都压完后,需要把信息模块放到面板中去,如图 9-11 所示。

图 9-10　压线　　　　　　　图 9-11　压入信息面板

六、实训总结

本实训的目的是让读者深入了解网线的结构及网线的种类,掌握 RJ-45 水晶头的制作方法和测试方法及信息模块的打制方法。该实训对动手能力的要求比较高,刚开始制作时成功率可能不高,熟能生巧,做多了,就容易成功了,本实训更注重对制作方法和制作技巧的掌握。

情景导入中蒋赫遇到问题的解决办法是制作网线、测试网线及打制信息模块。

七、实训习题

①每人分别制作一条直连线、一条交叉线和一条反转线并进行测试。

②网线有直连线、交叉线和反转线三种,把计算机连接到交换机上时应该用哪种网线?把两台计算机进行直接互连时,应该用哪种网线? 把两台交换机级联时,应该用哪种网线?用计算机来配置交换机或路由器时应该用哪种网线?

实训总结
与实训作业

实训二　网络参数的设置与 TCP/IP 工具的使用

情景导入

蒋赫已把新购买的服务器用网线连接到了交换机上,完成了服务器的物理连接,该服务器需要接入 Internet,同时,还需要能被其他计算机访问到,蒋赫都需要做些什么呢? 他怎么知道该服务器是否能够访问 Internet? 又怎么知道该服务器是否能被其他计算机访问到呢? 如果该服务器不能访问 Internet,蒋赫又需要做些什么? 如果该服务器能访问 Internet,而不能被其他计算机访问到,其原因可能是什么呢? 又该如何解决呢?

一、实训目的

①了解 netstat、arp、tracert、route 等命令的功能。

②掌握 TCP/IP 网络参数设置的要点。

③掌握 ping、ipconfig 等命令的使用方法。

④能利用所学命令对简单的网络故障进行检查和排除。

实训准备

二、实训环境

安装 Windows 7 及其以上版本操作系统的计算机 1 台。

三、实训内容

①TCP/IP 网络参数的设置。

②TCP/IP 网络工具(主要包括 ping、ipconfig、netstat、ARP、tracert 等命令)的使用。

四、相关知识

1. TCP/IP 协议简介

TCP/IP 协议
简介

TCP/IP(Transmission Control Protocol/Internet Protocol,传输控制协议/因特网协议)是Internet 最基本的协议。该协议采用 4 层的层次结构,分别是网络接口层、网际层、传输层和应用层,层间关系是第 N 层为第 $N+1$ 层提供服务(N 的值为 1 至 3)。即网络接口层为网际层提供服务,网际层为传输层提供服务,传输层为应用层提供服务。

TCP 是一种面向连接的、可靠的协议,采用端口号实现其面向连接,采用"三次握手"及"四次挥手"的思想实现其可靠性,主要负责发现传输中遇到的问题,一旦发现传输错误,就发出信号,要求重新传输,直到所有数据安全正确地传输到目的地。

IP 协议规定了计算机在因特网上进行通信时应当遵守的规则,其中一个主要内容是给因特网上的每一台计算机或网络设备分配一个正确 IP 地址,只有拥有了正确 IP 地址的计算机才有可能在网络上进行通信。

2. TCP/IP 上网参数简介

TCP/IP 最基本的上网参数是 IP 地址与子网掩码,计算机只要拥有了正确的 IP 地址和子网掩码,就可以与同一局域网内的计算机进行通信,但不能与局域网之外的计算机进行通信。若要能与局域网外计算机能够通信,该计算机必须拥有正确的默认网关地址,该地址必须与该计算机的 IP 地址在同一网段,即其网络地址必须一样,也就是该计算机的默认网关与其子网掩码做"与"运算的结果要和该计算机的 IP 地址与其子网掩码做"与"运算的结果一样,否则,就配置错误,计算机不能正常连接该局域网之外的计算机。仅仅把默认网关地址与 IP 地址配置在同一局域网,也不一定正确,该条件是必要条件而不是充分条件。局域内的计算机与局域网外的计算机通信时都需要经过默认网关,默认网关往往是由路由器来充当,默认网关地址是离该局域网最近的路由器的以太网接口上配置的地址,是由网络管理员统一规划并配置的,该地址的获得往往需要问相应的网络管理员,不能随意配置,一旦配置错误,计算机将不能与该局域网之外的计算机进行通信。拥有了正确的 IP 地址、子网掩码和默认网关后,该计算机能够通过 IP 地址访问因特网上的计算机,但是不能用域名来访问,而 IP 地址非常难以记忆,使用该方式上网不够现实。若想能通过域名访问因特网,需要为该计算机配置正确的 DNS(Domain Name System,域名解析系统)服务器的 IP 地址,以便使用域名上网时,由该 DNS 服务器完成域名解析。

IP 地址等上网参数的获得有 2 种方式:一种是自动获得,使用该方式的前提是网内配置有相应的 DHCP(Dynamic Host Configuration Protocol,动态主机配置协议)服务器,由该服务器为自动获得 IP 地址的计算机提供 IP 地址等上网参数的租赁服务,使得计算机上网时能够获得正确的 IP 地址等上网参数。该方式的优点是方便客户端使用,因为操作系统安装时,默认的就是这种方式,缺点是需要有 DHCP 服务器的支持,每次启动计算机都有一个获得的过程,家庭上网往往都是这种方式,ISP(Internet Service Provider,Internet 服务提供商)都提供到了 DHCP 的服务。另一种是手动配置 IP 地址等上网参数,配置时一定注意正确性,各参数基本都需要问网络管理员,配置正确各参数是上网的关键。

3. ping 命令简介

ping 命令是一个使用频率较高的实用程序,用于测试网络的连通性,即根据 ping 命令返回的信息,可以推断 TCP/IP 参数设置是否正确以及运行是否正常。简单地说,ping 就是一个测试程序,如果一台计算机能够 ping 通另一台计算机,就可以排除网卡和网线等存在

练一练 1

TCP/IP 上网
参数简介

练一练 2

ping 命令

的故障,从而减小问题的范围。由于可以自定义所发数据包的大小及无休止的高速发送,ping 也被某些别有用心的人作为 DDoS(Distributed Denial of Service,分布式拒绝服务攻击)的工具。例如,许多大型网站就是被黑客利用数百台可以高速接入因特网的计算机连续发送大量 ping 数据包而导致该服务器瘫痪,所以很多服务器上都禁用了 ping 命令。

按照默认设置,Windows 上运行的 ping 命令发送 4 个 ICMP(Internet Control Message Protocol,Internet 控制报文协议)回送请求,每个数据包 32 个字节,如果一切正常,应能得到 4 个回送应答,如图 9-12 所示。ping 还显示 TTL(Time To Live,存在时间)值,可以通过 TTL 值推算数据包已经通过了多少个路由器,每经过一个路由器 TTL 的值减 1。TTL 初始值可以是 64、128 或 256,具体是多少,可以根据数据包返回的 TTL 值确定。例如,返回 TTL 值为 119,那么可以推算数据包离开源计算机时 TTL 初始值为 128,源计算机到目的计算机要通过 9 个路由器(128 − 119 = 9);如果返回 TTL 值为 250,TTL 起始值就是 256,源计算机到目的计算机要经过 6 个路由器(256 − 250 = 6)。图 9-12 中,TTL 的值为 128,说明该数据包没有经过路由器。在本计算机上执行 ping www. baidu. com 命令,返回如图 9-13 所示界面,可知本计算机到百度服务器中间经过了 9 个路由器(64 − 55 = 9)。

练一练 3

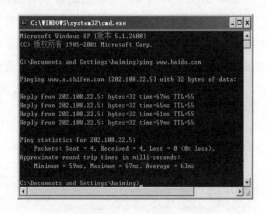

图 9-12 ping 192. 168. 1. 100   图 9-13 ping www. baidu. com 结果

4. ARP 协议简介

ARP(Address Resolution Protocol,地址解析协议)的基本功能是通过目标计算机的 IP 地址,查询目标计算机的 MAC 地址(Media Access Control Address,媒体存取控制地址),也称为物理地址,以保证通信的顺利进行。

使用 ARP 命令,可以查看本机 ARP 高速缓存中的当前内容。此外,使用 ARP 命令,也可以用人工方式输入 IP 地址与网卡 MAC 地址的对应条目。

ARP 协议简介

五、实训步骤

1. Windows 7 上网参数的配置步骤

①右击桌面上的"网络"图标,选择"属性"命令,弹出如图 9-14 所示网络设置对话框。

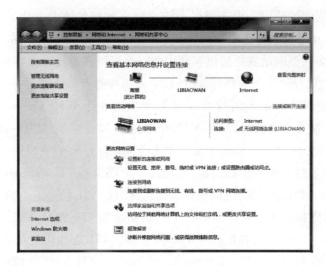

图 9-14　网络设置对话框

②单击图 9-14 中的"更改适配器设置"按钮,弹出如图 9-15 所示网络连接对话框。

注:不同计算机,该对话框的内容可能不同,其内容与计算机网卡的数量与类型有关系,图 9-15 是笔者家中计算机的网络连接情况。笔者家中用的是无线上网,所以"蒋丽无线连接"正常,而"本地连接"处有个红色差号,意味着笔者的有线网卡的物理连接有问题,不可使用。

③右击图 9-15 中的"蒋丽无线连接"按钮,弹出如图 9-16 所示网络连接属性对话框。

图 9-15　网络连接对话框

图 9-16　网络连接属性对话框

注:Windows 7 即支持 IPv4 又支持 IPv6,下面的操作步骤以 IPv4 的设置为例,IPv6 的设置方法与其基本一样,不同的是具体的地址,IP 地址表达的形式不同。

④选中图 9-16 中的"Internet 协议版本 4(TCP/IPV4)"选项,单击"属性"按钮,弹出如图 9-17 所示 IPv4 设置对话框。

通常情况下,选择自动获得 IP 地址及自动获得 DNS 服务器地址,对于特殊情况需要手动设置 IP 地址、子网掩码、默认网关及 DNS 地址,图 9-18 是一个手动设置上网参数的实例。

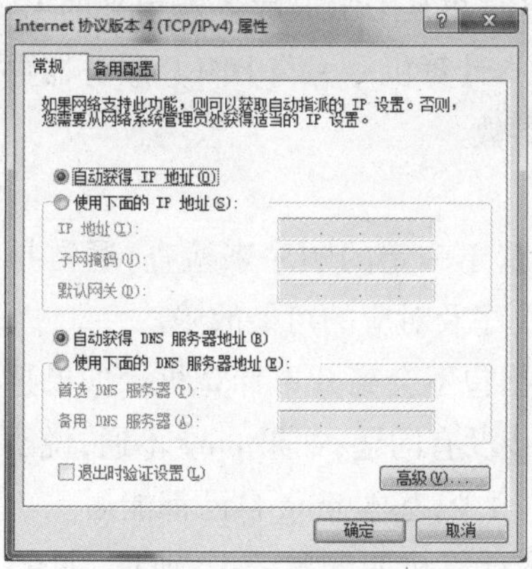

图 9-17 IPv4 设置对话框 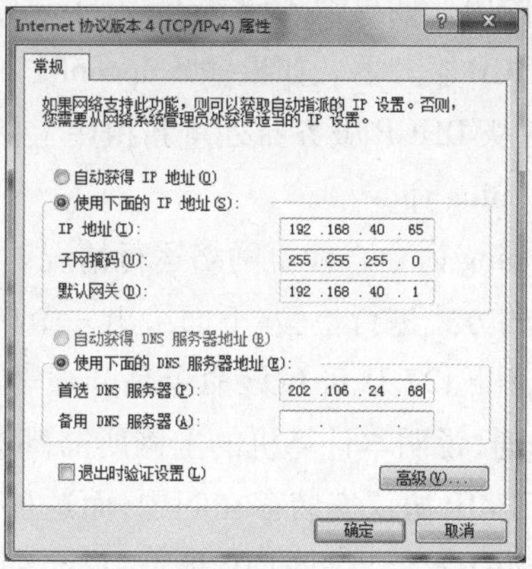　　　　　　图 9-18 手动设置上网参数

2. TCP/IP 工具的使用

（1）ipconfig 命令

使用 ipconfig 命令可以了解本计算机当前的 IP 地址、子网掩码和默认网关,它是进行测试和故障分析的重要命令之一。常用命令格式如下:

①ipconfig:当使用 ipconfig 不带任何参数选项时,将显示本机已配置的各网卡的 IP 地址、子网掩码和默认网关。

②ipconfig /all:当使用 all 选项时,它除了显示本机已配置的各网卡的 IP 地址、子网掩码和默认网关外,还显示各网卡的 MAC 地址等信息,如图 9-19 所示。如果某网卡 IP 地址是从 DHCP 服务器租用的,ipconfig 将显示 DHCP 服务器的 IP 地址和租用地址的失效日期。

ipconfig 简介

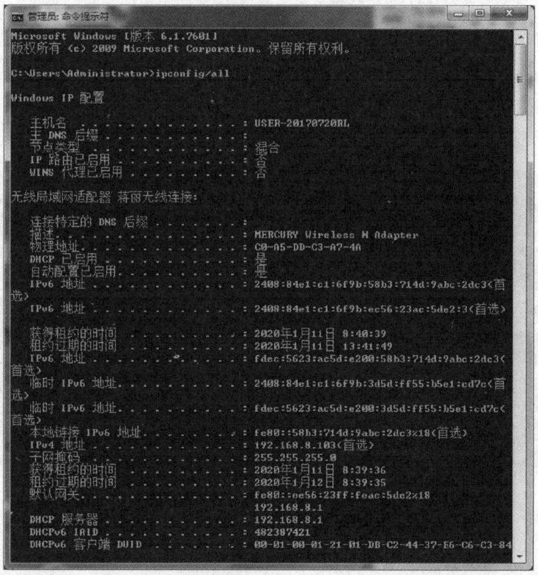

图 9-19 ipconfig/all 命令运行窗口

③ipconfig /release 和 ipconfig/renew：这两个选项，只能对从 DHCP 服务器租用地址的主机起作用。如果输入 ipconfig /release，则是把本计算机从 DHCP 服务器租来的 IP 地址归还给 DHCP 服务器。如果输入 ipconfig /renew，则是本计算机尽力与 DHCP 服务器再取得联系，以便从 DHCP 服务器处重新租用上网所需的各参数。

（2）ping 命令

用 ping 命令来检验网络运行情况时，往往需要基于一定的顺序来检查，通常是基于由近及远的方式进行检验，下面给出一个典型的检测次序及对应的可能故障。

①ping 127.0.0.1：该命令是 ping 本计算机，数据包不会离开本计算机。如果这个命令能 ping 通，说明本计算机的上网所需基本软件的安装没有问题；如果 ping 不通，说明该计算机的 TCP/IP 协议安装存在问题，而这种情况发生的很少，基本 ping 自己都能通。

②ping 本计算机的 IP 地址：这个命令被送到本计算机所配置的 IP 地址，如果 ping 不通，表示本计算机的 IP 地址配置存在问题。出现此问题时，局域网用户应断开网络，执行该命令。如果网线断开后能 ping 通，则表示另一台计算机可能配置了与本计算机相同的 IP 地址，即出现了 IP 地址冲突的问题，若想成功上网，则需要更改一个 IP 地址。

③ping 局域网内其他 IP 地址：如果能 ping 通，说明该计算机的 IP 地址及子网掩码设置正确；如果 ping 不通，说明局域网不通，可能是 IP 地址配置错误或子网掩码配置错误，也可能是网线有问题。

④ping 默认网关：默认网关是数据包从本局域网到其他网络的必经之处，如果能 ping 通，说明路由器的局域网接口配置正确并能正常运行。如果能 ping 通，该计算机访问因特网一般没有问题，即使有问题，也基本不是本局域网的配置问题。

⑤ping localhost：localhost 是 127.0.0.1 的别名，代表本主机。如果 ping 不通，则表示本机的主机文件（/Windows/host）存在问题。

⑥ping 域名（如 www.baidu.com 百度网，见图 9-20）：对这个域名执行 ping 命令，需要 DNS 服务器进行域名解析。如果这里出现故障，则表示 DNS 服务器的 IP 地址配置不正确或 DNS 服务器有故障。

图 9-20　ping www.baidu.com 运行窗口

如果上面所列出的所有 ping 命令都能 ping 通，说明本计算机上网没有问题。

⑦ping 命令的常用参数简介。

● ping ip -t：连续对 IP 地址执行 ping 命令，直到被用户按【Ctrl + C】组合键中断，如：ping 202. 102. 24. 68 -t，即持续发送大小为 32 字节的数据包到 IP 地址为 202. 102. 24. 68 的计算机上。

● ping ip -l m：指定 ping 命令中的数据长度为 m 字节，m 为数据包的大小，而不是默认的 32 字节，如：Ping 202. 102. 24. 68 -l 300，即发送 4 个大小为 300 字节的数据包到 IP 地址为 202. 102. 24. 68 计算机上。

● ping ip -n m：执行特定次数的 ping 命令，m 为具体的次数，如：ping 202. 102. 24. 68 -n 300，也就是发送大小为为 32 字节的 300 个数据包到 IP 地址为 202. 102. 24. 68 计算机上。

注：这些参数可以组合使用，以便实现更灵活的应用，如：Ping 202. 102. 24. 68 -l 300 -t，即持续发送大小为 300 字节的数据包到 IP 地址为 202. 102. 24. 68 的计算机上，直到用户按【Ctrl + C】组合键中断运行该 ping 命令。

（3）tracert 命令的使用

tracert 命令可以用来检测网络连通性，该命令可以检查到达目标 IP 地址的路径以及每个跃点所需的时间，该命令具有跟踪路由器的作用。如果数据包不能被转发到目的计算机，tracert 命令将显示成功转发数据包的最后一个路由器。

tracert 命令最常见的格式是：tracert IP。该命令返回到达目的计算机所经过的路由器列表。图 9-21 为编者家中的计算机 tracert www. yesky. com（网易网站）显示的结果。

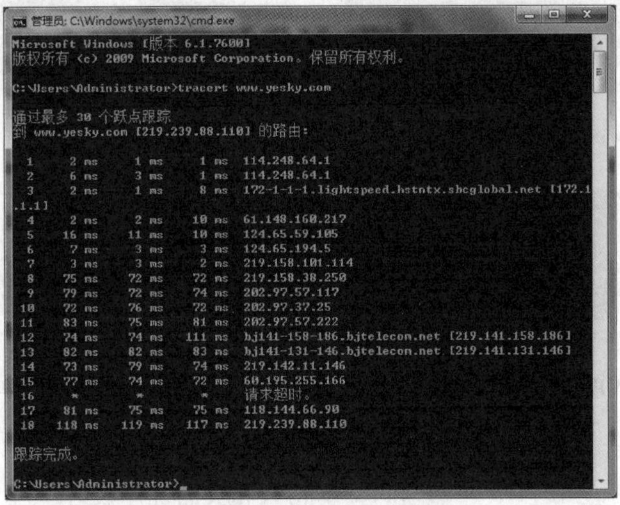

tracert 简介

图 9-21 tracert 运行窗口

从图 9-21 可以看出，该窗口最多显示 30 条跟踪记录，网易网站的 IP 地址为：219. 239. 88. 110，笔者的计算机到网易的网站所经过的跃点数为 17，其中第 16 个请求超时，说明那个路由器的工作不够正常。

（4）arp 命令

①输入不带任何参数的 arp 命令，则显示 arp 命令的帮助信息。

②arp -a：用于查看 arp 高速缓存中的所有条目，在命令行窗口输入该命令，显示的结果如图 9-22 所示。

③arp -a IP：查询指定网卡的 arp 缓存表的内容，IP 为要查询的网卡的 IP 地址，如果该计算机内有多个网卡，该命令很有价值，可以分别查看各网卡的 app 缓存条目。

④arp -s IP 地址 物理地址：该命令是向 arp 高速缓存中人工输入一个静态条目，如图 9-23 所示。再用 arp -a 查看该命令的执行效果，如图 9-24 所示。

注意：该命令不能随便输入对应条目，一定要是真实的对应关系才可以，如果把网关的 IP 地址与某计算机网卡的 MAC 地址设置静态绑定条目，则该计算机将成为一个类黑客的计算机，将把不属于该计算机的数据包也进行接收和进一步处理。输入 arp -s IP 地址 物理地址命令的目的往往是用来防止 arp 欺骗病毒对计算机或网络设备攻击。

⑤arp -d IP：该命令可以人工删除一个静态条目，如图 9-25 所示。

注意：正常使用时不能轻易删除一个条目，要确保是无效条目，才能删除，否则将会影响网络的正常通信。

图 9-22　arp-a 命令运行窗口

图 9-23　arp-s 命令运行窗口

图 9-24　arp-a 命令运行窗口

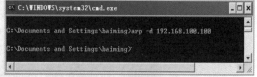

图 9-25　arp-d 命令运行窗口

netstat 简介

（5）netstat 命令

netstat 用于显示与 IP、TCP、UDP 和 ICMP 协议相关的统计数据，一般用于检验本计算机各网卡的网络连接情况。

①不带参数的 netstat 命令，显示网络运行状态的基本信息，运行结果如图 9-26 所示。

②netstat -s：-s 选项能够按照各个协议分别显示其统计数据。如果应用程序（如 Web 浏览器）运行速度比较慢，或者不能显示 Web 页，就可以用本选项来查看所显示的信息。需要仔细查看统计数据的各行数据，找到出错的关键字，进而确定问题所在。

③netstat -e：-e 选项用于显示关于以太网的统计数据。如图 9-27 所示，它列出的项目包括传送的数据包的总字节数、错误数、删除数、数据包的数量和广播包的数量。这些统计数据既有发送的数据包数量，也有接收的数据包数量，这个选项可以用来统计一些基本的网络流量。

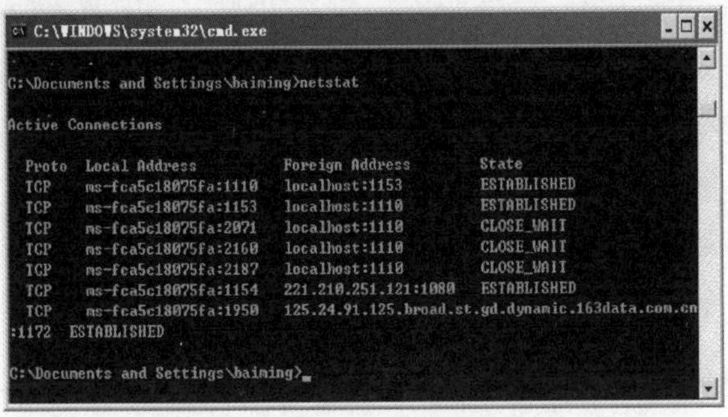

图 9-26　netstat 命令运行窗口 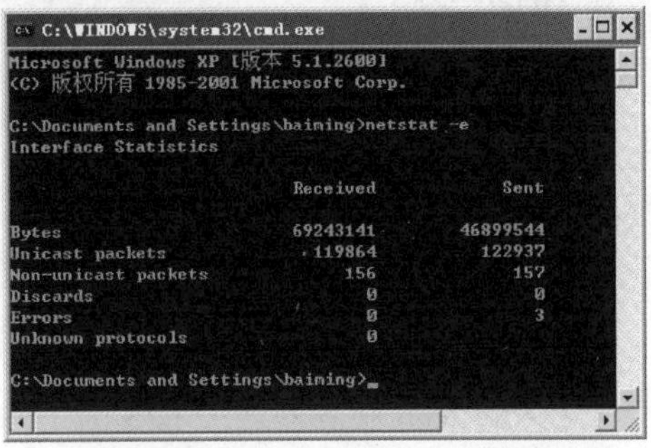　　　　　图 9-27　netstat-e 命令运行窗口

④netstat -r：-r 选项用于显示关于路由表的信息，类似于使用 route print 命令时看到的信息。除了显示有效路由外，还显示当前有效的连接。

⑤netstat -a：-a 选项用于显示包含所有有效连接信息的列表，包括已建立的连接（established），也包括监听连接请求（listening）的连接。

⑥netstat -n：-n 选项用于显示所有已建立的有效连接。

六、实训总结

本实训主要是让读者掌握上网参数设置的要点及各参数的作用，掌握综合利用 ipconfig、arp、ping、netstat 和 tracert 命令进行网络故障排除的方法。

情景导入中蒋赫遇到的问题，我们来帮助他进行解决，具体是：

①蒋赫首先需要对该服务器配置正确的上网参数。

②蒋赫用该服务器 ping 百度等网站域名（如 ping www.baidu.com），如果能 ping 通，说明该服务器能够访问 Internet，如果 ping 不通，则需要查看其上网参数的设置，重点需要查看默认网关及 DNS 服务器地址设置的是否正确。

③该服务器若想能被其他计算机访问到，该服务器需要手动设置上网参数，保证其 IP 地址固定。如果该服务器能够访问 Internet 而不能被其他计算机访问到，可能的原因是该服务器没有配置固定 IP 地址。

实训总结
与实训作业

七、实训习题

①在安装 Windows 8 或 Windows 10 的计算机上设置上网参数。

②把 ping 命令的各参数混合使用，如 ping 219.239.88.110 -l 100 -n 100，解释各参数的作用并分析返回结果各部分的含义。

实训三　Web 服务器的安装、配置与管理

 情景导入

　　蒋赫已正确配置该服务器的上网参数,该服务器已能正常接入 Internet,同时该服务器也能被网络上其他计算机访问。近期,该学校的网站进行了改版,蒋赫如何把新版网站发布到该服务器上呢?

一、实训目的

①了解 IIS 在服务器配置中的作用。

②理解 Web 服务器基于 B/S 的工作模式。

③能够建立 Web 服务器,管理 Web 服务器和熟练使用 Web 服务器。

二、实训环境

安装 Windows 7 及其以上版本操作系统的计算机 1 台。

三、实训内容

①服务器组件 IIS 的安装。

②在 Web 服务器中配置站点。

③在 Web 服务器中配置虚拟目录。

④在一台服务器上配置多个 Web 站点。

四、相关知识

1. Web 服务器简介

　　Web 服务器也称为 WWW 服务器,主要功能是提供网上信息浏览服务。Web 服务器的特点如下:基于浏览器/服务器模式工作、服务器端到客户端传输的网页内容基于 HTML (Hyper Text Markup Language,超文本标记语言)格式、服务器端与客户机之间传输信息基于的规范是 HTTP 协议、客户机使用 URL 来访问 Web 服务器。

　　在 WWW 的浏览器/服务器(B/S)的工作模式中,浏览器起着较重要的作用,任务是使用一个 URL 来获取一个 Web 服务器上的 Web 文档,解释这个 Web 文档对应的 HTML 代码,并以网页的形式呈现在客户机上。

　　2. IIS 简介

　　IIS(Internet Infomation Services)是 Internet 信息服务的缩写,是一个功能完善的服务器平台,可以提供 Web 服务、FTP 服务等常用网络服务。IIS 组件最早出现在 Windows NT 上,Windows NT 以上版本的操作系统均集成了该组件,但该组件在默认情况下不自动安装,当需要使用该组件时需要使用者手动安装。

　　安装了 IIS 组件的计算机可以称为 Web 服务器,一个 Web 服务器可以为多个 Web 网站提供 Web 服务,区分各个网站的方法有 4 种:用 IP 地址区分、用端口号区分、用虚拟目录区

实训准备

Web 服务器

练一练 1

IIS 简介

分、用主机头区分(需 DNS 配合实现),最常用的区分方式是用端口号或用虚拟目录。使用端口号区分时,要为每个 Web 站点设置相同的 IP 地址、不同的端口号(应使用大于 1024 的临时端口号);用虚拟目录区分时,要为每个 Web 站点设置相同的 IP 地址、相同的端口号,但不同的虚拟目录,使得一个虚拟目录对应一个 Web 站点。

五、实训步骤

Windows 系统的版本不同,对应的 IIS 组件的版本也不同,其安装方法也不完全相同。但是基本相同,都需要对应版本的安装光盘,都需要对操作系统添加组件,都需要把 Internet 信息服务中的 Web 组件添加到系统中,本实训主要介绍 Windows 7 上 IIS 组件的安装方法。

1. 在安装 Windows 7 的计算机上安装 IIS 组件

①找到"控制"面板:在桌面上双击"计算机",弹出如图 9-28 所示对话框。

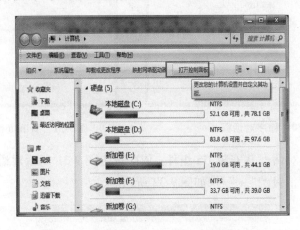

图 9-28　计算机管理对话框

②打开"控制"面板:单击图 9-28 对话框上的"打开控制面板"按钮,弹出如图 9-29 所示对话框。

图 9-29　"控制"面板对话框

③打开程序:单击图9-29所示对话框左下角的"程序"图标,弹出图9-30所示对话框。

④打开Windows功能对话框:单击图9-30所示对话框上的"打开或关闭Windows功能"按钮,弹出如图9-31所示对话框。

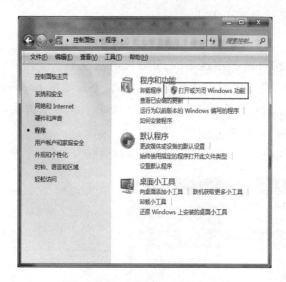

图9-30　程序对话框

图9-31　Windows功能对话框

⑤打开IIS配置对话框并安装IIS组件:依次单击图9-31所示对话框中"Internet信息服务"左边的"+"及下级的"+"号,如图9-32所示。

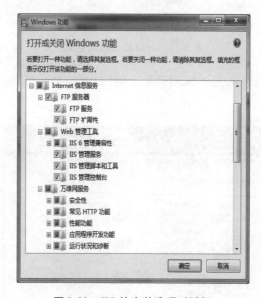

图9-32　IIS的安装选项对话框

单击图9-32中的"确定"按钮,在安装光盘的支持下,IIS的安装较容易完成。

⑥测试IIS的安装效果:右击桌面上的"计算机"图标,再单击"管理"命令,弹出如图9-33所示对话框。

图 9-33　计算机管理对话框

⑦打开 Internet 信息服务(IIS)管理器:单击图 9-33 中左下角"服务和应用"程序左边的三角按钮,再单击"Internet 信息服务(IIS)管理器"选项,按图 9-34 所示依次打开各折叠项。

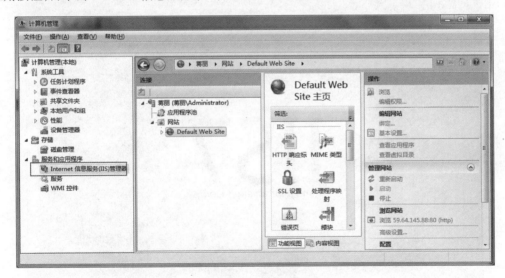

图 9-34　Web 管理

⑧访问默认网站下的测试页:右击图 9-34 中"Default Web Site"选项,在弹出的如图 9-35 所示的快捷键菜单中,单击"网站管理"→"浏览"选项。打开如图 9-36 所示网页,说明本计算机上 Windows 7 下的 IIS 7.0 安装成功。

图 9-36 中"59.64.145.88"是笔者家中计算机此时获得的 IP 地址。该 IP 地址可以通过实训 2 中所介绍的 ipconfig 命令查看得到。

2. 在 Windows 7 下配置 Web 服务器

Windows 7 下 IIS 服务器安装成功后,即可配置 Web 服务器。

练一练2

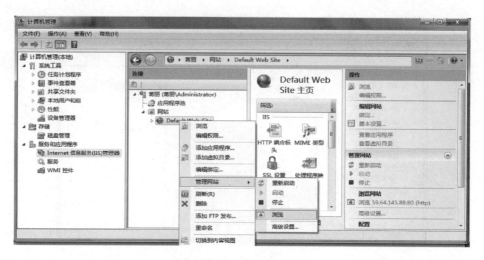

图 9-35　网站管理对话框

图 9-36　Windows7 下的默认网页

　　下面以"隋唐盛世"网站的配置为例,介绍具体配置方法。(该网站对应的所有文件均存放在该服务器的 g:\web\st 文件夹下)

　　①打开 Web 服务器的配置对话框:按照本实训前面介绍的方法,打开如图 9-35 所示的对话框,在该对话框中右击"网站"→"添加网站"(见图 9-37),在弹出的对话框中输入相应的网站的名字、网站所对应的路径、提供 Web 服务的计算机的 IP 地址及端口号,为了避免与已配置的网站产生冲突,在此配置了 8080 端口,设置完成后效果如图 9-38 所示。

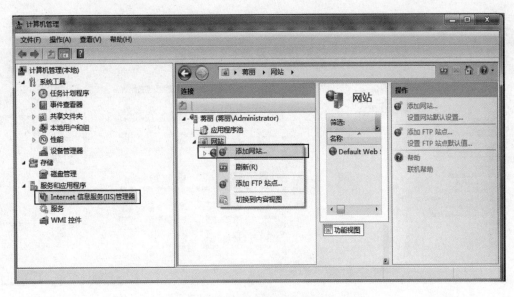

图 9-37　"添加网站"快捷菜单

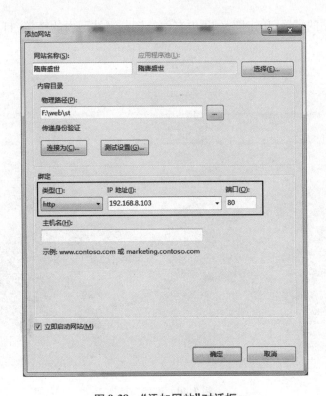

图 9-38　"添加网站"对话框

②完成配置：单击图 9-38 所示对话框的"确定"按钮，完成该 Web 服务器的配置，效果如图 9-39 所示。

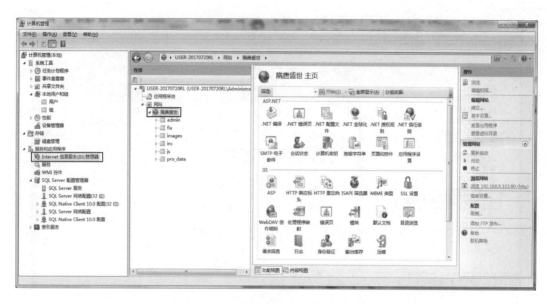

图 9-39　添加网站完成

③测试该网站的配置：单击图 9-39 中右侧的浏览网站下面的链接，打开如图 9-40 所示网页。

练一练3

练一练4

图 9-40　测试网页

六、实训总结

本实训主要让读者理解 Web 服务器的 B/S 模式的实现原理，及一台服务器为多个 Web 站点提供 Web 服务的方式和方法以及 URL 的组成和各组成部分的含义。IIS 的安装方法在不同版本的 Windows 操作系统上,其安装方法不完全相同,但是相同的是都要通过添加/删除 Windows 组件来实现安装往往都需要系统安装盘或安装包的支持。

情景导入中的蒋赫需要先为该服务器添加 IIS 组件,然后再配置该服务器的网站的名字,设置对应的 IP 地址,端口号,为了客户访问的方便,所用端口号一般设置为 Web 服务的默认端口号80,默认网页一般设置为 Index. html。

实训总结

七、实训习题

假设你同宿舍的3位同学都制作了网站,试用你的这台计算机为同宿舍的每位同学都提供 Web 服务,可以采用虚拟目录方式,也可以采用不同端口号的方式。并分别用 IE、360、遨游等浏览器分别访问每一位同学的网站,对网站的运行情况进行测试。

实训四　FTP 服务器的安装、配置与管理

情景导入

蒋赫已把新版网站发布到新购买的服务器上,该网站已能被师生访问到,但是信息中心主任要求蒋赫要定期对网站进行更新,蒋赫怎么方便地把更新后的网页上传到服务器,并把服务器上的过时网页删除呢? 蒋赫还没想明白这个问题怎么解决,新的任务又来了,老师们为了使同学们课下也能够方便学习,准备把各课程的课件及课后习题等学习资料均放到网上供学生下载,同时学生也提交作业到服务器上,以便教师进行下载和批阅。怎么帮助蒋赫来完成这些任务呢?

实训准备

一、实训目的
①了解用 IIS 配置 FTP 服务器的方法。
②熟悉 FTP 客户端软件的使用。
③理解 FTP 的工作原理。
④掌握利用 FTP 的客户端维护 Web 网站的方法。

二、实训环境
①安装 Windows 7 及其以上版本操作系统的计算机1台并已配置 Web 服务器。
②服务器软件:Windows IIS 中的 FTP。
③客户端软件:WinSCP。

三、实训内容
①在 Windows 7 中配置 FTP 服务器。
②创建 FTP 用户并对用户进行管理。
③安装 FTP 客户端软件 WinSCP,通过该软件进行文件的上传与下载,以维护网站。

FTP 服务器

FTP 服务器的
建立与访问

用 FTP 远程
维护网站

四、相关知识

1. FTP 服务器概述

FTP 是一种网络协议,基于客户机/服务器模式工作。目前 FTP 服务器主要有两个用途:一是放置文件供用户下载,二是用于维护各种网站,使网站管理员可以把文件上传到服务器中,实现远程维护网站。

FTP 服务器分为匿名的和非匿名的两类。匿名 FTP 服务器对公众用户是开放的,任何人都可以访问;非匿名服务器只允许授权用户访问,用户需要拥有账户名和密码才能登录服务器。

2. FTP 服务器的建立与访问

建立 FTP 服务器的方法有多种,可使用 Windows 自带的 IIS,也可以使用第三方软件,在第三方提供的 FTP 服务器软件中 Serv-U 用的比较多。FTP 的客户端可以是浏览器或命令行窗口,也可以是第三方软件,第三方的 FTP 客户端软件也有多种,常用的有 CuteFTP 和 LeapFTP 和 WinSCP 等,本实训使用的是 WinSCP,各软件的使用大同小异。

3. 用 FTP 远程维护网站

FTP 服务器往往与 Web 服务器配置在同一台计算机上,互相配合使用,即某个虚拟目录对应的网站文件所在的文件夹,也是某个 FTP 用户访问 FTP 服务器能够登录到的文件夹,能够有权限增、删和修改该文件夹中的文件。通常服务器管理员在配置了一个网站后,再配置一个相应的 FTP 站点,并把这个 FTP 站点的权限授予给网站管理员,网站管理员就可以把做好的网站文件用 FTP 客户端软件上传到 FTP 及 WEB 服务器上,从而实现对网站文件的更新。

配置与网站对应的 FTP 站点很简单,只需建立一个 FTP 用户,设置其能够访问的文件夹与网站文件的所在的文件夹是同一个文件夹即可,并限制该用户只能访问该文件夹。

说明:FTP 站点与 Web 站点可以使用相同的 IP 地址,它们在访问时使用的协议不同,通过协议来实现区分。如某网站和其对应的 FTP 站点的 IP 地址都是 192.168.1.254,则用 http://192.168.1.254 访问的是 Web 网站,而用 ftp://192.168.1.254 访问的则是 FTP 站点。

五、实训步骤

1. Windows 7 中配置 FTP 服务器

在实训三中为"隋唐盛世"网站配置了 Web 服务器,该网站文件存放在安装了 Windows 7 和 IIS 计算机的 g:\web\st 文件夹下。本实训以为该网站提供远程管理为目标,实现 FTP 服务器的配置与管理,实现从客户端访问该服务器,并把本地网页文件上传到该服务器中,及从该服务器中删除需要删除或修改的网页文件。

①仿照实训三所示步骤找到打开或关闭 Windows 功能对话框,如图 9-41 所示。确保图 9-41 中所示的 FTP 服务器被选中,然后单击"确定"按钮,安装 FTP 服务到该计算机上。

②对已配置的"隋唐盛世"Web 服务器,配置对应的 FTP 服务器,以实现对该网站网页文件的管理。

图 9-41　打开或关闭 Windows 功能对话框

③仿照实训三所示步骤找到图 9-35 中的网站,右击"网站"→"添加 FTP 站点"命令,如图 9-42 所示,弹出如图 9-43 所示对话框,按该图所示内容填写 FTP 站点名称及 FTP 服务器对应的文件夹,再单击"下一步"按钮,弹出如图 9-44 所示对话框,按该图所示填写绑定 IP 地址及端口号(FTP 的默认端口号为 21),单击"允许"单选按钮,然后再单击"下一步"按钮,弹出如图 9-45 所示的"身份验证和授权信息"对话框,按图 9-45 所示设置相关内容(该图中的指定用户蒋丽,是在本实训计算机上创建的 Windows 用户,该用户需要提前设置好,设置方法很简单,只需要在"计算机管理"对话框的"本地用户和组"中创建一个用户,如图 9-46 所示)再单击图 9-45 中的"完成"按钮,完成 FTP 服务器的创建,创建后的效果如图 9-47 所示。

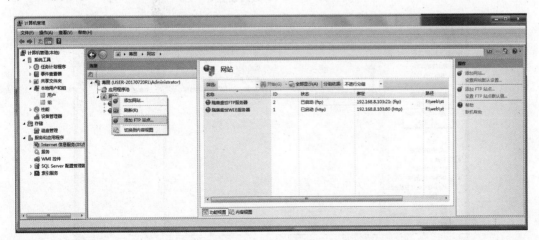

图 9-42　添加 FTP 站点

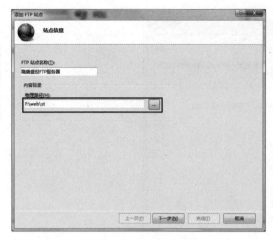
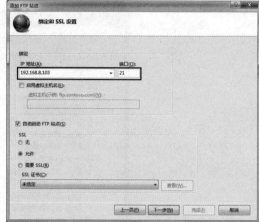

图 9-43　FTP 站点设置 1　　　　　　　图 9-44　FTP 站点设置 2

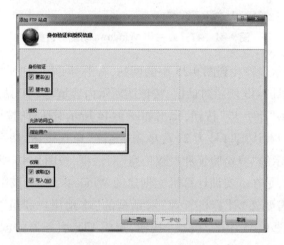

图 9-45　FTP 站点设置 3

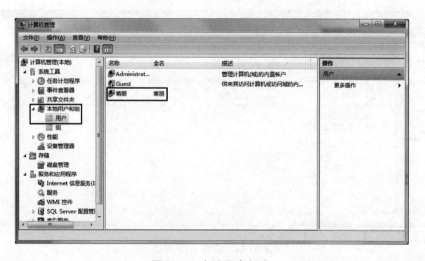

图 9-46　本地用户创建

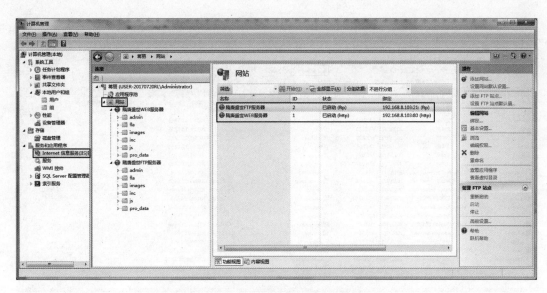

图 9-47　Web 服务器与 FTP 服务器并存

2. 用 WinSCP 访问已配置的 FTP 服务器

WinSCP 是一款功能较强大,使用较方便的 FTP 客户端软件,使用之前需要先安装,安装的方法非常简单,下载该软件后,双击安装包,按照向导引导即可方便安装成功。

①认证登录:双击安装成功后生成的 WinSCP 的快捷方式,弹出如图 9-48 所示对话框,按图 9-48 所示内容设置"会话"组所需内容。

练一练2

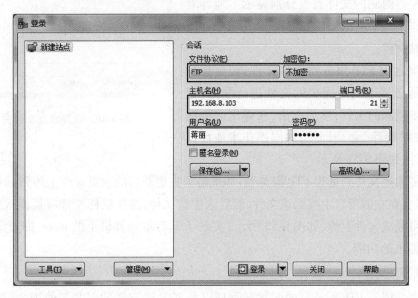

图 9-48　FTP 客户端"登录"对话框

②登录成功:单击图 9-48 中的"登录"按钮,弹出如图 9-49 所示对话框。

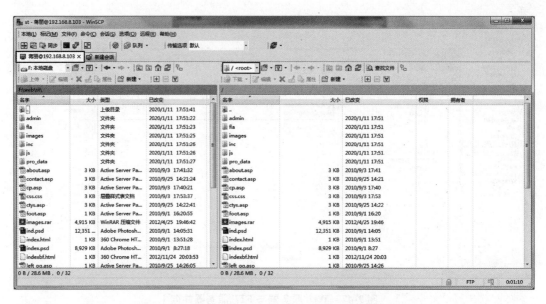

图9-49　FTP客户端成功登录FTP服务器后的界面

图9-49的上部主要显示连接属性和操作按钮,图9-49的下部左侧显示是客户端的文件信息,图9-49的下部右侧部分则显示的是FTP服务器上的文件,通过选择本地文件夹路径(见图9-50),可以使下部左右两侧的文件列表分别显示本地计算机上所制作网站对应的文件和远程Web服务器上显示的网站文件。

③删除远程FTP服务器上的文件:如果想把远程FTP服务器上的不需要的文件进行删除,直接选择想要删除的文件,然后右击,在弹出的快捷菜单中选择"删除"命令即可,如同操作本地计算机上的文件,如图9-51所示。

图9-50　选择本地文件夹

④上传本地文件到远程FTP服务器:如果需要把更新后的网页文件上传到远程FTP服务器,则需要在左侧窗口中找到该文件,然后选中该文件,按住鼠标左键直接拖入到右侧部分窗口即可完成文件上传,如图9-52所示,实现了笔者本计算机上的more.gif上传到远程Web服务器上的功能。

六、实训总结

实训总结

本实训介绍了FTP服务器的配置与管理以及FTP客户端的安装与使用。FTP服务器使用范围非常广泛,常用于大文件的上传与下载以及与Web服务器配合,以方便Web网站的管理。

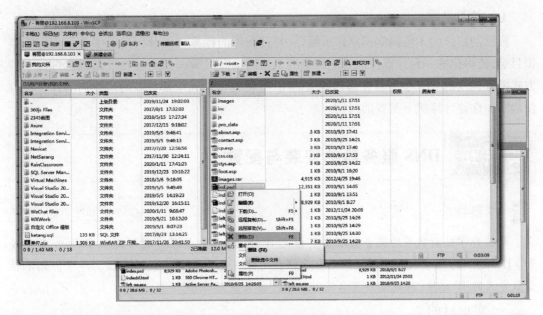

图 9-51 删除远程 Web 服务器上的文件

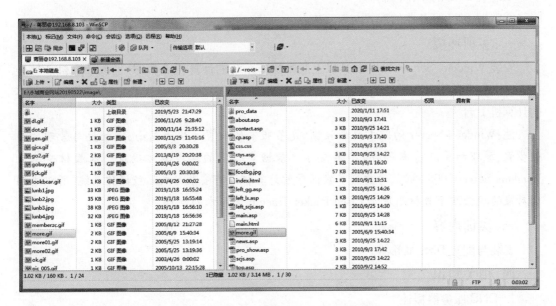

图 9-52 上传文件到远程 Web 服务器上

情景导入中蒋赫遇到问题的解决办法是为该服务器配置 FTP 服务器,配置时一定要注意先创建一个用户,并为该用户设置一个密码,然后设置该用户名和密码登录到的文件夹为学校新版网站所存放的文件夹,并开启对该文件夹的访问权限。蒋赫再用 FTP 的客户端软件访问该服务器,并把更新后需要上传的文件从左侧窗口拖入到右侧窗口,并把服务器上需要删除的文件从右侧窗口中找到,右击后选择"删除"命令。对于同学们和老师的要求,蒋赫用类似的方法来解决。

FTP 服务器
高级配置

七、实训习题

假设同宿舍的 3 位同学都制作了网站,并且在你的计算机上分别配置了 3 个相应的虚拟目录,使得你的一台计算机能为同宿舍的 3 位同学提供 Web 服务。在此基础上选择一种方式配置相应的 FTP 服务器并创建相应的用户,使得每位同学都可以通过他们的计算机方便地维护在你计算机上配置的网站。

实训五　DNS 服务器的安装与配置

 情景导入

实训准备

蒋赫为学校新购买的服务器配置了固定 IP 地址,并把该服务器配置成了 Web 服务器和 FTP 服务器,把学校新改版的网站和各课程的课件都上传到了该服务器。师生们记不住该服务器的 IP 地址,蒋赫需要怎么做师生们才方便使用呢?

一、实训目的

①理解 DNS 的工作机制。

②掌握 DNS 服务器的配置与管理方法。

二、实训环境

安装 Windows Server 2008 及其以上版本操作系统的计算机 1 台,并且该计算机能够连接 Internet,或者已安装思科公司开发的网络模拟器软件:Cisco Packet Trace 6.2 及以上版本的计算机 1 台。

注:Windows Server 的版本更新较,但是各版本的配置方法大同小异,配置与管理的关键步骤、原理和要点基本一样,各学校可以根据实验室的环境具体确定。本教材是基于 Windows Server 2008 编写,考虑到多数同学的计算机没有安装 Server 版操作系统,所以本实训对应的视频演示教材是基于 Cisco Packet Trace 6.2 版本而制作。

三、实训内容

安装与配置 DNS 服务器。

四、相关知识

1. DNS 服务器概述

相关知识

IP 地址是一组数字,不易记忆,也缺乏实际的含义,所以人们在访问网站时更习惯用域名去访问。但用域名无法直接访问网站,必须把域名转换为 IP 地址才能访问网站,负责这个转换工作的就是 DNS 服务器。

2. DNS 服务器中的术语

正向查找区域:把域名解析为 IP 地址。

反向查找区域:把 IP 地址解析为域名。

主要区域:负责区域中所有名字的解析工作。主要区域中的域名数据库可手工创建和维护。

　　区域名称：区域名称是一个区域中各域名的共同扩展名。如要解析的域名为 www1. jsj. cn、www2. jsj. cn、www3. jsj. cn,则区域名称应设置为 jsj. cn,也可设置为 cn,之后再创建子区域。

　　要想成功部署 DNS 服务,运行 Windows Server 的计算机中必须拥有一个固定的 IP 地址,另外,如果希望该 DNS 服务器能够解析 Internet 上的域名,还需保证该 DNS 服务器能正常连接 Internet。

五、实训步骤

1. 安装 DNS 服务器

　　默认情况下 Windows Server 系统中没有安装 DNS 服务,要想配置 DNS 服务器,首先需要安装 DNS 服务,具体安装步骤如下:

　　①打开“服务器角色”界面:单击“开始”→“管理工具”→“配置您的服务器向导”命令,在打开的向导对话框中依次单击“下一步”按钮。配置向导自动检测所有网络连接的设置情况,若没有发现问题则进入“服务器角色”向导页。

练一练

　　注:如果是第一次使用配置向导,则还会出现一个“配置选项”向导页,单击“自定义配置”单选框即可。

　　②安装“DNS 服务器”:在“服务器角色”列表中单击“DNS 服务器”选项,并单击“下一步”按钮。打开向导页,如果列表中出现“安装 DNS 服务器”和“运行配置 DNS 服务器向导来配置 DNS”,则直接单击“下一步”按钮。否则单击“上一步”按钮重新配置,如图 9-53 所示。

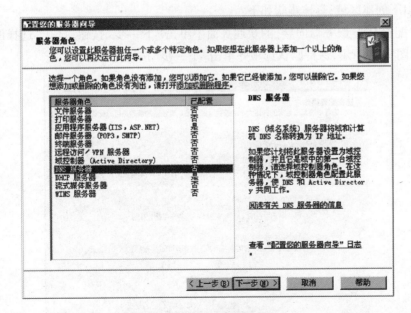

图 9-53　选择“DNS 服务器”角色

③向导开始安装 DNS 服务器,并且可能会提示插入 Windows Server 2008 的安装光盘或指定安装源文件,如图 9-54 所示。

注意:如果该服务器当前配置为自动获取 IP 地址,则"Windows 组件向导"的"正在配置组件"页面就会出现,提示用户使用静态 IP 地址配置 DNS 服务器。

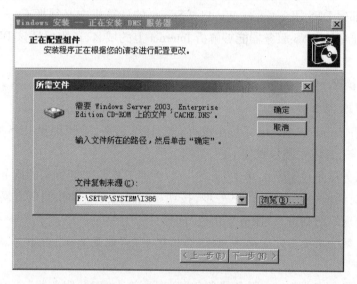

图 9-54   指定系统安装盘或安装源文件

2. 在 DNS 服务器中创建区域

DNS 服务器安装完成以后会自动打开"配置 DNS 服务器向导"对话框。用户可以在该向导的指引下创建区域,具体步骤如下:

①在"配置 DNS 服务器向导"的欢迎页面中单击"下一步"按钮,打开"选择配置操作"向导页,如图 9-55 所示,保持默认选项并单击"下一步"按钮。

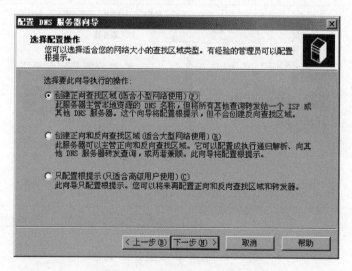

图 9-55   "选择配置操作"向导页

②打开"主服务器位置"向导页，如果所部署的 DNS 服务器是网络中的第一台 DNS 服务器，则应该保持"这台服务器维护该区域"单选按钮的选中状态，将该 DNS 服务器作为主DNS 服务器使用，如图 9-56 所示，单击"下一步"按钮。

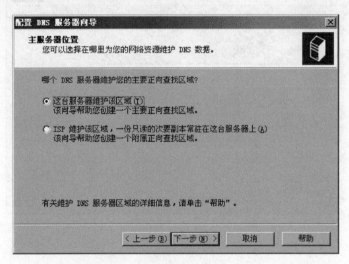

图 9-56　确定主服务器的位置

③打开"区域名称"向导页，在"区域名称"编辑框中输入一个区域名称（如"yesky. com"），如图 9-57 所示，单击"下一步"按钮。

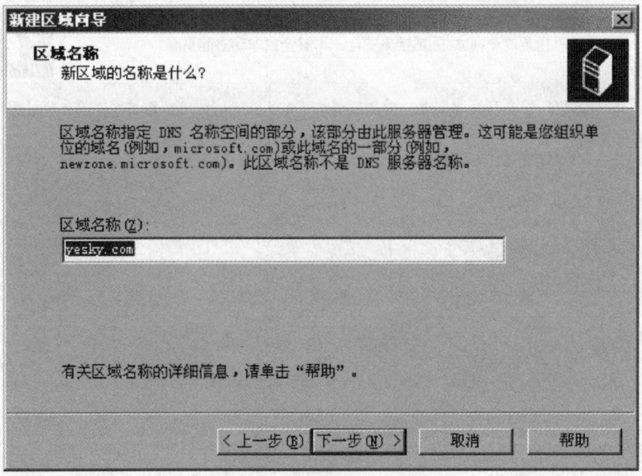

图 9-57　填写区域名称

④在打开的"区域文件"向导页中已经根据区域名称默认输入了一个文件名。该文件是一个 ASCII 文本文件，里面保存着该区域的信息，默认情况下保存在"windowssystem32dns"文件夹中。保持默认值不变，单击"下一步"按钮，如图 9-58所示。

241

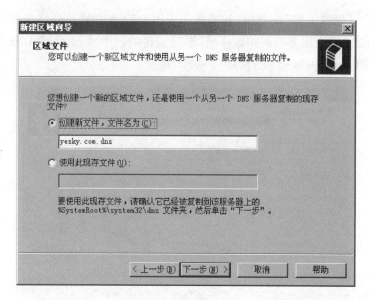

图 9-58　创建区域文件

　　⑤在打开的"动态更新"向导页中指定该 DNS 区域能够接受的注册信息更新类型。允许动态更新可以让系统自动地在 DNS 中注册有关信息,在实际应用中比较有用,因此单击"允许非安全和安全动态更新"单选按钮,单击"下一步"按钮,如图 9-59 所示。

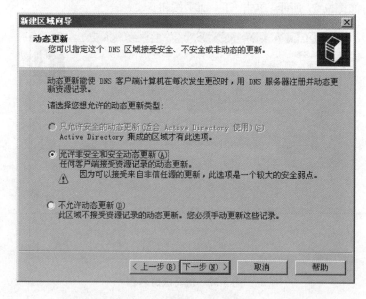

图 9-59　选择允许动态更新

　　⑥打开"转发器"向导页,保持"是,应当将查询转送到有下列 IP 地址的 DNS 服务器上"单选按钮的选中状态。在 IP 地址编辑框中输入 ISP(或上级 DNS 服务器)提供的 DNS 服务器 IP 地址,单击"下一步"按钮,如图 9-60 所示。

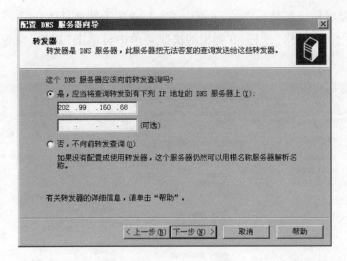

图 9-60　配置 DNS 转发

注:通过配置"转发器"可以使内部用户在访问 Internet 上的站点时使用当地的 ISP 提供的 DNS 服务器进行域名解析。

⑦依次单击"完成"按钮结束"yesky. com"区域的创建过程和 DNS 服务器的配置过程。

3. 在 DNS 服务器中创建主机(域名)

在以上的步骤中,利用向导成功创建了"yesky. com"区域,但是它还不能直接使用,因为它不是一个合格的域名,需在其基础上创建指向不同主机的域名才能使用。创建一个用以访问 Web 站点的域名"www. yesky. com",其对应的 IP 地址为 192. 168. 0. 198,具体操作步骤如下:

①依次单击"开始"→"管理工具"→"DNS"菜单命令,打开控制台窗口。

②在左窗格中依次单击展开到"正向查找区域"目录,再右击"yesky. com"区域,在弹出的快捷菜单中单击"新建主机"命令。

③打开"新建主机"对话框,在"名称"编辑框中输入一个能代表该主机所提供服务的名称(本例输入"www")。在"IP 地址"编辑框中输入该主机的 IP 地址(如"192. 168. 0. 198"),单击"添加主机"按钮。很快就会提示已经成功创建了主机记录,如图 9-61 所示。

④再单击"完成"按钮结束创建,完成了为 192. 168. 0. 198 配置域名 www. yesky. com 的过程。

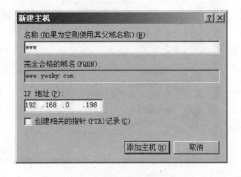

图 9-61　创建主机记录

4. 配置 DNS 客户端

尽管 DNS 服务器已经创建成功,可能客户机的浏览器中还无法使用"www. yesky. com"访问网站。原因是,客户机可能不知道 DNS 服务器在哪,因此不能识别用户输入的域名。这时用户必须手动设置本地 DNS 服务器的默认 IP 地址,不同的操作系统下其操作步骤不完全一样,但主要操作步骤是一样的,下面以 Windows 7 为例来具体介绍。

①右击桌面上的"网络"图标,在弹出的快捷菜单中再单击"属性"命令,弹出如图 9-62 所示对话框。

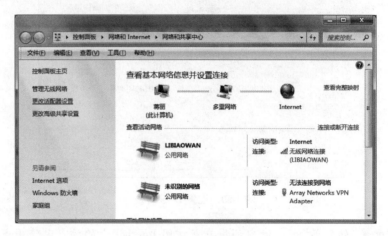

图 9-62　适配器设置

②在弹出的如图 9-62 所示对话框中,单击"更改适配器设置"链接,弹出如图 9-63 所示对话框。

③在图 9-63 所示对话框中选择一网络连接并右击,在弹出的快捷菜单中选择"属性"命令,弹出如图 9-64 所示对话框。

图 9-63　网络连接

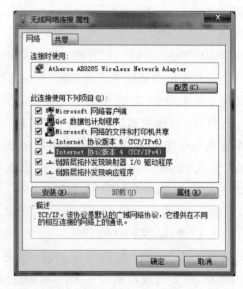

图 9-64　"无线网络连接属性"对话框

④在图 9-64 所示对话框中选中"Internet 协议版本 4(TCP/IPV4)"选项再单击"确定"按钮,在弹出的对话框中输入相应的 IP 地址与 DNS,如图 9-65 所示对话框。

⑤打开浏览器,在其地址栏中输入 www. yesky. com 后按回车键,访问正常。

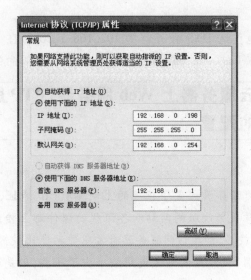

图 9-65　设置客户端 DNS 服务器地址

⑥单击"开始"→"附件"→"运行"命令,弹出如图 9-66 所示窗口,在该窗口中输入 cmd,再单击"确定"按钮,弹出如图 9-67 所示 DOS 运行窗口,在该窗口中输入:ping www. yesky. com,测试成功。

图 9-66　"运行"窗口

图 9-67　DOS 窗口

六、实训总结

本实训主要介绍了 DNS 服务器的安装、配置与使用,DNS 服务只能安装在服务器版的操作系统中,Windows 7、Windows 8 及 Windows 10 等是用户版的操作系统,在用户版的操作系统中不支持 DNS 服务器的安装与配置。

仿照本实训所示方法,蒋赫即可为其学校的 Web 服务器配置 DNS 域名,再配置一个 DNS 服务器来完成该域名的解析,以方便师生的使用。

七、实训习题

①服务器端:在一台计算机上安装 Windows Server,并安装 DNS 组件。设置其 IP 地址为 192.168.1.200,子网掩码为 255.255.255.0,创建 lisa. deu. cn 区域,再配置两个主机,其域名与 IP 的对应关系分别是:www. lisa. edu. cn 对应于 192.168.1.254、ftp. lisa. edu. cn 对

应于 192. 168. 1. 253。

②客户端:设置本地首选 DNS 服务器为 192. 168. 1. 200，在 DOS 环境下，执行 ping www. lisa. edu. cn、ping ftp. lisa . edu. cn、ping www. sina. com. cn 等命令,以测试 DNS 服务器。

实训六 阿里云服务器上 Web 服务器、FTP 服务器及 DNS 服务器的配置

 情景导入

蒋赫为学校新购买的服务器配置了正确的上网参数(IP 地址、子网掩码、默认网关和 DNS 服务器地址),并把学校新改版的网站和各课程的课件都上传到了该服务器。但是该学校规模比较大,师生比较多,师生访问服务器时常感觉网速比较慢,同时该学校暑假有近 2 个月,寒假也有 1 个多月,放假期间师生使用频率少了一些,但是还需要使用。蒋赫怎么解决这个问题呢?

实训准备

一、实训目的

①了解现实生活中网站的发布、管理与维护工作过程。

②掌握阿里云上域名的申请过程、备案过程及网站的上传与维护过程。

二、实训环境

能够访问 Internet 的计算机 1 台。

三、实训内容

①在阿里云服务器上申请域名与空间。

②在阿里云服务器上配置域名与 IP 的对应关系。

③在阿里云服务器上上传网站与维护网站。

四、相关知识

1. 阿里云简介

阿里云是阿里巴巴集团旗下公司,是全球领先的云计算及人工智能科技公司,提供云服务器、云数据库、云安全、云企业应用等云计算服务,以及大数据、人工智能服务、精准定制基于场景的行业解决方案。

2. 云服务器

云服务器(Elastic Compute Service, ECS)是云计算服务的重要组成部分,是面向各类互联网用户提供综合业务能力的服务平台。平台整合了传统意义上的互联网应用三大核心要素:计算、存储、网络,面向用户提供公用化的互联网基础设施服务。云服务器的管理方式比物理服务器更简单高效,用户无须提前购买硬件,即可迅速创建多台云服务器。

3. 网站备案

网站备案是根据国家法律法规需要网站的所有者向国家有关部门申请的备案,主要有

相关知识

ICP 备案和公安局备案。公安局备案一般按照各地公安机关指定的地点和方式进行。ICP 备案可以自主通过官方备案网站在线备案。网站备案的目的就是为了防止在网上从事非法的网站经营活动,打击不良互联网信息的传播,如果网站不备案,很有可能被查处以后关停,所以网站制作好之后,发布之前一定要先备案,ICP 备案完成后,会获得一个 ICP 的编号,目前,在网上操作基本就可以完成备案。

五、实训步骤

本实训完成一个真实网站发布的全过程,主要包括域名的申请、网站的备案、域名与 IP 地址的对应设置及网站的上传等。

实训要求说明

1. 域名购买

①注册成为阿里云会员:在浏览器地址栏中输入 https://www.aliyun.com,访问阿里云服务器,单击右上角的"免费注册"进行会员申请,按照向导操作,输入相关信息即可,在此不再赘述。

②登录阿里云服务器:单击"登录"按钮,输入正确的用户名及密码即可登录成功,登录成功后的界面如图 9-68 所示。

域名购买

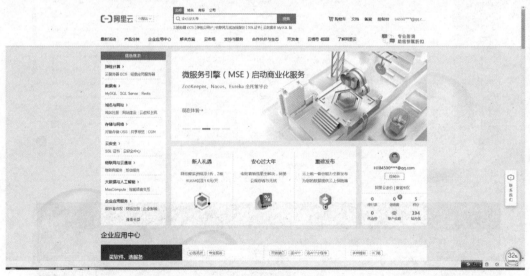

图 9-68　阿里云登录成功界面

③进入"控制台"界面:单击图 9-68 中的控制台按钮,进入会员的专属页面,如图 9-69 所示。

④域名申请:单击图 9-69 中的域名,进入域名管理界面,如图 9-70 所示,该图为笔者曾经申请成功的域名列表。

申请新域名则需要单击图 9-70 下方的"域名注册"按钮,弹出图 9-71 所示域名申请界面。

图 9-69　阿里云控制台界面

图 9-70　域名列表

图 9-71　域名申请界面

⑤在"查域名"左侧的文本框中输入想要申请的域名,然后单击"查域名"进行查询。如果该域名还没有被其他人或机构购买,则可以申请并购买该域名,如果已被其他人或机构已购买,需要再查其他备选域名,如果理想的域名均已被注册,可以从拥有者手中购买,需要协商价格。域名对于一个企业来说很重要,很多企业愿意花重金购买合适的域名,尽早布局企业域名的申请是企业的战略之一。

⑥域名维护:从图 9-70 可以看出,笔者曾申请的域名 pointone.cn 再过 17 天就过期了,该域名笔者准备继续拥有,所以需要对该域名进行续费维护,具体操作如下:选中该域名,再单击右侧的"续费"按钮,弹出如图 9-72 所示对话框。

图 9-72 域名续费

⑦选中"我已阅读"按钮,再单击"去支付"按钮,按照正常的支付流程,选择银行卡或者支付宝等完成域名续费。

2. 云服务器购买

①访问阿里云首页,单击弹性计算下面的"云服务器 ECS"按钮,弹出如图 9-73 所示界面。

图 9-73 云服务器 ECS 购买界面

②根据需要选择入门级或者企业级,再选择具体产品,建议初学者选择最便宜的服务即可。单击"立即选配"按钮,完成云服务器的购买,购买成功后的界面如图9-74所示。

图9-74　云服务器 ECS 购买成功界面

从图9-74可以看出主机名的信息为:byw6084750001;主机类型为:独享虚拟主机基础版,5G,单核 CPU,1G 内存,5 Mbit/s 带宽;主机域名是:bjycqysh. com 等信息。单击"管理"按钮,弹出如图9-75所示界面。

图9-75　云服务器 ECS 使用情况

从图9-75可以看出,云服务器 ECS 的具体使用状态、账号信息、数据库信息及备案服务号等信息。其中,主机管理控制台用户名及 FTP 登录用户名比较重要,再就是支持的数据库的类型比较重要,笔者购买的云服务器 ECS 支持的数据库是 SQL Server。

3. 网站备案

备案的整体过程是:填写信息→人脸核验→阿里云初审→短信核验→管局终审。备案成功后的网站效果如图9-76所示,该图显示的内容是笔者曾为北京永城企业商会备案成功

网站备案

的一个网站,备案成功后得到的备案号是:京 ICP 备 19020979 号-1。

图 9-76　备案成功

4. 域名解析设置

成功登录阿里云服务器,然后单击"控制台"按钮,在"控制台"界面下再单击"云解析
DNS"按钮,弹出如图 9-77 所示界面。

域名解析

图 9-77　域名解析界面

图 9-77 所示是作者申请的域名的解析情况列表,再单击"解析设置"按钮弹出如图 9-78 所示界面。

从图 9-78 可以看出,域名 bjycqysh. com 解析对应的 IP 地址是 39. 96. 86. 114,该 IP 地址就是笔者购买的云虚拟主机对应的 IP 地址。图 9-78 的含义是可以通过两种方式,访问云虚拟主机上的网站,分别是:bjycqysh. com 和 www. bjycqysh. com。至此,完成了域名到 IP 的地址解析设置。

图 9-78　域名解析设置成功界面

5. 发布网站到云虚拟主机

具体操作方法已在实训四中介绍,本部分不再详述,主要步骤是:双击 WinSCP 的快捷键,弹出如图 9-79 所示的对话框。

网站上传
与维护

图 9-79　WinSCP 的"登录"对话框

在图 9-79 对话框中输入主机名、端口号、FTP 登录名和 FTP 密码(注:主机名和 FTP 登录名是在购买阿里云虚拟主机时阿里云给分配的,可以通过登录阿里云服务器进行查看,如图 9-75 所示,端口号的默认是 21,FTP 登录密码用户可以自行设置,设置时对密码强度要求比较高,需要有大写字母、小写字母、数字及特殊符号),主要的 4 个参数输入正确后,单击"登录"按钮,即可以 FTP 方式登录到已购买的阿里云虚拟主机上,如图 9-80 所示。

图 9-80 的左侧部分为本地计算机上的文件,可以通过单击图 9-80 上部的"打开文件夹"图标进行文件夹的切换,一般是切换到本地计算机上所做网站对应的文件夹,如图 9-81 所示。

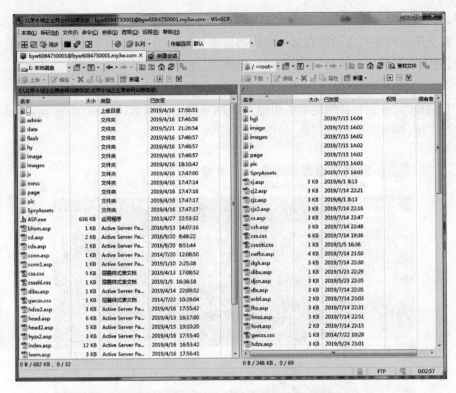

图 9-80　成功登录阿里云虚拟主机后的界面

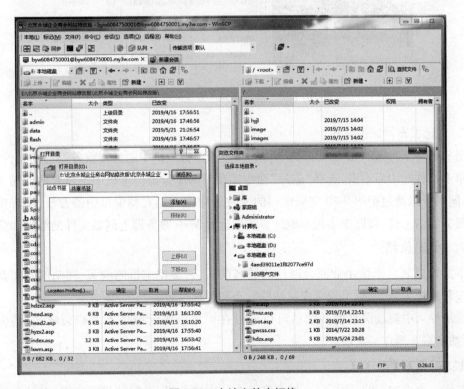

图 9-81　本地文件夹切换

网站的发布就是把图 9-81 左侧窗口中的所有文件选中,拖入到图 9-81 的右侧窗口中,本计算机上所做网站对应的所有文件均成功传输到阿里云虚拟主机中之后,即完成了网站的发布,对于发布成功的网站,可以通过浏览器进行测试。

6. 对已发布网站的测试

打开浏览器,在浏览器的地址栏中输入该网站对应的域名(http://www.bjycqysh.com)然后按回车键,即可访问到该网站,如图 9-82 所示。

图 9-82　成功访问已发布的网站

7. 对已发布网站的维护

图 9-80 右侧窗口中显示的即为上传到阿里云虚拟主机中的远程服务器上的文件列表,通过单击文件选中后右击,选择"删除"命令实现对阿里云虚拟主机中不需要的网站文件的删除,同时可以通过把图 9-80 左侧窗口的文件选中拖入到右侧窗口中的方法,实现本地文件到服务器的上传,以此来实现本地计算机对远程 Web 服务器上网站文件的维护和管理。

六、实训总结

本实训以北京永城企业商会网站的域名购买、云虚拟主机的购买、网站的备案及网站的发布和维护为例,介绍了现实中网站的发布和管理过程。

情景导入中蒋赫面临的问题就可以通过在阿里云等云服务器上购买域名、购买云主机、网站备案等操作来实现。

七、实训习题

制作一个小型网站,购买一个域名和一个云虚拟主机,对网站进行备案,对域名进行解

实训总结

析设置,并把该网站发布到云虚拟主机上。

| 实训七 | DHCP 服务器的安装、配置与管理 |

情景导入

蒋赫刚把学校新购买的服务器的配置等问题解决好,新的问题又来了,由于 IPv4 地址的匮乏,IPv6 还没有全面应用,学校购买的 IPv4 地址较少,怎么保证有限的 IPv4 地址能满足全校师生使用的需求,并且保证师生使用起来较方便,这又是蒋赫面临的问题,如何解决呢?

实训准备

一、实训目的

①了解 DHCP 服务器的作用及工作原理。

②掌握 DHCP 服务器端的安装与配置过程。

③掌握 DHCP 客户端的配置。

二、实训环境

安装 Windows Server 操作系统的计算机 1 台,并且该计算机能够连接 Internet,或者已安装思科公司开发的网络模拟器软件:Cisco Packet Trace 6.2 及以上版本的计算机 1 台。Windows Server 的版本更新较快,但是版本配置方法大同小异,配置与管理的关键步骤、原理和要点基本一样,各学校可以根据实验室的环境来具体确定。

注:本教材是基于 Windows Server 2008 编写,考虑到多数同学的计算机没有安装 Server版操作系统,所以本实训对应的视频演示教材是基于 Cisco Packet Trace 6.2 版本而制作。

三、实训内容

①在 Windows Server 上安装 DHCP 服务并授权。

②在 DHCP 服务器上创建地址池并对地址池进行配置。

③配置 DHCP 的客户端。

四、相关知识

DHCP 的主要功能是为网络中的计算机自动配置 IP 地址、子网掩码、默认网关、DNS 服务器地址等上网参数。网络中有了 DHCP 服务器,用户就不再需要手工配置 IP 地址等上网参数,计算机可以自动从 DHCP 服务器上获取这些信息。

相关知识

每台 DHCP 服务器都掌握了一定数量的 IP 地址等资源,这些 IP 地址等资源以租用的方式向客户机提供。当网络中有一台主机想要访问网络时,如果它还没有 IP 地址,就向网络中的 DHCP 服务器发出请求,租用一个 IP 地址,在租约期限内,该计算机占有这个 IP 地址资源;当租约期限到期后,它释放这个 IP 地址资源,如果想继续访问网络,需要重新再租用。

在一个网络中可以设置多台 DHCP 服务器,但各 DHCP 服务器掌握的 IP 地址不能重叠,否则可能造成 IP 地址冲突的问题。DHCP 服务器本身的 IP 地址必须是固定的,也就是DHCP 服务器的 IP 地址、子网掩码和默认网关等参数必须是静态配置的。配置 DHCP 服务器时,要事先规划好可提供给 DHCP 客户端使用的 IP 地址范围。

DHCP 是一个基于广播的协议,它的操作可以归结为 4 个阶段:IP 租用请求、IP 租用提供、IP 租用选择、IP 租用确认。

IP 租用请求:在任何时候,客户端计算机如果设置为自动获取 IP 地址,那么在该计算机开机时,就会检查该计算机当前是否租用了一个 IP 地址。如果没有,它就向 DCHP 服务器请求一个租用,由于该客户计算机并不知道 DHCP 服务器的地址,所以会用 255.255.255.255 作为目标地址,源地址使用 0.0.0.0,在网络上广播一个 DHCP DISCOVER 消息,消息包含客户计算机的媒体访问控制(MAC)地址(网卡上内置的硬件地址)以及它的 NetBIOS 名字。

IP 租用提供:当 DHCP 服务器接收到一个来自客户端的 IP 租用请求时,它会根据自己的地址池为该客户保留一个 IP 地址并且在网络上发送一个 DHCP OFFER 广播包,该广播包包含客户的 MAC 地址、服务器所能提供的 IP 地址、子网掩码、租用期限,以及提供该租用的 DHCP 服务器本身的 IP 地址。

IP 租用选择:如果网络内还存在其他 DHCP 服务器,那么客户机在接收了某个 DHCP 服务器的 DHCP OFFER 广播包后,它会广播一条包含提供租用服务的服务器的 IP 地址的 DHCP REQUEST 消息,在该子网中通告所有其他 DHCP 服务器它已经接收了一个地址的提供,其他 DHCP 服务器在接收到这条消息后,就会撤销为该客户提供的租用。

IP 租用确认:DHCP 服务器接收到来自客户端的 DHCP REQUEST 消息后,会向接受租约的客户端发送一个 DHCP ACK 数据包,该数据包包含一个租用期限和客户所请求的所有其他配置信息。

五、实训步骤

只有服务器版的操作系统才能安装 DHCP 服务,这点与 DNS 一样,所以在 Windows 7、Windows 8 及 Windows 10 等用户版的操作系统上都安装不了该服务,本实训以 Windows Server 2008 为例介绍其安装及配置过程。

1. 安装 DHCP 服务器

练一练

①依次单击"开始"→"控制面板"→"添加删除程序"→"添加删除 WINDOWS 组件"→"网络服务"选项,弹出如图 9-83 所示对话框。

②把 Windows Server 的安装光盘放入光驱,再单击"下一步"→"完成"按钮,完成 DHCP 服务器的安装。

2. 建立可用的 IP 作用域

在一台 DHCP 服务器内,只能针对一个子网设置一个 IP 作用域,例如:不可以建立一个 IP 作用域为 210.43.23.1

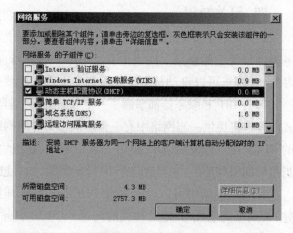

图 9-83　DHCP 组件选择

~210.43.23.60后,又建立另一个IP作用域为210.43.23.100~210.43.23.160。解决方法可以先设置一个连续的IP作用域为210.43.23.1~210.43.23.160,然后将中间的210.43.23.61~210.43.23.99添加到排除范围。具体操作步骤如下:

①在DHCP服务器的配置窗口中,右击要创建作用域的服务器,在弹出的快捷菜单中选择"新建作用域"命令。弹出"欢迎使用新建作用域向导"对话框,再单击"下一步"按钮,为该域设置一个名称并输入一些说明文字,再单击"下一步"按钮。

②弹出如图9-84所示对话框,在此对话框中输入新作用域可用IP地址范围、子网掩码等信息。例如,可分配供DHCP客户机使用的IP地址是210.43.23.100~210.43.23.180,子网掩码是255.255.255.0,单击"下一步"按钮。

③如果想禁止上面设置的IP作用域中的部分IP地址提供给DHCP客户端使用,则可在图9-85所示的对话框中设置需排除的地址范围。例如,输入210.43.23.110~210.43.23.115,单击"添加"按钮,单击"下一步"按钮。

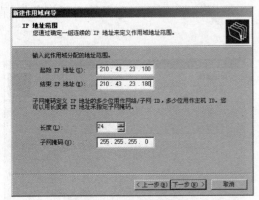

图9-84　新建作用域向导1　　　　图9-85　新建作用域向导2

④弹出如图9-86所示对话框,在此设置IP地址的租用期限,如设置为8天,然后单击"下一步"按钮。

⑤在弹出的对话框中,选择"是,我想现在配置这些选项"单选按钮,再单击"下一步"按钮,为该IP作用域设置DHCP选项,分别是默认网关、DNS服务器、WINS服务器等。当DHCP服务器在给DHCP客户端分配IP地址时,同时将这些DHCP选项中的服务器数据指定给客户端。

⑥弹出如图9-87所示对话框,输入默认网关的IP地址,然后单击"添加"按钮,单击"下一步"按钮。如果目前网络还没有路由器,则可以不必输入任何数据,直接单击"下一步"按钮即可。

⑦弹出如图9-88所示的对话框,设置客户端的DNS域名称,输入DNS服务器的名称与IP地址,或者只输入DNS服务器的名称,然后单击"解析"按钮,让其自动查找这台DNS服务器的IP地址,单击"下一步"按钮继续。

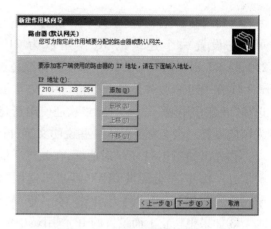

图 9-86 新建作用域向导 3   图 9-87 新建作用域向导 4

⑧弹出如图 9-89 所示的对话框,输入 WINS 服务器的名称与 IP 地址,或者只输入名称,单击"解析"按钮自动解析。如果网络中没有 WINS 服务器,则可以不必输入任何数据,直接单击"下一步"按钮即可。

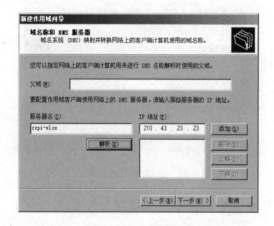

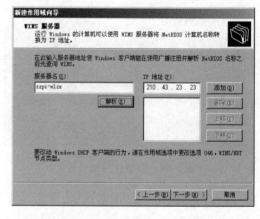

图 9-88 新建作用域向导 5   图 9-89 新建作用域向导 6

⑨在弹出的下一步对话框中,选择"是,我想现在激活此作用域"单选按钮,开始激活新的作用域,然后在"完成新建作用域向导"中单击"完成"按钮即可。

3. IP 作用域的维护

IP 作用域的维护主要是指修改、停用、协调与删除 IP 作用域,这些操作都在 DHCP 控制台中完成。右击要处理的 IP 作用域,选择快捷菜单中的"属性""停用""协调""删除"命令可完成修改 IP 范围、停用、协调与删除 DHCP 服务等操作。

4. DHCP 客户机的设置。

当 DHCP 服务器配置完成后,客户机就可以使用 DHCP 功能,可以通过设置网络属性中的 TCP/IP 通信协议属性,设定采用"DHCP 自动分配"或者"自动获取 IP 地址"方式获取 IP 地址,设定"自动获取 DNS 服务器地址"获取 DNS 服务器地址,而无须为每台客户机设置 IP

地址、网关地址、子网掩码等属性。该操作比较简单,可以参照本章实训五 DNS 服务器的测试部分,在此不再赘述。

六、实训总结

DHCP 服务可以使 DHCP 服务器能够动态地为网络中的其他计算机提供 IP 地址等上网所需的参数,使用 DHCP 服务器可以简化客户端上网参数的配置工作。但是,当一个局域网中有多个 DHCP 服务器时,有可能会出现"内鬼"现象,用户计算机有可能从提供错误上网参数的 DHCP 服务器中获得上网参数,导致网络不通,解决这个问题的办法是把能提供正确 DHCP 服务的服务器添加到域网络中,并对它进行授权,以防止"内鬼"现象的发生。DCHP 服务和 DNS 服务关系密切,在实际应用中,常常将它们配置在同一台服务器上,以便于管理。

实训总结

情景导入中蒋赫面临的问题可以通过合理规划 IP 地址,并配置 DHCP 服务器来实现。

七、实训习题

按表 9-3 的要求配置 DHCP 服务器。

表 9-3　DHCP 服务器配置要求

本机 IP 地址	分配的 IP 地址范围和子网掩码	排除的 IP 地址范围	租约期限	默认网关	DNS 服务器地址
192.168.2.10/24	192.168.2.1/24 ~ 192.168.2.254/24	192.168.2.10 ~ 192.168.2.50	2 天	192.168.2.1	192.168.2.10

实训八　交换机的配置与管理

情景导入

蒋赫认为服务器已配置好,也申请了阿里云服务器辅助解决问题,DHCP 服务器也解决了师生配置上网参数的问题,新的问题又来了。学校各部门均有自己的财务人员,负责本部门的财务报销事宜,他们的办公室分布在不同楼层,他们的计算机连接在不同的交换机上,但是他们之间又经常需要交流财务报销的相关事宜。另外学校的各年级都有自己的教务人员,他们的办公室也分布在不同楼层,连接在不同交换机上,他们之间时常要交流教务方面的事情,而他们不关心财务方面的事情,如何解决这个问题呢。

实训准备

一、实训目的

①掌握交换机命令行各操作模式的区别,以及模式之间的切换方法。

②掌握有关交换机的基本配置。

③认识 VLAN 并了解 VLAN 划分的方法。

④理解 VLAN 具有隔离广播域的作用。

二、实训环境

安装了 Cisco Packet Tracer 的计算机。

三、实训内容

一台三层交换机上连接 4 台计算机，4 台计算机分属于两个 VLAN，PC1 和 PC3 属于 VLAN 10，PC2 和 PC4 属于 VLAN 20，VLAN 10 的网关是 192.168.10.1，VLAN 20 的网关是 192.168.20.1。PC1 的 IP 地址是 192.168.10.6，PC3 的 IP 地址是 192.168.10.8，PC2 的 IP 地址是 192.168.20.6，PC4 的 IP 地址是 192.168.20.8，通过对交换机的配置实现 4 台计算机之间的互连互通。按此要求画出的网络拓扑如图 9-90 所示。

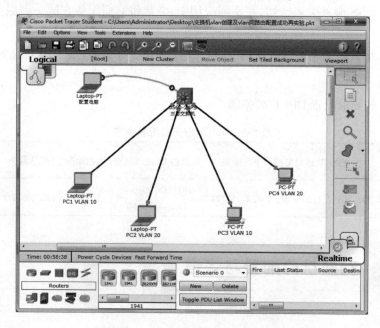

图 9-90　交换机配置实例的拓扑结构

四、相关知识

1. 交换机的 6 种命令模式及访问方法和提示符（见表 9-4）

表 9-4　交换机的配置模式

模　　式	命　　令	提　示　符
用户模式		Switch >
特权模式	enable	Switch#
全局配置模式	Config terminal	Switch(config)#
端口配置模式	Interface fastethernet 端口号	Switch(config-if)#
控制设置模式	Line control 控制口	Switch(config-line)#
线路设置模式	Lint vty 线路口	Switch(config-line)#
VLAN 设置模式	Vlan database	Switch(vlan)#

相关知识

2. VLAN 的划分

VLAN 是指在一个物理网段内进行逻辑划分,划分成若干个虚拟局域网。VLAN 最大的特点是不受物理位置的限制,可以进行灵活划分,VLAN 具备了一个物理网段所具备的特性。相同 VLAN 内的主机可以直接相互访问,不同 VLAN 间的主机之间互相访问必须经过路由设备进行转发。广播数据包只能在本 VLAN 内进行广播,不能传输到其他 VLAN 中。

五、实训步骤

1. 配置 4 台计算机的上网参数

分别单击图 9-90 中 4 台计算机,再单击"Desktop"选项卡下的"IP Configuration"选项,PC1 具体配置内容如图 9-91 所示、PC2 具体配置内容如图 9-92 所示、PC3 具体配置内容如图 9-93 所示、PC4 具体配置内容如图 9-94 所示。

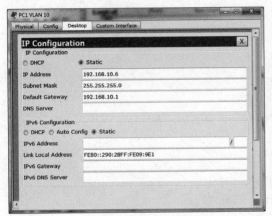

图 9-91   PC1 配置参数

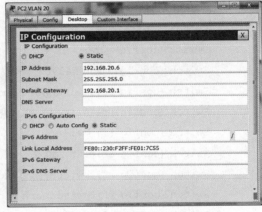

图 9-92   PC2 配置参数

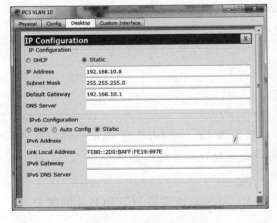

图 9-93   PC3 配置参数

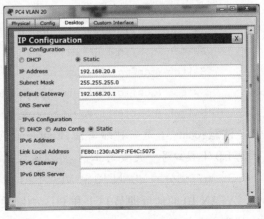

图 9-94   PC4 配置参数

VLAN 创建

2. 配置三层交换机,实现 VLAN 的划分

①单击图 9-90 中的配置电脑,再单击"Desktop"选项卡下的"Terminal"选项,再单击"OK"按钮,再按回车键,操作后的界面如图 9-95 所示。

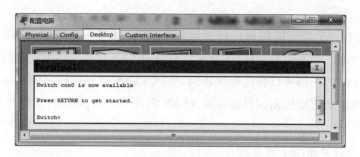

图9-95　交换机的用户模式

②依次输入如下配置命令,实现 VLAN 10 和 VLAN 20 的创建及接口的分配。

```
Switch > en
Switch# conf  t
Switch(config)#vlan 10
Switch (config-vlan)# exit
Switch (config)# int fa0 /1
Switch (config-if)#switchport mode access
Switch (config-if)#switchport access vlan 10
Switch (config-if) # exit
Switch (config-if)#int fa0 /2
Switch (config-if)#switchport mode access
Switch (config-if)#switchport access vlan 20
Switch (config-if) # exit
Switch (config-if)#int fa0 /3
Switch (config-if)#switchport mode access
Switch (config-if)#switchport access vlan 10
Switch (config-if) # exit
Switch (config-if)#int fa0 /4
Switch (config-if)#switchport mode access
Switch (config-if)#switchport access vlan 20
```

注意:conf t 是一种缩写法,Enable 也可以缩写为 En, int fa0/1 等也是一种缩写法。注意 fa0/1 接口号一定要写正确,可以通过鼠标指向该接口而获得该接口号。

3. 为已划分的 VLAN 10 和 VLAN 20 配置网关

VLAN 10 的地址即是 PC1 和 PC3 的网关,VLAN 20 的地址即是 PC2 和 PC4 的网关,具体配置命令如下:

```
Switch (config)# int vlan 10
Switch (config-if)# no shutdown
Switch (config-if)# ip address 192.168.10.1  255.255.255.0
Switch (config-if)#Exit
```

```
Switch (config)#int vlan 20
Switch (config-if)#no shutdown
Switch (config-if)# ip address 192.168.20.1   255.255.255.0
```

4. 配置三层交换机,开启其路由功能

要在全局配置模式进行配置,具体配置命令是:

```
Switch (config)# ip routing
```

5. 查看该三层交换机的路由表

要在使能模式下进行操作,具体命令是:

Switch # show ip route,执行后的效果如图 9-96 所示。

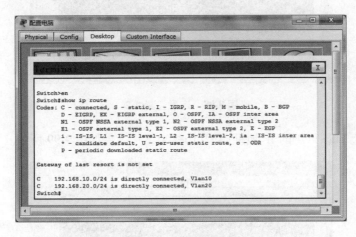

图 9-96　查看路由表

从图 9-96 可以看出,该三层交换机有 2 个直连的路由条目。

6. 测试 4 台计算机的连通性

①在 PC1 上 ping PC2 的 IP 地址(192.168.20.6),结果如图 9-97 所示。

图 9-97　连通性测试 1

VLAN 间路由

②在 PC1 上 ping PC3 的 IP 地址(192.168.10.8),结果如图 9-98 所示。

图 9-98　连通性测试 2

③在 PC1 上 ping PC4 的 IP 地址(192.168.20.8),结果如图 9-99 所示。

图 9-99　连通性测试 3

实训总结

从图 9-97、图 9-98 和图 9-99 可以看出,PC1 到 PC2、PC3 和 PC4 都已连通,说明该配置的正确性,PC1 和 PC2 及 PC4 不在同一网段,能够访问成功,说明该三层交换机的路由功能的工作正常。

六、实训总结

交换机配置与管理对初学者来说有一定的难度,特别是 VLAN 的划分及 VLAN 间的路由配置,本实训通过一个完整案例,给出了交换机的常用配置方法。

情景导入中蒋赫遇到的问题可以通过配置交换机以及在交换机上配置 VLAN 来解决。

七、实训习题

假如再增加 2 台计算机连接到该交换机上,并把该新增加的计算机划分到 VLAN 30 中,试对该交换机进行配置,实现 6 台计算机之间的互连互通。

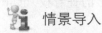

实训九　路由器的配置与管理

实训准备

情景导入

蒋赫刚通过在交换机上配置虚拟局域网(VLAN)的方法解决了不同楼层同一部门之间方便通信的问题,又有师生反映现在是 MOOC 时代,他们经常需要看视频进行学习,而视频文件比较大,对网速的要求比较高,看视频学习时有卡顿现象,如何解决这个问题呢?

一、实训目的

①了解路由器不同的命令行操作模式以及各种模式之间的切换方法。

②掌握用 RIP 协议配置动态路由的方法。

③熟悉广域网线缆的连接方式。

④加深对路由器工作原理的理解。

二、实训环境

安装了 Cisco Packet Tracer 的计算机。

三、实训内容

3 台路由器连接 4 个网络,其中 2 个是广域网,2 个是局域网,每个局域网内有 1 台计算机,试通过配置,使得这 2 台计算机能够互连互通,各参数要求如图 9-100 所示。

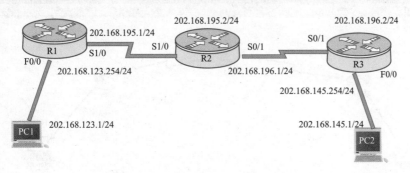

图 9-100　路由器配置实训参数要求

相关知识

四、相关知识

1. 路由表简介

路由器的主要工作是为经过路由器的每个数据包寻找一条最佳传输路径,并将该数据包有效地传送到目的地。为了完成这项工作,在路由器中保存着一张路由表(Routing Table),表中记录了到达各个网络的方法,供路由选择时使用。路由表可以是由系统管理员固定设置好的,也可以由系统根据路由协议动态生成,路由器依据路由表转发数据包的过程就称为路由。

2. 路由器的工作模式及其转换

每一种模式下都有一组命令集,即使是同一命令,处在不同的模式下其功能也不完全一样,所以在使用一条命令时要先进入相应的模式,路由器的模式可以用提示符区分,常用模式如下:

①用户模式:提示符 > ,主要是查看路由器的一些基本信息,可以用"?"来查看该模式下支持哪些命令。

②特权模式:提示符 # ,主要是查看路由器信息,但该模式下拥有更多的查看权,也可以用"?"来查看该模式下支持哪些命令。

③全局配置模式:提示符(config)# ,主要是配置与具体某个接口无关的信息,如重命名路由器,配置路由协议等。

④接口配置模式:提示符(config-if)# ,主要是配置与具体接口有关的信息,如接口的 IP 地址等信息,要一个接口一个接口地配置,并要先退出一个接口再进入另一个接口进行配置。

⑤路由配置模式:提示符(config-router)# ,主要是宣告本路由器的直连网络。

⑥线路配置模式:提示符(config-line)# ,主要是开启本路由器的远程登录服务。

五、实训步骤

1. 设备连接

基于图 9-100,在 Cisco Packet Tracer 中实现各设备的连接,计算机连接路由器的局域网接口一定要使用交叉线,一台路由器的广域网接口连接另一台路由器的广域网接口需要使用带时钟的广域网线缆,连接后的结果如图 9-101 所示。

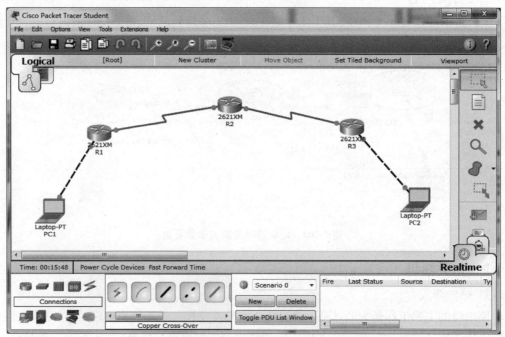

图 9-101　模拟器中实现连接

注意:路由器是模块化设备,需要根据需要添加相应模块,刚从模拟器中添加的 26 系列路由器只有一个快速以太网接口和一个配置口,若想通过该路由器连接广域网,必须添加具有广域网接口的模块,在此实训中添加的是 WIC-2T 模块,添加时一定要先关闭模拟路由器的电源,再拖动模块到空插槽,添加完模块后,一定要再打开该路由器的电源开关。

2. 配置路由器 R1

①配置路由器 R1 的局域网接口:单击路由器 R1,再单击"Config"→"INTERFACE"→"FastEthernet0/0"选项,按图 9-100 所示信息,输入相应参数,结果如图 9-102 所示。

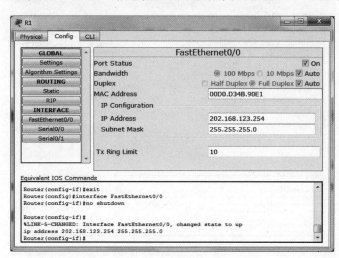

配置 R1

图 9-102 路由器 **R1** 局域网接口的参数设置

②配置路由器 R1 的广域网接口的参数,配置后的结果如图 9-103 所示。

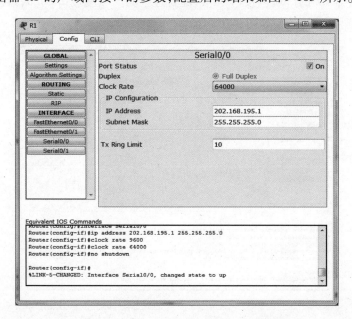

图 9-103 路由器 **R1** 广域网接口的参数设置

注意:带时钟的广域网线缆在配置时 DCE(Data Communication Equipment,数据控制设备)端一定要配置时钟。判断是否为 DCE 端的方法:鼠标滑到路由器的广域网接口处,如果显示时钟图标,则表明该接口是 DCE 端;否则为 DTE(Data Terminal Equipment,数据终端设备)端,DTE 端不需要配置时钟。

3. 配置路由器 R2

①配置路由器 R2 的广域网接口 S0/0,配置过程同 R1,具体配置参数如图 9-104 所示。

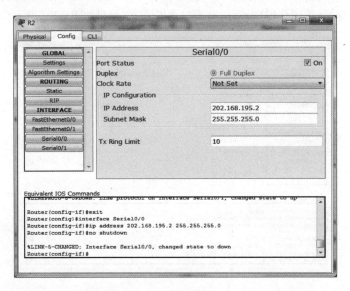

图 9-104　路由器 R2 广域网接口 S0/0 的参数设置

②配置路由器 R2 的广域网接口 S0/1,配置过程同广域网接口 S0/0,该接口是 DCE 端,需要配置时钟,配置后的结果如图 9-105 所示。

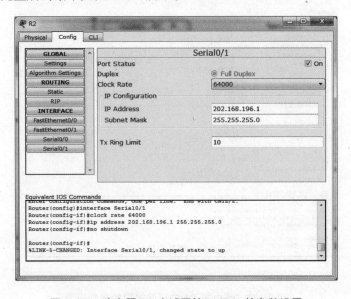

图 9-105　路由器 R2 广域网接口 S0/1 的参数设置

4. 配置路由器 R3

①配置路由器 R3 的局域网接口,具体配置过程略,配置后的结果如图 9-106 所示。

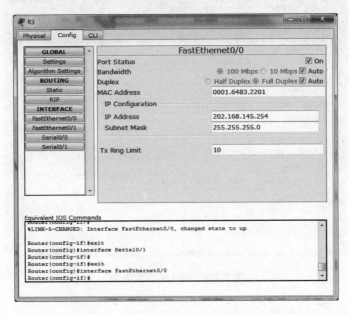

图 9-106 路由器 R3 局域网接口的配置

②配置路由器 R3 的广域网接口,具体配置过程略,配置后的结果如图 9-107 所示。

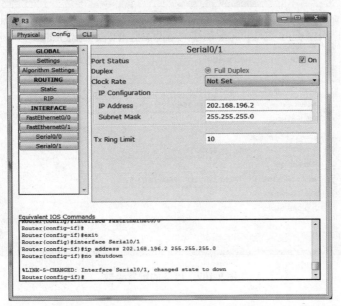

图 9-107 路由器 R3 广域网接口的配置

5. 配置 PC1 的上网参数

单击 PC1,再单击"Config"选项卡,再单击"IP Configuration"选项,在弹出的对话框中输入如图 9-100 所示参数,配置后的结果如图 9-108 所示。

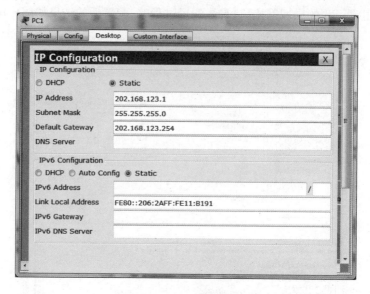

图 9-108　PC1 的配置参数

6. 配置 PC2 的上网参数

配置方法同 PC1 的配置,配置后的结果如图 9-109 所示。

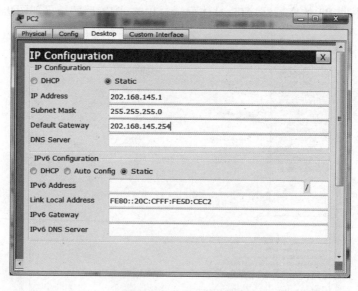

图 9-109　PC2 的配置参数

7. 为路由器 R1 配置 RIP 路由协议

路由分为静态路由和动态路由,静态路由适合小型网络并且是拓扑结构基本不变的网络,其配置原则是非直连网络均需要配置。动态路由适合较大型网络,网络拓扑结构修改后,该路由协议会自动感知,不需人工干预即可实现自适应,其配置原则是宣告直连网络,即配置与其直连的网络即可,所以配置较为简单。这两种路由可以共存在一个路由器表中,静态路由的优先级别比较高,本实训配置的是动态路由 RIP 协议。

单击该路由器,再单击"Config"选项卡,再单击"ROUTING"下面的"RIP"选项,在"Network"处填写 202.168.123.0,再单击"Add"选项,再输入 202.168.195.0,再单击"Add"选项,配置后的效果如图 9-110 所示。

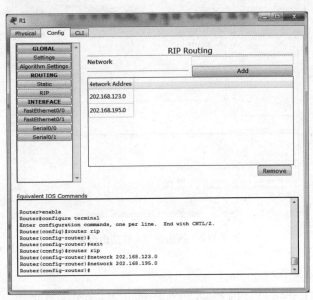

图 9-110　路由器 R1 的路由配置

8. 为路由器 R2 配置 RIP 路由协议

具体方法同路由器 R1 的配置,在此不再赘述,配置后的结果如图 9-111 所示。

配置 R2

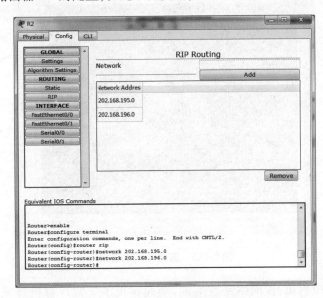

图 9-111　路由器 R2 的路由配置

9. 为路由器 R3 配置 RIP 路由协议

具体方法同路由器 R1 的配置，在此不再赘述，配置后的结果如图 9-112 所示。

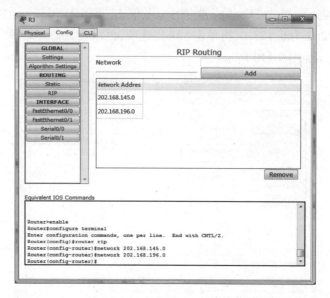

图 9-112　路由器 R3 的路由配置

10. 测试网络连通性

在计算机 PC1 上 ping 计算机 PC2，如果能 ping 通，说明配置正确，否则说明配置不正确。ping 后的结果如图 9-113 所示。

图 9-113　连通性测试结果

从图 9-113 可以看出，该网络是连通的，至此实现了 2 台计算机跨域 2 个广域网的通信,实现了广域网构建的模拟。

六、实训总结

路由器是网络互连的关键设备,在网络互连和网间的数据通信中起着非常重要的作用,对它的正确配置非常重要,配置的关键是分别正确配置各接口的 IP 地址,再配置路由协议,再宣告直连网络。路由器以太网口的接口地址是其连接的局域网中其他计算机的默认网关,局域网内其他计算机的 IP 地址要与该地址在同一网段。一条线缆连接的 2 台路由器的 2 个接口的 IP 地址要配置在同一网段,如图 9-100 中路由器 R1 的 S1 接口的 IP 地址要与路由器 R2 的 S1 接口的 IP 地址配置在同一网段。

在 Cisco Packet Tracer 中即可以通过界面方式配置路由器,也可以通过命令方式配置路由器,本实训是采用界面操作实现的,使用命令方式实现时,思路更清楚,有助于对网络命令的巩固,建议用命令方式配置,在网络结构中,需要增加配置线及配置计算机,调整后的连接结果如图 9-114 所示。

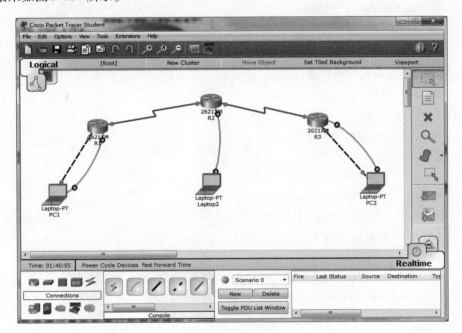

图 9-114 调整后的连接图

通过各路由器连接的配置计算机,采用"Telnet"方式进行具体配置,配置命令如下:

1. 路由器 R1 上的配置命令

```
Router > en
Router# conf t
Router#hostname  R1

R1(config)#int Fa0 /0
R1(config-if)#ip address 202.168.123.254 255.255.255.0
```

```
R1(config-if)#no shutdown
R1(config-if)# exit

R1(config)#int s0/0
R1(config-if)#clock rate 64000
R1(config-if)#ip address  202.168.195.1  255.255.255.0
R1(config-if)#no shutdown
R1(config-if)# exit

R1(config)#router rip
R1(config-router)#version 2
R1(config-router)#network  202.168.123.0
R1(config-router)#network  202.168.195.0
R1(config-router)# exit
R1(config)# exit
R1# show ip route
```

2. 路由器 R2 上的配置命令

```
Router > en
Router# conf t
Router#hostname  R2
R2(config)#int s0/0
R2(config-if)#ip address  202.168.195.2  255.255.255.0
R2(config-if)#no shutdown
R2(config-if)#exit
R2(config)#intS0/1
R2(config-if)#clock rate 64000
R2(config-if)#ip address  202.168.196.1  255.255.255.0
R2(config-if)#no shutdown
R2(config-if)#exit
R2(config)#router rip
R2(config-router)#version 2
R2(config-router)#network  202.168.196.0
R2(config-router)#network  202.168.195.0
R2(config-router)# exit
R2(config)# exit
R2# show ip route
```

3. 路由器 R3 上的配置命令

```
Router > en
Router# conf t
```

```
Router#hostname  R3
R3(config)#int S0∕1
R3(config-if)#ip address  202.168.196.2  255.255.255.0
R3(config-if)#no shutdown
R3(config)# exit
R3(config-if)#int fa0∕0
R3(config-if)#ip address  202.168.145.254  255.255.255.0
R3(config-if)#no shutdown
R3(config-if)# exit
R3(config)#router rip
R3(config-router)#version 2
R3(config-router)#network  202.168.196.0
R3(config-router)#network  202.168.145.0
R3(config-router)# exit
R3(config)# exit
R3# show ip route
```

4. PC1 与 PC2 的连通性

在计算机 PC1 上 ping 计算机 PC2,再在计算机 PC2 上 ping 计算机 PC1 进行测试。

七、实训习题

如果路由器 R2 上连接的计算机也需要接入该网络,所购买到的 IP 地址是 202.168.198.1/24,该计算机上网的默认网关为 202.168.198.254/24,试分别采用界面方式和命令方式实现该功能,并对 3 台计算机的连通性进行测试。

情景导入中蒋赫遇到的问题可以通过再购买一台路由器,再申请一种接入 Internet 的方式,相当于学校围墙上又开了一扇大门,以实现师生的快速进出,以此来较彻底地解决这个问题。

实训作业
及命令配置

综合实训一 交换机、路由器、Web 服务器、DNS 服务器及 DHCP 服务器的综合应用实训

情景导入

蒋赫的表弟在北京上大学,蒋赫的一个表妹在南京上大学,另一个表姐在上海上大学,3 个人所在的宿舍都有 4 位舍友,每人都有一台笔记本电脑,而且因为对计算机网络比较感兴趣,在校学习期间都制作了属于自己的网站。假设情况允许,怎么能使这 3 个相距较远的宿舍互连互通,方便进行各种通信呢?

实训准备

一、实训目的

①掌握在模拟器中构建实验环境的方法与步骤。

②理解交换机和路由器的各自的功能及应用场合和配置要点。

③掌握 Web 服务器、DNS 服务器及 DHCP 服务器之间的相互配合作用,实现它们之间的协同工作。

④通过本综合实训的练习达到对各服务器及网络设备知识的理解和应用。

二、实训环境

安装了 Cisco Packet Tracer 软件的计算机。

三、实训内容

蒋赫表弟是北京某高校的学生,宿舍有 4 位室友,每位室友都有一台笔记本电脑,都有内置网卡,都需要上网,蒋赫表弟宿舍购买到的网络地址段为 202.102.88.0/24(含义是购买到的是 C 类地址,网络位占 24 位)。假设蒋赫表弟宿舍购买了 2 台服务器,一台用于配置成 Web 服务器,该服务器的 IP 地址为 202.102.88.6,域名为 www.bjlike.com。另一台用于配置成 DNS 服务器和 DHCP 服务器(两个服务器配置在一台计算机上),该服务器的 IP 地址为 202.102.88.8。蒋赫表弟宿舍的 4 台笔记本电脑和 2 台服务器需要配置在同一网段,网络地址为 202.102.88.0,子网掩码为 255.255.255.0,默认网关为 202.102.88.66。

蒋赫表妹是南京某高校的学生,宿舍也有 4 位室友,每位室友都有一台笔记本电脑,都有内置网卡,都需要上网,蒋赫表妹宿舍购买到的网络地址段为 202.102.66.0/2。假设蒋赫表妹宿舍也购买了 2 台服务器,一台用于配置成 Web 服务器,该服务器的 IP 地址为 202.102.66.6,域名为 www.njlike.com。另一台用于配置成 DNS 服务器和 DHCP 服务器,该服务器的 IP 地址为 202.102.66.8。蒋赫表妹宿舍的 4 台笔记本电脑和 2 台服务器需要配置在同一网段,网络地址为 202.102.66.0,子网掩码为 255.255.255.0,默认网关为 202.102.66.66。

蒋赫表姐是上海某高校的学生,宿舍也有 4 位室友,每位室友都有一台笔记本电脑,都有内置网卡,都需要上网,蒋赫表姐宿舍同学购买到的网络地址段为 202.102.99.0/2。假设蒋赫表姐宿舍也购买了 2 台服务器,一台用于配置成 Web 服务器,该服务器的 IP 地址为 202.102.99.6,域名为 www.shlike.com。另一台用于配置成 DNS 服务器和 DHCP 服务器,该服务器的 IP 地址为 202.102.99.8。蒋赫表姐宿舍的 4 台笔记本电脑和 2 台服务器需要配置在同一网段,网络地址为 202.102.99.0,子网掩码为 255.255.255.0,默认网关为 202.102.99.66。

请在 Cisco Packet Tracer 模拟器中实现这 3 个地区 5 个网络段 18 台计算机之间的互连互通并提供 Web 服务、DNS 服务和 DHCP 服务。

四、相关知识

1. 交换机的配置

普通用来网络互连的交换机属于二层交换机,功能很单一,主要是实现网络互连及数据包的转发功能,在使用时基本不需要具体配置。在模拟器中可以通过交换机接口灯光的颜色变化来感知交换机启动过程中的 MAC 地址学习及生成交换表的过程。

2. 路由器的配置

路由器是较智能的网络设备,在使用中需要对其进行正确配置才能正常工作,需要配

相关知识

置的主要内容是：

①所用各接口的 IP 地址、子网掩码等信息，并且需要开启各接口。

②配置路由协议。

③宣布直连网络。

3. DNS 服务器和 DHCP 服务器配置

DNS 服务和 DHCP 服务往往配置在一台服务器上，该服务器的上网参数需要手工配置，也就是该服务器需要拥有固定 IP 地址，并且需要在该服务器上开启相关的服务。

4. Web 服务器及 FTP 服务器配置

Web 服务及 FTP 服务配置往往配置在一台服务器上，该服务器的上网参数需要手工配置，也就是该服务器需要拥有固定 IP 地址，并且需要在该服务器上开启相关的服务。

五、实训步骤

1. 在 Cisco Packet Tracer 中画出该网络拓扑

根据实训内容要求，画出该网络的网络拓扑图，并根据拓扑图在 Cisco Packet Tracer 模拟器软件中实现各网络设备的互连，实现后的效果如图 9-115 所示。

绘制网络拓扑

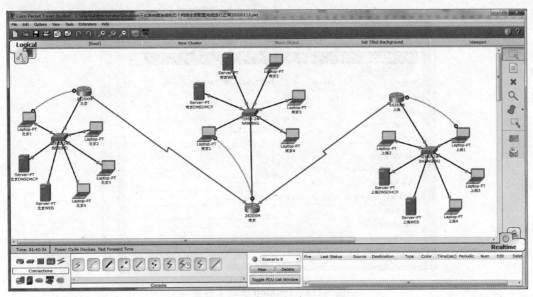

图 9-115　各设备之间的拓扑关系图

各设备的命名标签最好能够见名识意，体现各网络设备的作用。

2. 设置图 9-115 中的 12 台笔记本电脑自动获得 IP 地址等上网参数

以标识为北京 1 的笔记本电脑为例，来说明具体的配置过程，其他设备操作步骤同笔记本电脑北京 1。

①单击图 9-115 中标识为北京 1 的笔记本电脑，弹出如图 9-116 所示配置对话框，再单击图 9-116 所示对话框中的 Desktop 选项卡，弹出如图 9-117 所示对话框。

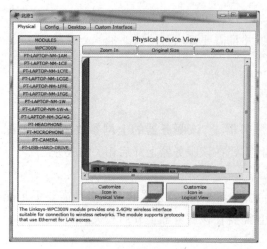 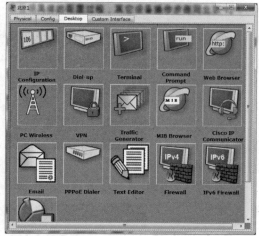

图 9-116　配置对话框　　　　　　　　　图 9-117　Desktop 选项卡

②再单击图 9-117 所示的 IP Configuration 按钮,在弹出的对话框中,再单击 DHCP 单选按钮,操作后的效果如图 9-118 所示。

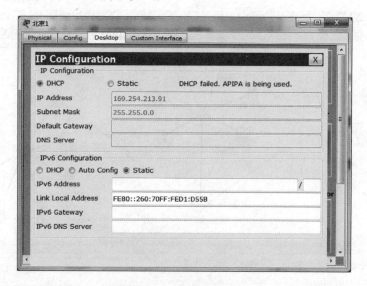

图 9-118　Desktop 选项卡设置

因为还没有配置 DHCP 服务器,所以该计算机获取 DHCP 所配置参数失败,理解 DHCP 服务器的作用。

3. 配置标识为北京 Web 的 Web 服务器

①配置标识为北京 Web 的 Web 服务器的上网参数。

单击图 9-115 中标识为北京 Web 的 Web 服务器,弹出如图 9-119 所示配置对话框,再单击图 9-119 所示对话框中的 Desktop 选项卡,弹出如图 9-120 所示对话框。

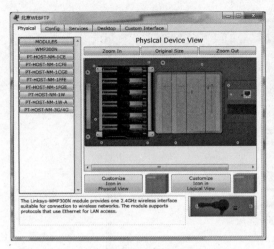

图 9-119　配置对话框

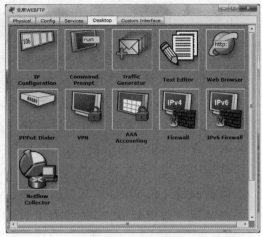

图 9-120　Desktop 选项卡

再单击图 9-120 所示的 IP Configuration 按钮,在弹出的对话框中再单击 Static 单选按钮,根据实训内容要求,为该服务器配置相应的上网参数(见图 9-121),配置后的效果如图 9-122 所示。

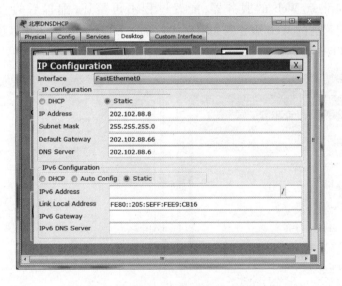

图 9-121　北京 Web 服务器上网参数配置

北京服务器配置

注意:图 9-115 北京 Web 的 Web 服务器配置参数中给出了 Default Gateway 的参数值为 202.102.88.66,在后面配置北京路由器的以太网接口的 IP 地址时必须与该地址保持一致。

②配置标识为北京 Web 的 Web 服务器。

单击图 9-120 所示对话框中的 Services 选项卡,设置 HTTP 及 HTTPS 的选项为 on,如图 9-122 所示。HTTP 服务开启意味着 Web 服务的开启,因为计算机访问 Web 服务器是通过 HTTP 协议或者 HTTPS 协议进行访问的。

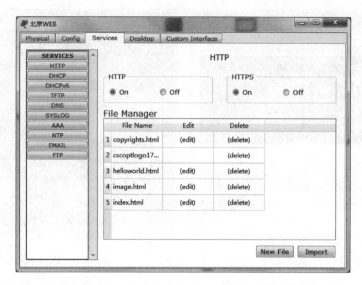

图 9-122　北京 Web 服务器 Web 服务开启

4. 配置标识为南京 Web 的 Web 服务器

配置方法同北京 Web 的服务器,配置过程不再赘述,配置后的上网参数结果如图 9-123 所示,配置后的 Web 服务器如图 9-124 所示,HTTP 的配置采用默认值,默认已开启 HTTP 服务及 HTTPS 服务。

南京服务器配置

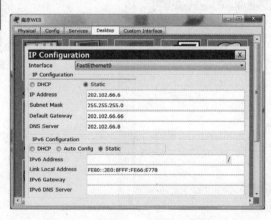

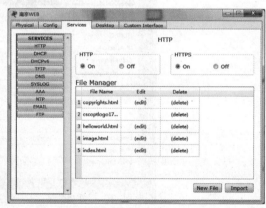

图 9-123　南京 Web 服务器上网参数配置　　　图 9-124　南京 Web 服务器上 Web 服务开启

5. 配置标识为上海 Web 的 Web 服务器

配置方法同北京 Web 的 Web 服务器配置,配置过程不再赘述,配置后的上网参数结果如图 9-125 所示,配置后的 Web 服务器如图 9-126 所示,HTTP 的配置采用默认值,默认已开启 HTTP 服务及 HTTPS 服务。

6. 配置标识为北京 DNSDHCP 的 DNS 和 DHCP 服务器

①配置北京 DNSDHCP 服务器的上网参数,具体配置过程类似于北京 Web 服务器的配置,再次不再赘述,配置后的效果如图 9-127 所示。

上海服务器配置

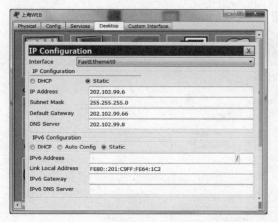

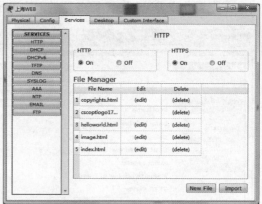

图 9-125　上海 Web 服务器上网参数配置　　　图 9-126　上海 Web 服务器 Web 服务开启

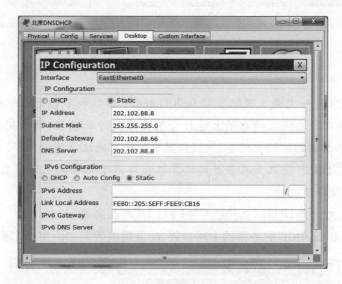

图 9-127　北京 DNSDHCP 服务器上网参数配置

②配置北京 DNSDHCP 服务器的 DNS 服务,配置后的结果如图 9-128 所示。

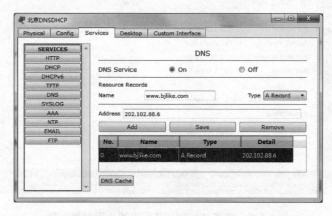

图 9-128　配置北京 DNSDHCP 服务器的 DNS 服务

③配置北京 DNSDHCP 服务器的 DHCP 服务,配置后的结果如图 9-129 所示。

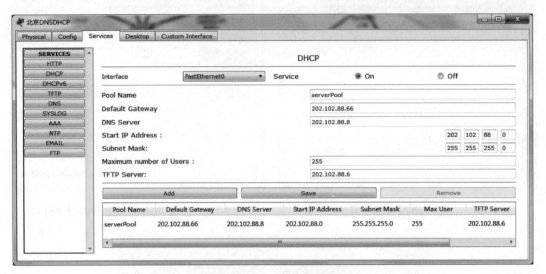

图 9-129　配置北京 DNSDHCP 服务器的 DHCP 服务

注意:图 9-129 中一定要正确配置 Default Gateway 参数和 DNS Server 参数。不改变地址池的名字,在原有的地址池的基础上进行修改各参数为正确值,修改完后,单击 Save 按钮,不要用 Add 添加新的地址池信息,该模拟器中默认的地址池删除不了,再添加新的地址池,容易造成通过 DHCP 获取上网参数的计算机获得不了正确的上网参数,最容易出现的问题是默认网关获得不成功。

7. 配置标识为南京 DNSDHCP 的 DNS 和 DHCP 服务器

①配置南京 DNSDHCP 服务器的上网参数,配置后的效果如图 9-130 所示。

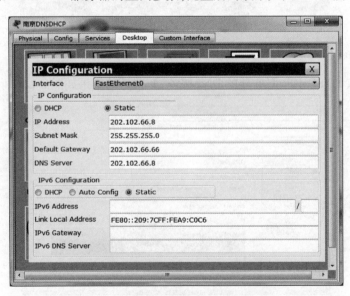

图 9-130　南京 DNSDHCP 服务器上网参数配置

②配置南京 DNSDHCP 服务器的 DNS 服务,配置后的结果如图 9-131 所示。

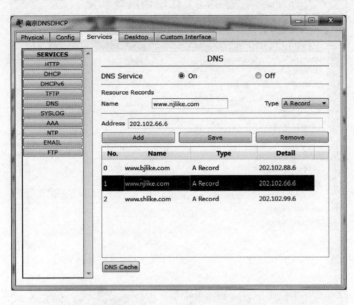

图 9-131 配置南京 DNSDHCP 服务器的 DNS 服务

③配置南京 DNSDHCP 服务器的 DHCP 服务,配置后的结果如图 9-132 所示。

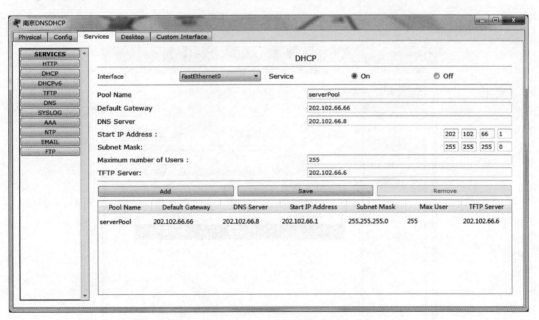

图 9-132 配置南京 DNSDHCP 服务器的 DHCP 服务

8. 配置标识为上海 DNSDHCP 的 DNS 和 DHCP 服务器

①配置上海 DNSDHCP 服务器的上网参数,配置后的效果如图 9-133 所示。

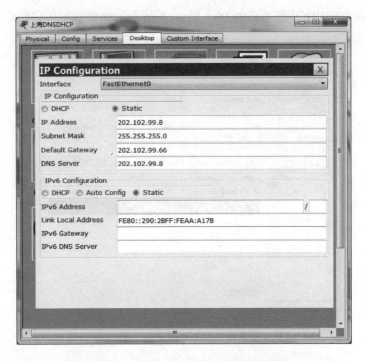

图 9-133　上海 DNSDHCP 服务器上网参数配置

②配置上海 DNSDHCP 服务器的 DNS 服务,配置后的结果如图 9-134 所示。

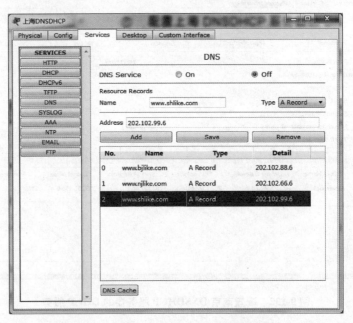

图 9-134　配置上海 DNSDHCP 服务器的 DNS 服务

③配置上海 DNSDHCP 服务器的 DHCP 服务,配置后的结果如图 9-135 所示。

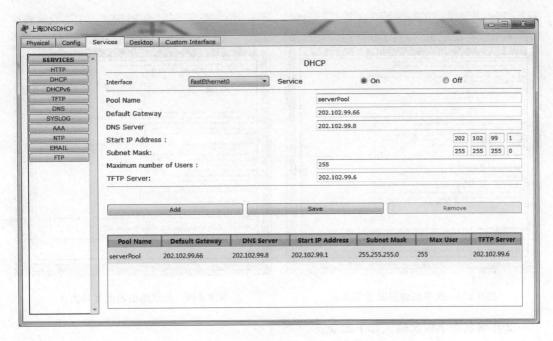

图 9-135　配置上海 DNSDHCP 服务器的 DHCP 服务

9. 配置标识为北京的路由器

①标识为北京 1 的笔记本电脑通过配置线缆连接到了北京的路由器,单击标识为北京 1 的笔记本电脑,弹出如图 9-136 所示对话框,再单击 Terminal 图标,弹出如图 9-137 所示对话框,再单击"OK"按钮,弹出如图 9-138 所示对话框,再按回车键,显示如图 9-139 所示界面。

路由器局域网
接口配置

路由器广域网
接口配置

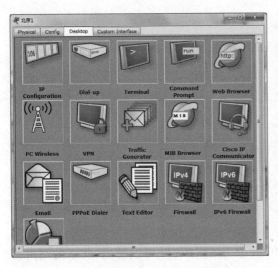

图 9-136　北京路由器配置界面 1

图 9-137　Terminal 默认参数

图 9-138　北京路由器配置界面 2

图 9-139　北京路由器配置界面 3

②在该状态下依次输入如下命令：

Router > enable

Router# configure terminal

Router# hostname　beijing

beijing (config)#int fa0 /0

beijing (config-if)#ip address　202.102.88.66　255.255.255.0

beijing (config-if)#no shutdown

beijing (config-if)# exit

beijing (config)#int s0 /0

beijing (config-if)#ip address　202.102.89.1　255.255.255.0

beijing (config-if)#no shutdown

beijing (config-if)# exit

beijing (config)#router rip

beijing (config-router)#version 2

beijing (config-router)#network　202.102.88.0

beijing (config-router)#network　202.102.89.0

beijing (config-router)# exit

beijing (config)# exit

beijing # show ip route

　　执行完上述该命令后，显示结果如图 9-140 所示。从图 9-140 可以看出，北京的路由器经过配置后，该路由器的路由表中拥有了 2 个直连网络，直连网络的标识符为 C。

　　10.　配置标识为南京的路由器

　　其配置方法与北京路由器的配置方法类似，具体配置命令如下：

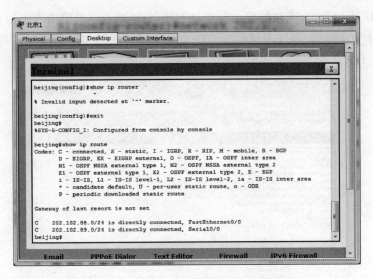

图 9-140　北京路由器的配置结果

Router > enable

Router# configure terminal

Router# hostname　nanjing

nanjing (config)#int fa0 ⁄0

nanjing (config-if)#ip address　202.102.66.66　255.255.255.0

nanjing (config-if)#no shutdown

nanjing (config-if)# exit

nanjing (config)#int s0 ⁄0

nanjing (config-if)#ip address　202.102.89.2　255.255.255.0

nanjing (config-if)#no shutdown

nanjing (config-if)# exit

nanjing (config)#int s0 ⁄1

nanjing (config-if)#ip address　202.102.90.1　255.255.255.0

nanjing (config-if)#no shutdown

nanjing (config-if)# exit

nanjing (config)#router rip

nanjing (config-router)#version 2

nanjing (config-router)#network　202.102.66.0

nanjing (config-router)#network　202.102.89.0

nanjing (config-router)#network　202.102.90.0

nanjing (config-router)# exit

nanjing (config)# exit

nanjing # show ip route

执行完上述命令后，显示结果如图 9-141 所示。

从图9-141可以看出,南京的路由器经过配置后,该路由器的路由表中拥有了4个路由条目,其中3个直连网络,直连条目的标识符为C,和1个通过RIP协议学习得到的条目,该条目的标识符为R。

图9-141　南京路由器的配置结果

11. 配置标识为上海的路由器

其配置方法与北京路由器的配置方法类似,具体配置命令如下:

```
Router > enable
Router# configure terminal
Router# hostname   shanghai
shanghai (config)#int fa0 /0
shanghai (config-if)#ip address   202.102.99.66   255.255.255.0
shanghai (config-if)#no shutdown
shanghai (config-if)# exit
shanghai (config)#int s0 /1
shanghai (config-if)#ip address   202.102.90.2  255.255.255.0
shanghai (config-if)#no shutdown
shanghai (config-if)# exit
shanghai (config)#router rip
shanghai (config-router)#version 2
shanghai (config-router)#network   202.102.99.0
shanghai (config-router)#network   202.102.90.0
shanghai (config-router)# exit
```

shanghai (config)# exit

shanghai # show ip route

执行完上述命令后,显示结果如图 9-142 所示。从图 9-142 可以看出,上海的路由器经过配置后,该路由器的路由表中拥有了 5 个路由条目,其中 2 个直连网络,直连条目的标识符为 C,和 3 个通过 RIP 协议学习得到的条目,该条目的标识符为 R。

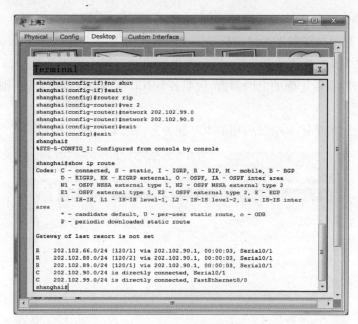

图 9-142　上海路由器的配置结果

12. 再次查看北京路由器及南京路由器的路由表信息

在标识为北京 1 的笔记本电脑上和标识为南京 1 的笔记本电脑上分别执行 show ip route 命令,运行后的结果如图 9-143 所示和图 9-144 所示。

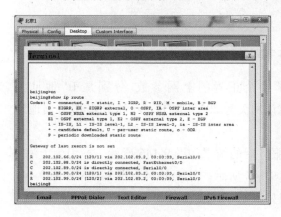

图 9-143　北京路由器上的路由表

图 9-144　南京路由器上的路由表

对比图 9-142、图 9-143 和图 9-144 可以看出,该 3 台路由器的路由表都有 5 个路由条目,从图 9-115 的拓扑结构图中可以看出,该图中有 5 个不同的网络(同一路由器的不同接口属于不同的网段,同一条广域网连接线所连接的两台路由器的两个接口构成一个独立的网络段),说明各路由器已达到收敛状态,拓扑图中的各计算机应该处在一个互联互通状态。

13. 测试 DHCP 服务器的可用性

DHCP 服务器的功能就是为计算机提供上网参数的配置,测试 DHCP 服务器的可用性,可以通过为图 9-115 拓扑图中的 12 台笔记本电脑自动获得上网参数来测试,如果 12 台笔记本电脑均能自动获得正确的上网参数,说明各 DHCP 服务器工作正常,否则说明 DHCP 服务器配置有问题。

标识为北京 1 的笔记本电脑启用 DHCP 服务后的结果如图 9-145 所示。

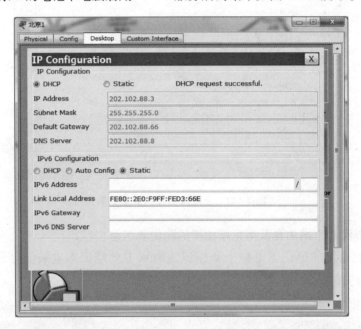

图 9-145　标识为北京 1 的笔记本电脑通过 DHCP 获得的上网参数

从图 9-145 可以看出,该计算机获得了 4 个正确的上网参数,分别是 IP 地址为 202.102.88.3、子网掩码为 255.255.255.0,默认网关为 202.102.88.66 和 DNS 服务器地址为 202.102.88.8。

标识为南京 1 的笔记本电脑启用 DHCP 服务后的结果如图 9-146 所示。标识为上海 1 的笔记本电脑启用 DHCP 服务后的结果如图 9-147 所示。从图 9-145、图 9-146 和图 9-147 可以看出,拓扑中的 3 台 DHCP 服务器运行良好。

14. 测试网络的连通性

在标识为北京 1 的计算机上分别 ping 标识为南京 1 的计算机和上海 1 的计算机,运行结果如图 9-148 和图 9-149 所示。

路由器配置路由协议并测试

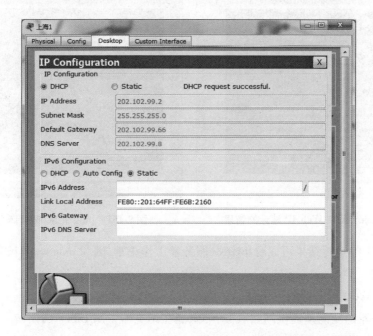

图 9-146　标识为南京 1 的笔记本电脑通过 DHCP 获得的上网参数

图 9-147　标识为上海 1 的笔记本电脑通过 DHCP 获得的上网参数

15. 测试 DNS 服务器的可用性

DNS 服务器的功能是进行域名解析，用标识为北京 1 的笔记本电脑 ping 标识为北京 Web 的服务器的 IP 地址，然后再 ping 该服务器的域名 www.bjlike.com，如果均能 ping 通，说明域名服务器工作正常。测试结果如图 9-150 和图 9-151 所示。

| 图 9-148　测试到南京 1 的连通性 | 图 9-149　测试到上海 1 的连通性 |

| 图 9-150　ping 北京 Web IP 地址的结果 | 图 9-151　ping 北京 Web 域名的结果 |

从图 9-151 的运行结果可以看出 DNS 服务器工作正常,因为 ping www. bjlike. com,能够 ping 通。

16. 测试 Web 服务器的可用性

Web 服务器的功能是提供网站服务,如果能在浏览器中用 HTTP 协议访问成功,则说明 Web 服务器配置正确。

用标识为北京 1 的笔记本电脑访问标识为北京 Web 服务器上的网页,结果如图 9-152 和图 9-153 所示。从图 9-152 和图 9-153 可以看出,标识为北京 Web 服务器的 Web 服务功能配置正确。至此,完成该综合实训的所有配置与测试工作。

Web 服务器
测试

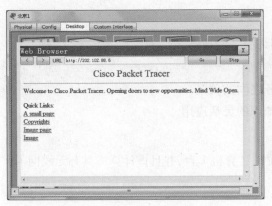

图 9-152　用 IP 地址测试的结果

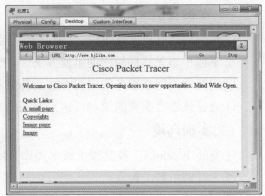

图 9-153　用域名测试的结果

六、实训总结

本实训实现了 3 个地方 5 个网络的互连互通,模拟了广域网的组建,同时实现了 Web 服务器、DNS 服务器和 DHCP 服务器的综合应用,对本书所涉及的多个知识点进行综合应用和融会贯通,该实训的成功完成,能够加深读者对常用网络设备的配置及对常用网络服务的理解和应用。

情景导入中蒋赫遇到的问题,通过模仿本实训的操作即可得到解决。

实训总结

七、实训习题

假设蒋赫表哥是天津某高校的学生,宿舍也有 4 位室友,每位室友都有一台笔记本电脑,都有内置网卡,都需要上网,蒋赫表哥宿舍购买到的网络地址段为 202.102.100.0/24。蒋赫表哥宿舍也购买了 2 台服务器,一台用于配置成 Web 服务器,该服务器的 IP 地址为 202.102.100.6,域名为 www.tjlike.com。另一台用于配置成 DNS 服务器和 DHCP 服务器,该服务器的 IP 地址为 202.102.100.8。

蒋赫表哥宿舍的 4 台笔记本电脑和 2 台服务器需要配置在同一网段,网络地址为 202.102.100.0,子网掩码为 255.255.255.0,默认网关为 202.102.100.66。

请把蒋赫表哥宿舍的网络加入到已配置成功的网络中,以实现 4 个地区 7 个网络段 24 台计算机的互连互通,并提供 Web 服务、DNS 服务和 DHCP 服务,在 Cisco Packet Tracer 中实现该功能。

实训习题

综合实训二　小型无线局域网的组建与服务器的架构

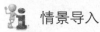 情景导入

蒋赫住在教工宿舍,他有 2 个舍友,他们宿舍只有一个网络接口,他和舍友都是计算机的爱好者,都有手机和计算机,都需要方便上网,这个问题蒋赫将如何解决呢?

添加局域网

实训准备

一、实训目的

①加深对计算机网络组成、实现原理及网络服务的理解。

②掌握小型无线局域网的组建方法。

③掌握常用网络服务的架构方法及各服务之间的关系。

④通过该综合实训的学习以达到对网络知识的灵活应用。

二、实训环境

①安装 Windows 7 及其以上版本操作系统的计算机 1 台,并且该计算机具有无线网卡。

②无线路由器 1 台。

③用双绞线制作的直连网线 2 根。

④连接 Internet 的 RJ-45 网络接口 1 个。

三、实训内容

学校为每个教工宿舍预留了一个网点,并给每个教工宿舍分配一个 IP 地址。蒋赫所在的宿舍分配到的 IP 地址为 192.168.20.154,他宿舍有 2 位室友,每位室友均有一台具有无线上网功能的笔记本电脑,每个室友都开发了一个动态网站,蒋赫的笔记本电脑的性能较好,并且安装了服务器组件,由他的计算机为室友们提供 Web 服务和 FTP 服务。

四、相关知识

用无线路由器组建小型无线局域网的方法及在 Windows 操作系统下利用 IIS 架构 Web 服务器和 FTP 服务器的方法。

五、实训步骤

1. 无线局域网的组建

①按实训环境中提出的要求购买相应的无线路由器和制作网线的材料,制作 2 条直连网线,用该网线把无线路由器的 WAN 口与墙上的 RJ-45 接口连接起来。

②再选择一台具有 RJ-45 接口的计算机,用直连线连接无线路由的 LAN 口,其拓扑结构如图 9-154 所示。

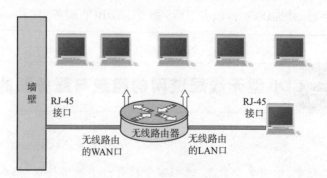

图 9-154　无线路由器配置连接图

2. 登录无线路由器进行配置

①登录无线路由器。

在使用直连线连接到无线路由器 LAN
口的计算机上打开浏览器,在地址栏中输
入:http://192.168.1.1,并按回车键,弹出
如图 9-155 所示的对话框。

输入用户名 admin 和密码 admin(注:
该用户名和密码基本是所有无线路由器出
厂时默认的,不同厂家的无线路由器有不
同的地址,往往会写在无线路由器的背面,
同时不同厂家的无线路由器其默认的用户

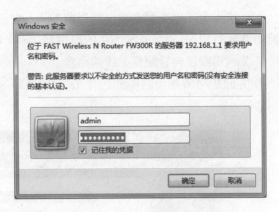

无线路由器的
配置

图 9-155　无线路由器的登录界面

名和密码也不同,往往可以通过查看说明书得知),后单击"确定"按钮,弹出如图 9-156 所
示配置界面。

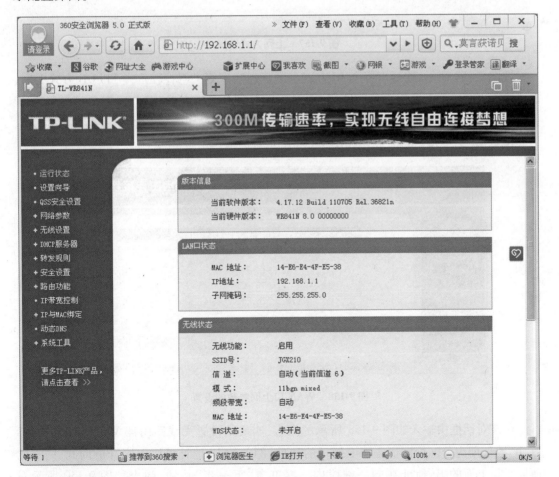

图 9-156　无线路由器的配置界面 1

在该界面可以查看本路由器当前的运行状态情况（注：图9-156界面是已经配置完成的路由器运行情况，如果是刚购买的路由器，SSID号部分是空的）。

②利用配置向导配置无线路由器。

在如图9-156所示的界面上，单击"设置向导"链接，再单击"下一步"按钮，弹出图9-157所示对话框。

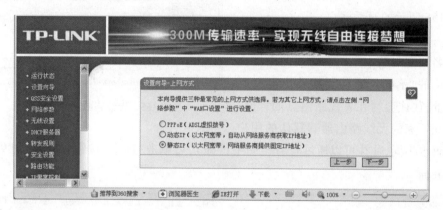

图9-157　上网方式选择

按图9-157所示，选择以静态IP方式上网。（注：家庭上网往往选择PPPOE方式上网，需要输入ISP给分配的用户名和密码，而对于学校的办公室及教工宿舍，需要选择静态IP方式，IP地址就是分配给该宿舍的地址：192.168.20.154）。

再单击"下一步"按钮，弹出如图9-158所示对话框。

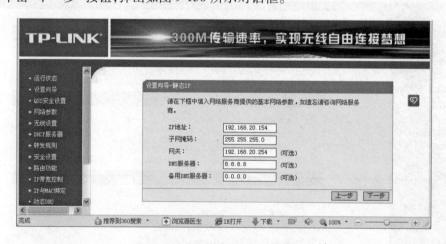

图9-158　WAN口上网参数的设置

在该对话框中输入如图9-158所示的内容，实质是设置无线路由器WAN口的上网参数，IP地址即为分配给该宿舍墙上接口的地址，网关的IP地址可以向网管员询问，网卡的地址要与上面的IP地址在同一网段内。再单击"下一步"按钮，弹出如图9-159所示对话框。

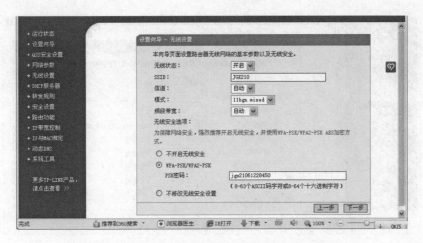

图 9-159　无线网络的基本参数设置

在该对话框中输入 SSID 号及登录该无线网络所用的 PSK 密码,这两项输入的内容都需要保存好,以后其他计算机登录该网络时需要用到这两个参数。

再单击"下一步"按钮,弹出如图 9-160 所示对话框。再单击"完成"按钮,完成对无线路由器的基本配置。

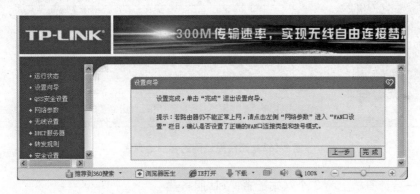

图 9-160　设置完成对话框

③在无线路由器上配置 DHCP 服务器。

单击"DHCP 服务器"→"DHCP 服务"选项,弹出如图 9-161 所示对话框。

在图 9-161 对话框中选择"启用"DHCP 服务器,地址池的开始地址及结束地址可根据实际需要来配置,它们之间的 IP 地址数要大于本无线局域网中同时上网的计算机数。地址租期可以选择默认值,也可以根据需要来进行配置。

再单击"客户端列表"选项可以查看到,目前连接到该无线局域网中计算机的数量,每台计算机的计算机名、IP 地址及其网卡的 MAC 地址等,如图 9-162 所示。

对于无线路由器,进行以上配置能够满足基本无线局域网的组建,现在的无线路由器在网络安全方面基本都支持防火墙的设置及数据包的过滤,都支持 IP 地址与 MAC 地址的绑定以防止 ARP 欺骗的发生,都具有查看日志的功能,以便网络管理者了解网络的使用情况。

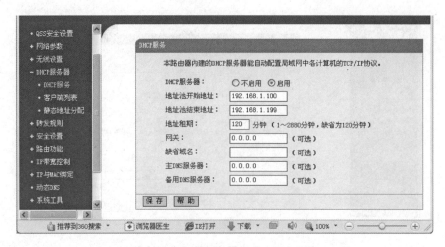

图 9-161　"DHCP 服务"配置对话框

图 9-162　无线局域网的客户端列表

利用端口区
分不同网站

3. 在一台计算机上为 3 个网站配置 Web 服务器

其中蒋赫及室友小张网站的配置用的是新建站点,而小李网站的配置用的是新建虚拟目录,具体操作如下:

①打开 PC1,依次选择"开始"→"程序"→"管理工具"→"Internet 信息服务管理器"命令,打开"Internet 信息服务服务器"窗口,如图 9-163 所示,窗口显示此计算机已经安装好 Internet 信息服务(IIS),而且该服务已自动启动。

②使用 IIS 的默认站点,把蒋赫做好的网站进行发布。具体操作是将蒋赫制作好的主页文件复制到 PC1 的\Inetpub\wwwroot 目录下,该目录是安装程序为默认 Web 站点预设的发布目录。将蒋赫的主页文件名称改为 Default. htm。

③在浏览器地址栏中输入 PC1 计算机的 IP 地址 192. 168. 20. 154 浏览该站点,此时会弹出一个对话框,要求输入用户名和密码,这是由于在 Windows Server 2008 中,默认网站的访问集成了 Windows 身份验证。

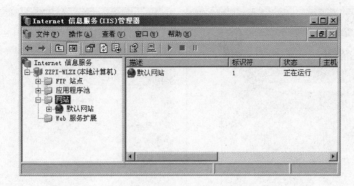

图 9-163　"Internet 信息服务(IIS)管理器"窗口

④在 PC1 上通过新建 Web 站点为另一室友小张提供 Web 服务。具体操作如下:打开如图 9-163 所示的"Internet 信息服务管理器"窗口,右击网站,在弹出的快捷菜单中选择"新建"→"网站"命令,打开网站创建向导,如图 9-164 所示。

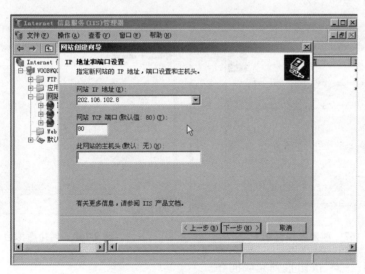

图 9-164　"网站创建向导"对话框

⑤单击"下一步"按钮,弹出如图 9-165 所示对话框,输入站点的主目录路径。

⑥再单击"下一步"按钮,弹出"网站访问权限"对话框,如图 9-166 所示。在该对话框内设置 Web 站点的访问权限,一般选择"读取"复选框,为了支持脚本语言如 ASP,还需选择"运行脚本"复选框。为保证网站安全,建议不选择"写入"复选框。单击"下一步"按钮完成设置。

⑦在 PC1 上利用虚拟目录为小李配置 Web 服务。具体操作是在 PC1 的新建网站上右击,选择新建一个虚拟目录,打开虚拟目录创建向导,如图 9-167 所示。

图 9-165　"网站主目录"对话框

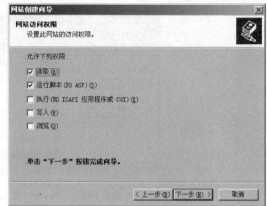

图 9-166　"网站访问权限"对话框

⑧单击"下一步"按钮,在弹出的对话框中输入在 PC1 上为小李的网站创建的文件夹 D:\xiaoli,如图 9-168 所示。

图 9-167　创建虚拟目录 1　　　　　　　图 9-168　创建虚拟目录 2

⑨单击"下一步"按钮直到完成向导。

4. Web 站点的管理

①Web 站点配置好之后,可以通过"Microsoft 管理控制台"进一步管理及设置 Web 站点,站点管理工作既可以在本地进行,也可以远程管理。本实训介绍的是本地管理的方法和步骤。

选择"开始"→"程序"→"管理工具"→"Internet 信息服务管理器"命令,打开"Internet 信息服务(IIS)管理器"窗口,在所管理的网站上右击,选择"属性"命令,进入该站点的属性对话框,如图 9-169 所示。

②"网站"选项卡的设置。在图 9-169 所示对话框中设置参数,其中,IP 地址是设置此站点使用的 IP 地址。TCP 端口的默认值为 80,同一个服务器上配置的网站该端口号不能相同。

③"主目录"选项卡的设置。可以设置网站所提供的内容来自何处、内容的访问权限以

三个网站配置
完成

及应用程序在此站点的执行权限等。

④"文档"选项卡的设置。使用该选项卡可以设置启动默认内容文档及默认文档的名称和启用顺序等。

⑤"目录安全性"选项卡的设置。在"目录安全性"选项卡中,单击"身份验证和访问控制"选项组中的"编辑"按钮,弹出如图 9-170 所示的对话框,在该对话框中可以设置启用匿名访问或设置匿名访问使用的用户名和密码。

 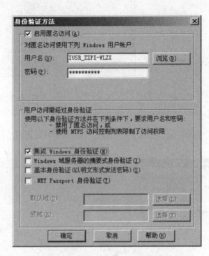

图 9-169　网站属性设置　　　　图 9-170　"目录安全性"选项卡

合理地设置"授权访问"和"拒绝访问"可以有效提高 WWW 服务器的安全,当服务器只供内部用户使用时,设置适当的"授权访问"IP 地址列表,可以保护服务器减少受外部攻击的概率。

5. 使用 IIS 组件配置 FTP 服务

为了使网站便于维护,需要在 Web 服务器上为每一位室友建立相应的 FTP 站点。具体操作如下:

①在 Internet 信息服务管理器中右击 FTP 站点来新建一个 FTP 站点,单击"下一步"按钮,在弹出的对话框中输入 FTP 站点描述信息,单击"下一步"按钮,弹出如图 9-171 所示对话框,输入地址和端口后,单击"下一步"按钮,在弹出的对话框中输入 FTP 站点的主路径,这一步非常关键,该目录一定是室友自己的网站所在的目录,这样室友使用 FTP 客户端登录后才能方便地管理和维护自己的网站。

②设置完后,单击"下一步"按钮完成 FTP 的设置。利用同样的方法给其他室友创建 FTP 站点,以便管理其网站。

③设置 FTP 站点的各属性。首先找到 FTP 站点标签,设置连接。同 Web 服务器一样,注意启用日志记录,然后选择"主目录"选项卡如图 9-172 所示。

④指定目录的访问权限。一般选择读取权限,也可以以后再指定访问权限,设置的原则是让管理员具有写入权限,让一般用户具有读取权限。

图 9-171　新建 FTP 站点

⑤在"安全账户"选项卡中修改账户信息，可根据自己的需要修改，如图 9-173 所示。

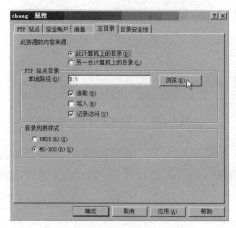

图 9-172　"主目录"选项卡　　　　　图 9-173　"安全账户"选项卡

在该选项卡的设置中，"允许匿名连接"复选框选中，否则用户访问此站点时需要用户名和密码，默认状态下允许匿名访问，用户名为 anonymous，密码为空。再定义用户访问 FTP 站点和退出站点时的信息以及最大连接数。

6. FTP 服务器的测试

①选择"开始"→"运行"命令，在弹出的"运行"对话框中输入 cmd，如图 9-174 所示。

②单击"确定"按钮，弹出如图 9-175 所示的 DOS 窗口，在该窗口中输入 ftp 202.106.102.8（注：该 IP 地址为 FTP 服务器的 IP 地址，可以根据实际的配置进行更改，对于本实训用的 PC1 的 IP 地址为 192.168.20.154，则用 ftp 192.168.20.154 进行登录）并按【Enter】键，在弹出的"验证"对话框中输入用户名

三个 FTP 服务器配置完成

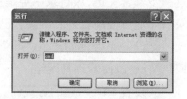

图 9-174　"运行"对话框

anonymous,然后按【Enter】键（要求输入密码，因为密码为空，按【Enter】键即可）。为了网站的安全，可以设置禁止匿名访问，并加强密码保护，这里为了测试方便所以设置匿名用户。如果测试结果与图 9-175 一样，就说明已成功配置 FTP 站点。

实训总结

图 9-175　FTP 服务器的测试

六、实训总结

本实训不仅涉及网络的规划，同时涉及网络服务器的架构与配置，目的是想让读者学会知识的融合和知识的灵活应用。在配置服务器时要注意，使用 Windows Server 自带的 IIS 组件配置 Web 服务器是没有问题的，但是它在稳定性和安全性方面都不如 Apache 的性能好，所以企业配置 Web 服务器使用 Apache 的比较多。但用 IIS 配置 Web 服务器简单方便，配置速度快，容易理解，容易排错。

情景导入中蒋赫遇到的问题通过本实训的操作即可得到解决。

七、实训习题

某公司刚刚成立，共有 5 个职员，每个人各有一台计算机，各负责一项业务，该公司的大部分业务均需要在网络上完成，该公司所在的小区提供 ADSL 接入服务。试帮该公司规划、设计一个网络，使得公司里的每个员工都能方便地访问 Internet 且能够方便地互相访问。

参 考 文 献

[1] 谢希仁. 计算机网络[M]. 7 版. 北京:电子工业出版社,2017.

[2] 褚建立,刘彦舫. 计算机网络技术实用教程[M]. 4 版. 北京:电子工业出版社,2013.

[3] 梁广民,王隆杰. 思科网络实验室:CCNA 实验指南[M]. 北京:电子工业出版社,2009.

[4] 梁广民,王隆杰. 思科网络实验室:路由、交换实验指南[M]. 北京:电子工业出版社,2007.

[5] 徐立新. 计算机网络技术[M]. 北京:人民邮电出版社,2018.

[6] 谢钧,谢希仁. 计算机网络教程[M]. 5 版. 北京:人民邮电出版社,2018.

[7] 孙远运. 计算机网络故障排除维护实用大全[M]. 北京:中国铁道出版社,2006.

[8] 王秀龙. 计算机网络[M]. 北京:中国电力出版社,2007.

[9] 谭浩强,吴功宜,吴英. 计算机网络教程[M]. 5 版. 北京:电子工业出版社,2012.

[10] 思科网络技术学院. 思科网络技术学院教程:第一、二学期[M]. 3 版. 北京:人民邮电出版社,2004.

[11] 华为 3Com 技术有限公司. 华为 3Com 网络学院教材:第一、二学期[M]. 北京:清华大学出版社,2004.

[12] 张学金,王立征. 计算机网络技术项目教程[M]. 北京:中国人民大学出版社,2011.

[13] 张继山,房丙午. 计算机网络技术[M]. 北京:中国铁道出版社,2006.

[14] 龚尚福. 计算机网络技术与应用[M]. 北京:中国铁道出版社,2007.

[15] KUROSE J F, ROSS K W. Computer Networking: A Top-Down Approach[M]. 7ed., Pearson Education, 2017. 中译本:陈鸣,译,北京:机械工业出版社,2018.

[16] 胡建军. 以太网 CSMA/CD 工作原理研究[J]. 科学技术与工程,2008(24):180-182,186.

[17] 王军. 计算机网络的发展方向研究[J]. 数字化用户,2013,019(012):7.

[18] 张国清. 互联网拓扑结构知识发现及其应用[J]. 通信学报,2010,31(10):18-25. :111-111.